手工编绳+结艺饰品制作教程

视频教学版

雷淼 编著

人民邮电出版社
北京

图书在版编目（CIP）数据

手作时光 ：手工编绳+结艺饰品制作教程 ：视频教学版 / 雷淼编著. -- 北京 ：人民邮电出版社，2023.2
ISBN 978-7-115-59987-2

Ⅰ. ①手… Ⅱ. ①雷… Ⅲ. ①绳结－手工艺品－制作－教材 Ⅳ. ①TS935.5

中国版本图书馆CIP数据核字(2022)第167436号

内容提要

自古国人常以寓意吉祥的中国结为饰，如今随着“国潮”的兴起，古韵十足的结艺编绳再次受到大众的喜爱。本书是一本国风手工编绳技法教程，适合手工、编绳、古风爱好者与服装设计师、造型师等相关行业从业人员阅读。

全书共9章。第1章，介绍了手工编绳的材料与工具；第2章，详细讲解了7种手工编绳常用技法；第3章，讲解了26种基础绳结的制作方法；第4章～第6章，分别为新手、中级、高级3种难度的手绳制作案例，让读者循序渐进地学习编绳技法；第7章～第9章，分别为潮流、禅意和古风3种风格的精美编绳饰品制作方法。本书讲解了29款精美手工编绳饰品的案例，并配有视频教程，全面讲解了结艺编绳技法。

本书可以帮助零基础读者起步、逐步进阶，也可以帮助读者精进编绳技法。

◆ 编　　著　雷　淼
责任编辑　刘宏伟
责任印制　周昇亮

◆ 人民邮电出版社出版发行　　北京市丰台区成寿寺路 11 号
邮编　100164　　电子邮件　315@ptpress.com.cn
网址　https://www.ptpress.com.cn
固安县铭成印刷有限公司印刷

◆ 开本：787×1092　1/20
印张：8　　　　2023 年 2 月第 1 版
字数：162 千字　　　　2025 年 3 月河北第 12 次印刷

定价：69.80 元

读者服务热线：(010)81055296　印装质量热线：(010)81055316
反盗版热线：(010)81055315

前言

PREFACE

多年前一个偶然的机遇，我接触到了绳结艺术，从此爱上这门手艺。我从图书馆借阅了很多有关中国结的教学书籍，开始研究各种结法。七年前，市面上能看到的绳结饰品还是极少的，最多的是那种过年挂在家里的大中型中国结，还有用来搭配珠玉佩吊坠的绳结。像手绳，都是在金店买金饰的时候销售顾问帮忙编一条红绳，结法也是最简单的平结或者蛇结，没有其他点缀。虽然简约好看，但也确实没有其他种类可供选择。我在学习结绳的过程中，发现中国结结法种类真的很多，如果把这些不同的结拼接搭配，线材也摆脱传统单一的红色，多加色彩点缀，效果会更出彩。

做了编绳手艺人后，每天都跟线材打交道，想创意，编织，给作品拍照，其乐无穷。我曾经还在网上开过几期课程来分享编绳技法，后期因为忙碌没有再开课。近两年短视频比较火，我开始上传一些有关编绳技法的小视频，没想到这么小众的手艺收获了大量的粉丝，更让我信心满满。当出版社找到我写这本书的时候，我还是有些紧张的，虽然有手工编绳经验，但是写书对我来说还是挺大的一个挑战。希望这本书，让更多对绳结有兴趣的人能更快地认识绳结，掌握编绳技能。

本书由浅入深地讲解了绳结的编织技法。从材料工具的介绍到各种结法的分解，再到后面创意作品的步骤教程，细节图分解详细，文字介绍简单易懂。每个作品我还录制了视频版的详细教程，这样，大家在学习的过程中，可以结合视频和书学习，一本书就可以实现培训班网课的效果，使大家快速变身编绳达人。

编绳也是一场修行，绳子在手中交错翻飞出一件件精致的作品，可以放松思绪，得到心灵的宁静与慰藉。在当今社会，一个简单的兴趣爱好是健康的解压方式，各种不好的心情会在安静的编绳过程中得到治愈。抛却浮躁杂念，让我们学会更加专注。

兴趣就是敲门砖，做好准备，学习编绳，让我们一起在本书中感受编绳的魅力吧。

——雷淼

目录

CONTENTS

第1章

初遇编绳 手工编绳的材料与工具

第2章

编织技巧 手工编绳的常用技法

第3章

绳与结 基础绳结的分解制作

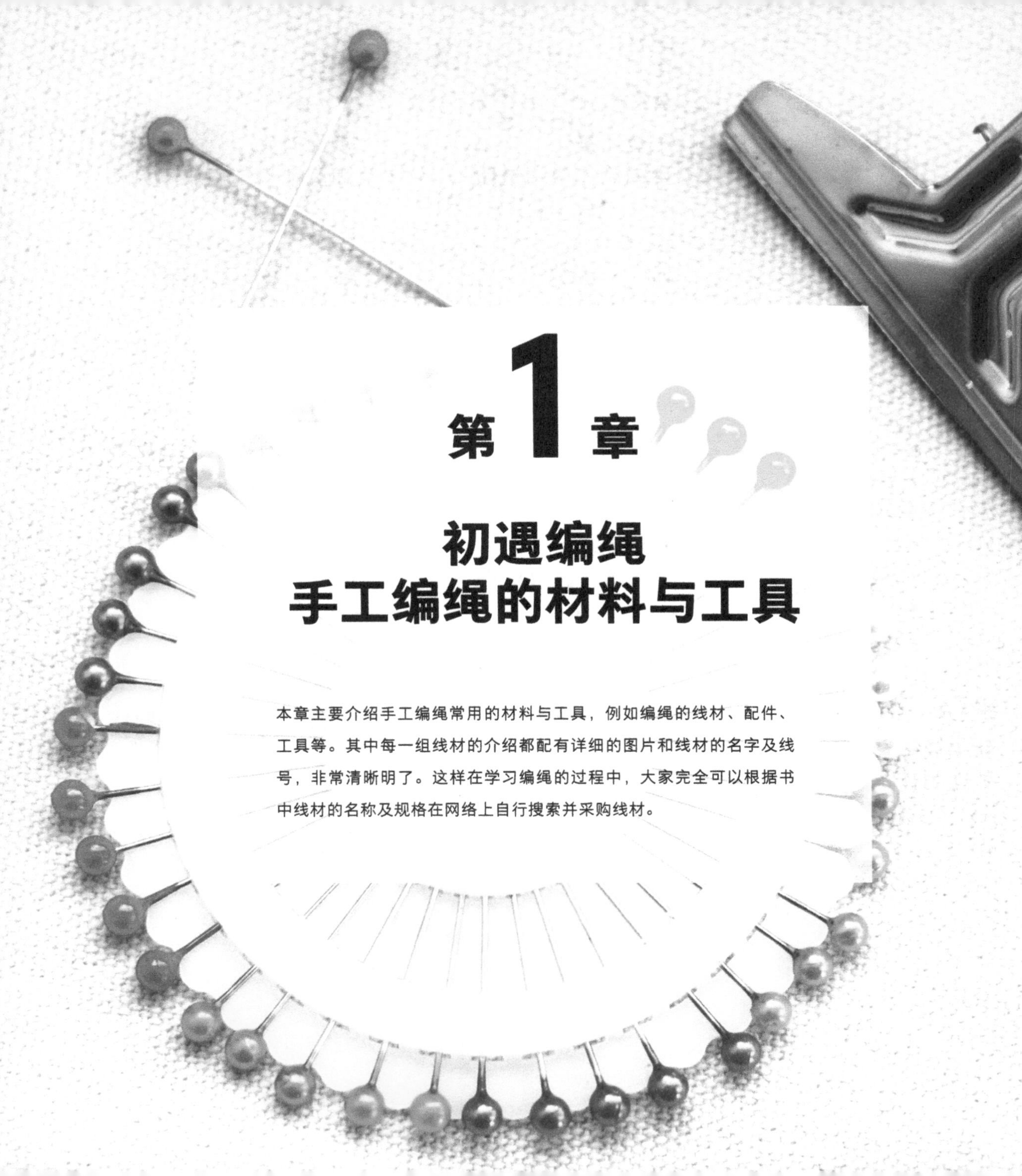

第1章

初遇编绳
手工编绳的材料与工具

本章主要介绍手工编绳常用的材料与工具，例如编绳的线材、配件、工具等。其中每一组线材的介绍都配有详细的图片和线材的名字及线号，非常清晰明了。这样在学习编绳的过程中，大家完全可以根据书中线材的名称及规格在网络上自行搜索并采购线材。

基础股线

股线材质柔软丝滑，由多股细丝搓成。股线有纯色和渐变彩色的，分为3股、6股、9股、12股、15股等规格，股数越多线越粗。3股线、6股线偏细，在绳结饰品中常用于绕线，或者编织比较细的手绳。9股线、12股线用途比较广泛，可以编项链绳或者手绳。股线材质柔软丝滑，贴皮肤戴比其他玉线要更舒服一些。股线色泽鲜亮，不是哑光的，具有蚕丝般的光泽。

下图依次是0.1mm3股线、0.4mm6股线、0.6mm9股线、0.8mm12股线的材质范例。

股线是丝滑材质，用它编的手绳比较容易清洗，不易沾灰，因此股线是编绳爱好者比较喜爱、常用的一款线材。

规格	直径	图例
3 股	0.1mm	
6 股	0.4mm	
9 股	0.6mm	
12 股	0.8mm	

金银色股线

金色和银色股线，与普通股线的规格是一样的，差别就是颜色和质地。金银色股线有亮闪闪的感觉，材质比普通股线略硬。

冰丝股线

冰丝股线，色泽比普通股线多了一丝珠光的感觉，更加顺滑。不同于普通股线的多规格，冰丝股线只有最细的3股线，在绳结饰品中主要还是用于做流苏和绕线，做出来的流苏非常有垂感，这是普通股线无法达到的效果。冰丝股线是做流苏的专用线。

棉纶玉线

棉纶玉线比股线稍微硬一些，编出来的成品也更加有型。玉线规格也比较多，常用的规格有71号、72号、A玉线、B玉线。

表格中的玉线较常用于手绳和项链绳编织，当然市面上也有很粗的D玉线，只是在编织首饰上比较少见，因为绳子太粗，穿不进饰品的小孔，也不太适合多线多股编织。在本书中，最常用到的玉线就是72号玉线。72号玉线比较适合编织手链、挂饰、项链绳，绳子比较细，对于孔比较小的玉石也可以轻松穿过。如果想编更粗一点的绳结饰品，可以选择A玉线和B玉线。71号玉线是玉线中最细的，比较少用，因为比较细，遇到孔非常小的饰品时可以使用，或者编织戒指这样的小首饰时可以使用。

规格	直径	图例
71 号	0.4mm	
72 号	0.8mm	
A 玉线	1mm	
B 玉线	1.5mm	

韩国丝玉线

韩国丝玉线表面光亮，质感丝滑，常用于编织中国结饰品，常用线号有5号、6号、7号。号数越小，线越粗。

规格	直径	图例
5 号	2.5mm	
6 号	2.0mm	
7 号	1.5mm	

基础配件

珠子、吊坠、铃铛是手工编绳常用的基础配件，一般需要搭配线材来使用，组成一条完整的手链绳。下面对玛瑙水晶类珠子、玉石、扁珠、黄金转运珠和吊坠、陶瓷珠子、小铃铛等配件做详细介绍。

❶ 玛瑙水晶类珠子色泽通透，色彩种类多，孔比较小，直径6mm以上的适合穿双根72号玉线。

❷ 玉石。像平安扣、路路通、玉坠这类饰品，都需要用玉线编起来。玉石可编项链绳、手链绳。

❸ 扁珠比较适合做结尾固定珠。

❹ 黄金转运珠和吊坠。金色饰品跟绳结搭配起来更显艳丽。

❺ 陶瓷珠子的孔比较大，多股编织的绳子可以轻松穿过。

❻ 小铃铛的材质可以是合金。

编绳工具

使用工具能够使编织和配件组装变得更加顺手，提高编织的效率。下面对书中使用到的编绳工具进行详细介绍。

❶ 剪刀，用于裁剪线，编织前剪取适当长度的线，编好后剪去多余的线。

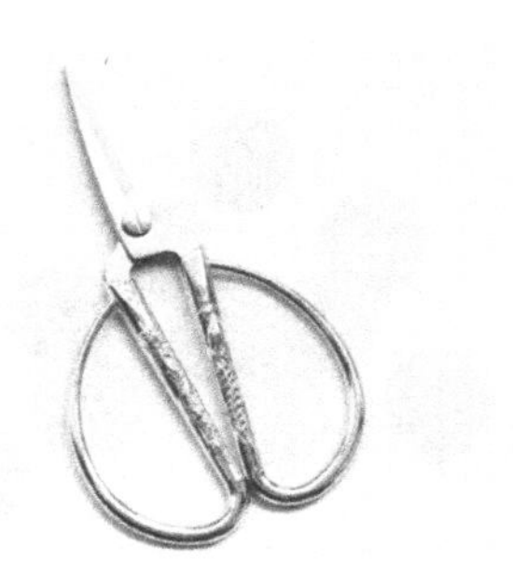

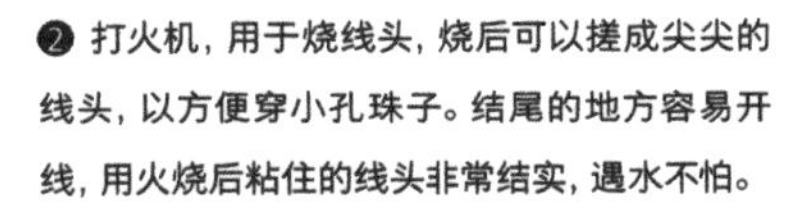

❷ 打火机，用于烧线头，烧后可以搓成尖尖的线头，以方便穿小孔珠子。结尾的地方容易开线，用火烧后粘住的线头非常结实，遇水不怕。

❸ 皮尺，用来量线的长度。编织过程中每一段线都有特定的长度，需要皮尺来量取。

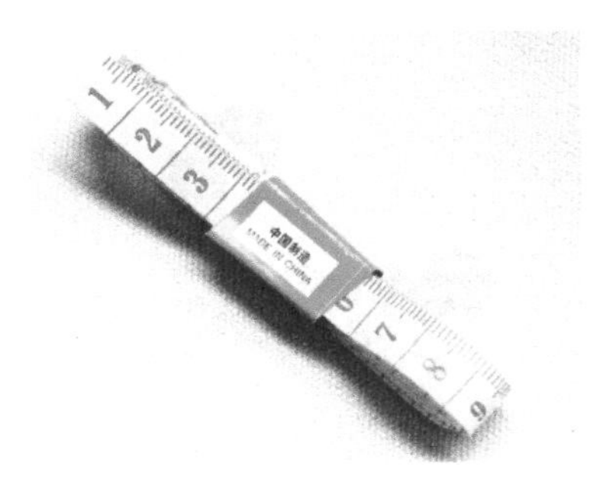

❹ 珠针和夹子，用来固定线，在编织斜卷结和多股辫的时候比较常用。

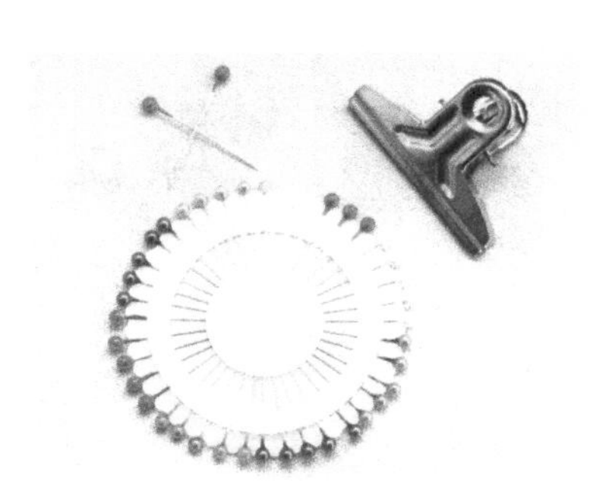

❺ 钩针，用来穿珠子或者用于需要穿引的打结。

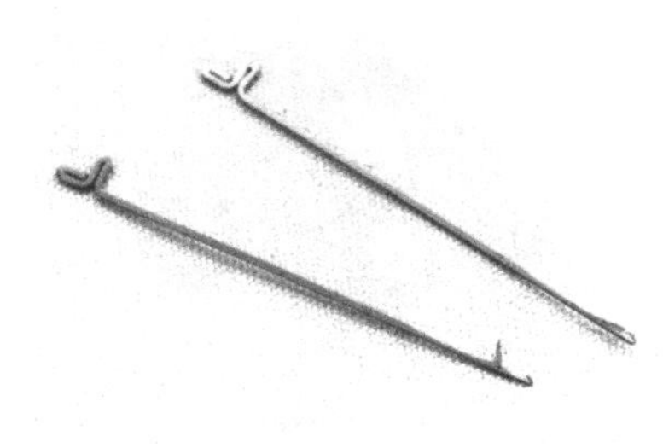

❻ 尖嘴钳。可以借助尖嘴钳的尖嘴来做线圈，或者拉动线圈的轴心线。也可以用尖嘴钳调节纽扣结，比徒手调节更方便灵活。

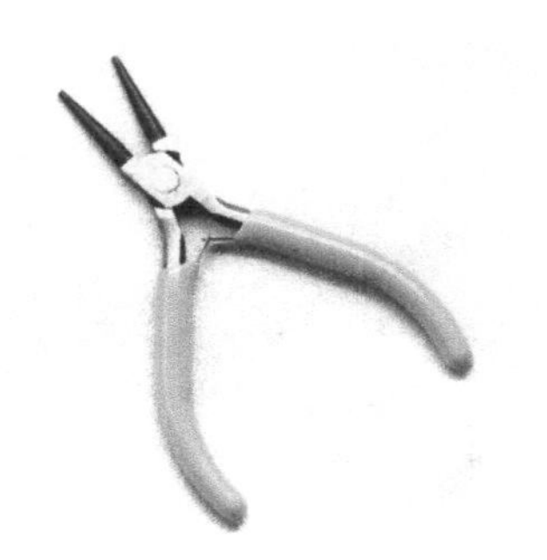

第2章

编织技巧
手工编绳的常用技法

手工编绳因材质和搭配的多样性，往往能够通过不同的组合方法制作出惊艳的作品。

在编织手绳前，先掌握一些常用的编绳技巧，大家能更好地制作手绳。本章主要介绍手工编绳的常用技法，带大家初步尝试手工编绳。

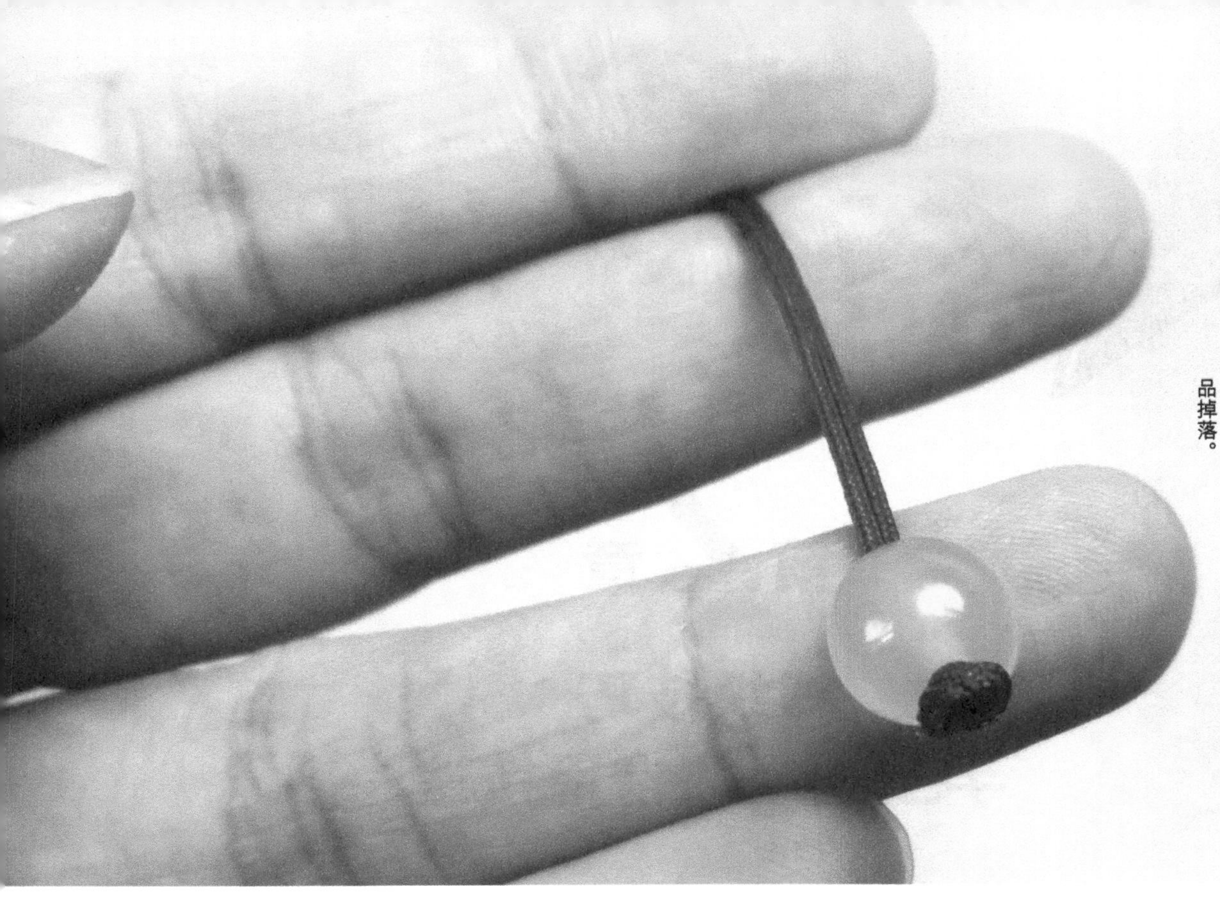

烧线头

烧线头一般在编织完成时涉及，可以有效防止线头散开，还可以防止绳子末端的饰品掉落。

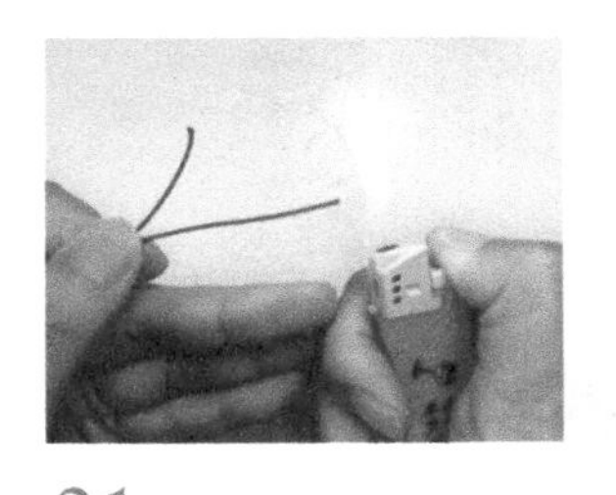

01

把一根线的线头靠近火焰烧一下，玉线遇火即熔化。不要烧太久，点燃后容易烫手。

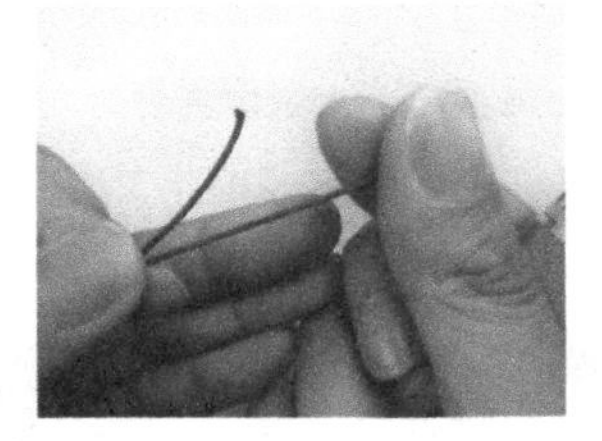

02

用拇指和食指边搓线头边往外撸线头。注意，一定是搓和撸同时进行，才能搓出细细的尖线头。

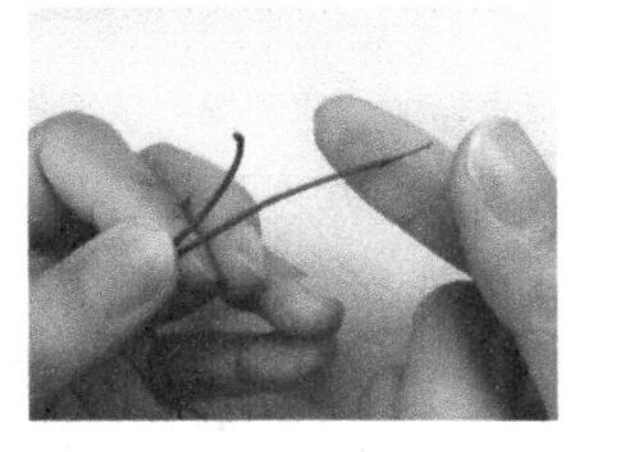

03

如果一次没有弄好还可以重复一次，直至搓出这种尖细线头。

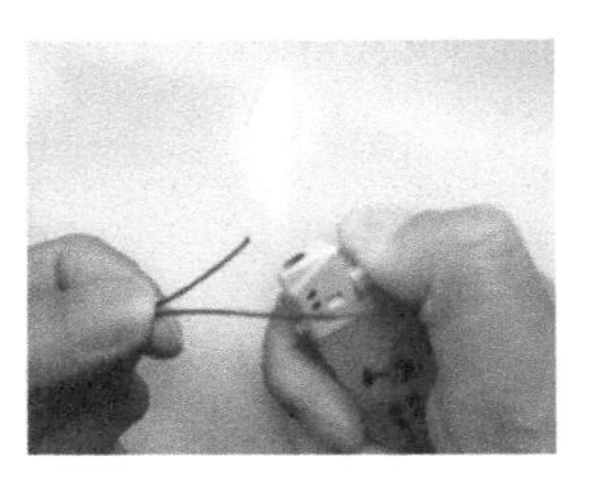

04

把另外一根线往回拉一点，迅速烧下线头。

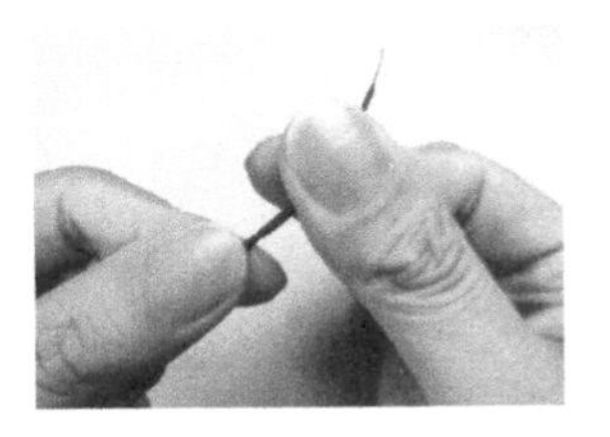

05

用手把烧熔化的线头迅速与第一根线捏在一起。

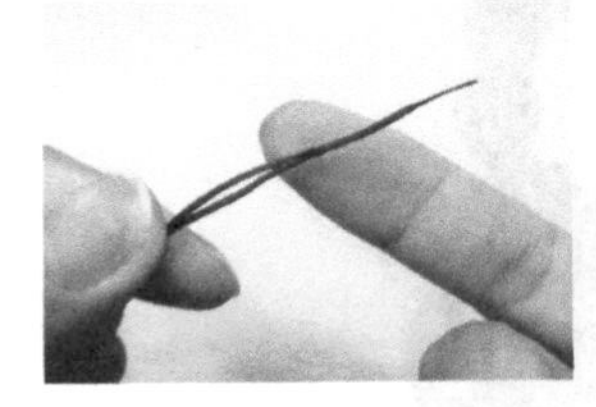

06

看一下，烧熔化的线头就黏在了这个位置。

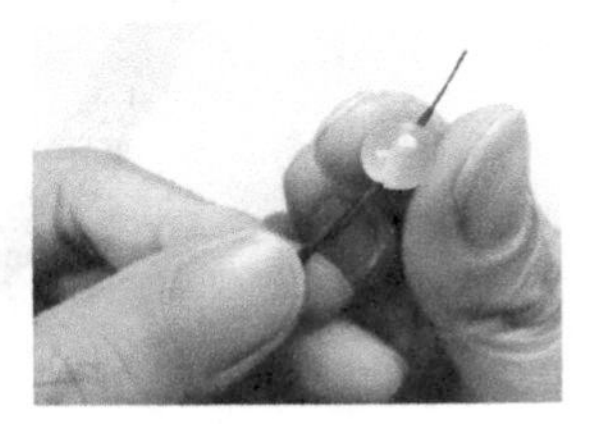

07

慢慢将小孔珠子穿进去，如果孔比较小，可以旋转线一点点把线推进去，露出线头就可以拉拽了。

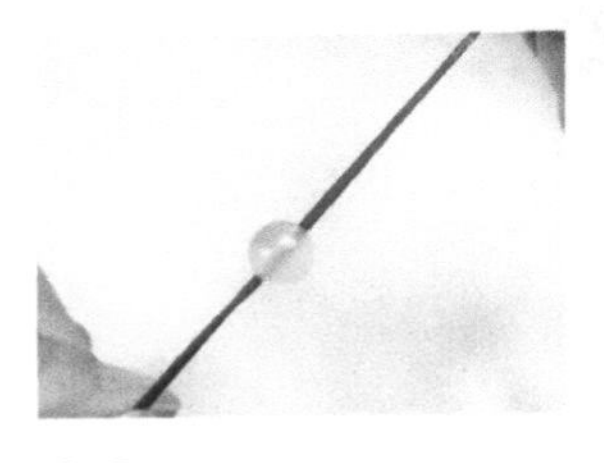

08

这样，小孔珠子就轻松穿过两根线了。

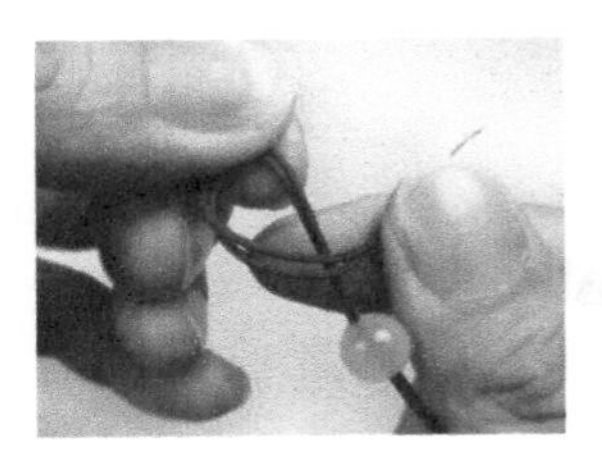

09

再教一下打结后如何烧线头。把线部分对弯一下，内扣成一个圈。

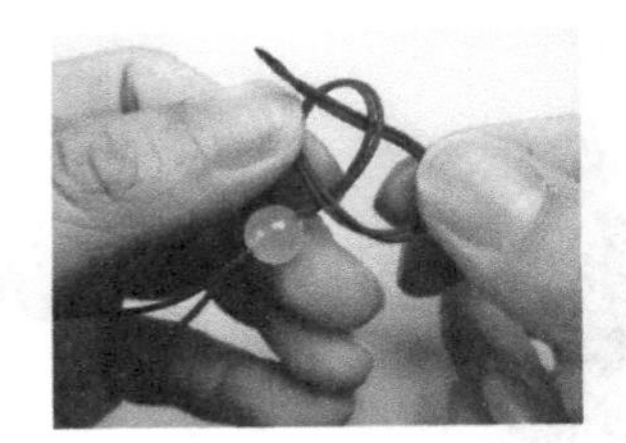

10

将线头自下而上穿进线圈里，这样就简单地打了一个单结。

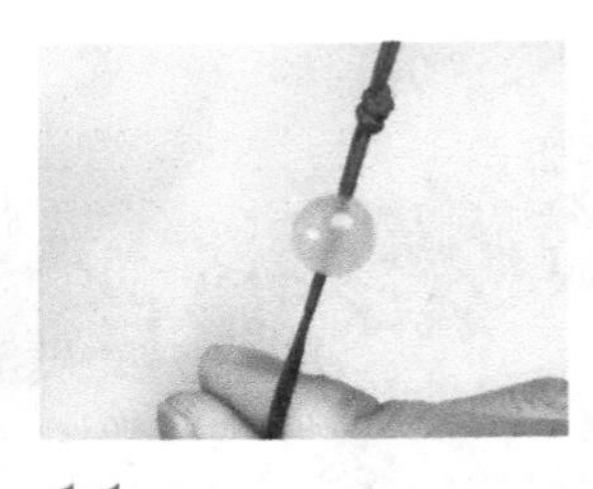

11

单结打好。

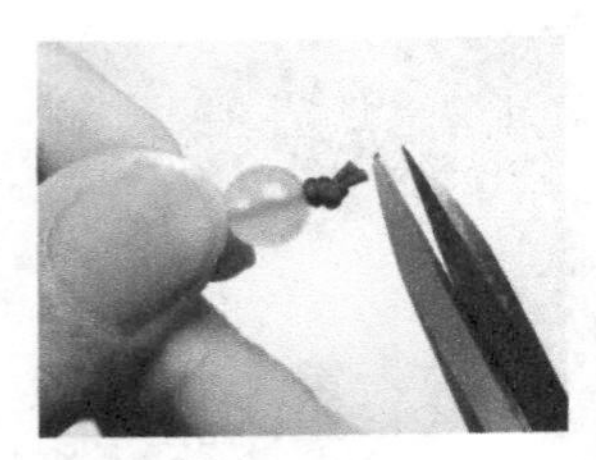

12

剪去多余的线，注意留1mm线头。

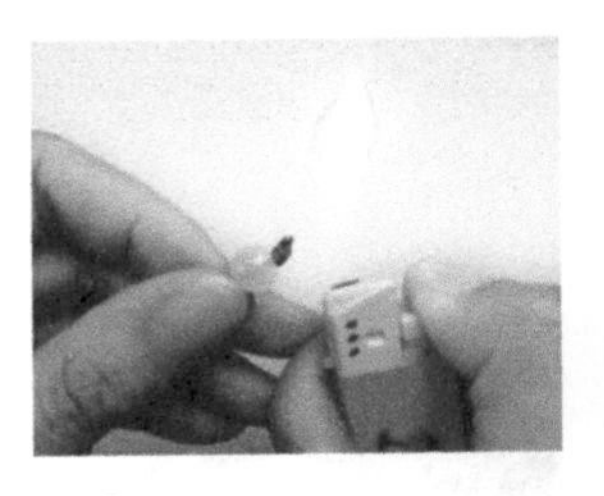

13

将线头靠近火焰迅速烧一下。

14

按压线头，使其黏在一起，防止散开。这样，线头就烧好了。

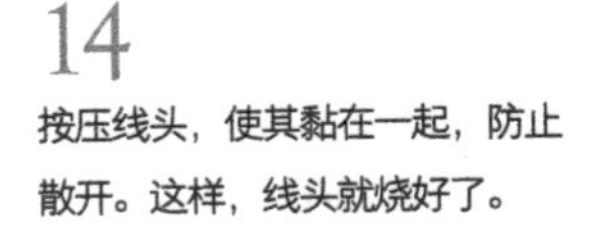

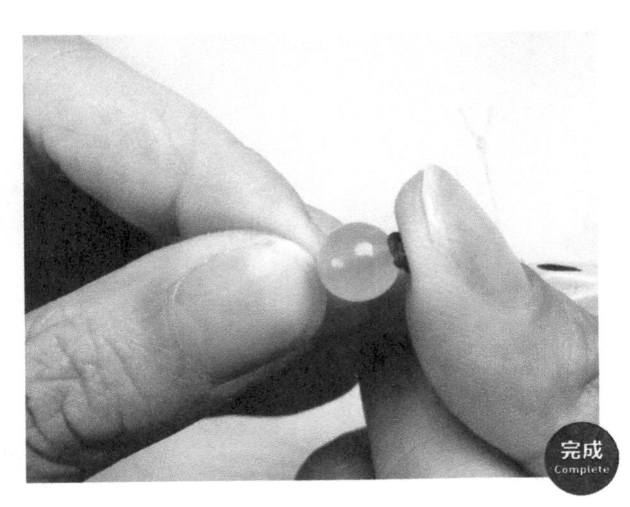

吊坠打结

把绳子和吊坠组合在一起编织时，中间一般会产生一些多余的线，容易影响成品的美观。此时，需要调整绳结的位置或者采用单独打结的方式使整体连接得更紧密。

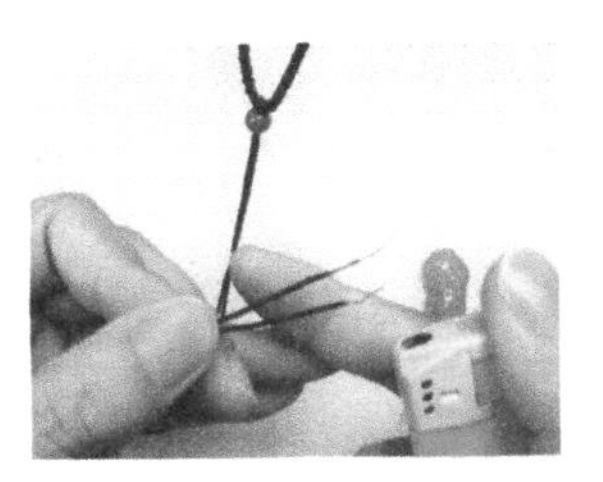

01

先烧一下吊坠绳的线头，分别搓尖。烧线头方法可参见12页。

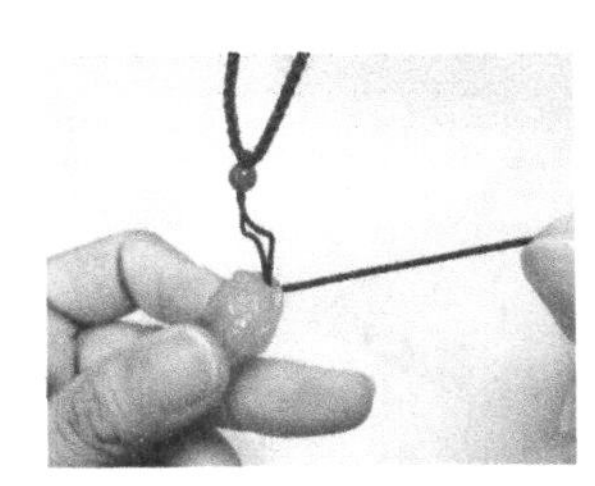

02

将两根线穿过吊坠孔。

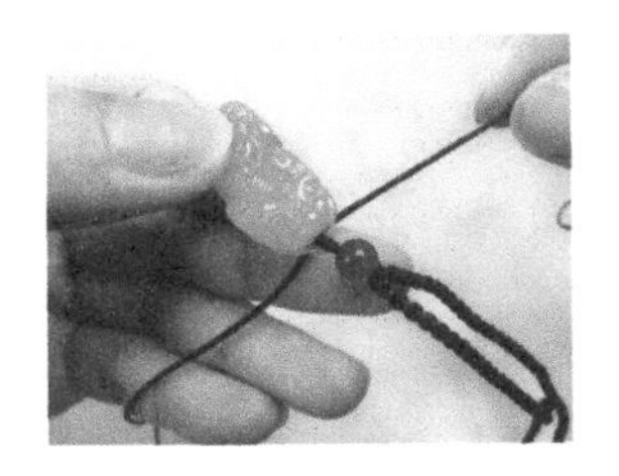

03

穿进去后，将两根线拉到两侧。用这两根线包住中间这一小段线编平结。

04

将右侧线折弯到对侧，压住左侧线。

05
将左侧线从上面穿进右侧线的折弯圈里。

06
拉紧两侧线。

07
将左侧线从下面折弯到对侧，压住右侧线。

08
将右侧线从上面弯过来穿进左侧线圈里。

09
拉紧两侧线。

10
将右侧线从下面折弯到左侧，压住左侧线。

11
将左侧线从上面穿进右侧折弯圈里。

12
拉紧两侧线。

13
剪去两侧线，各留1mm线头。

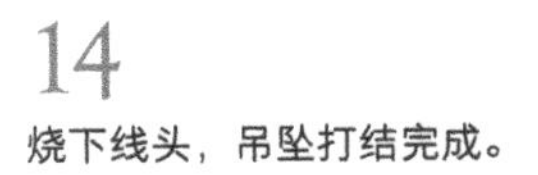

14
烧下线头，吊坠打结完成。

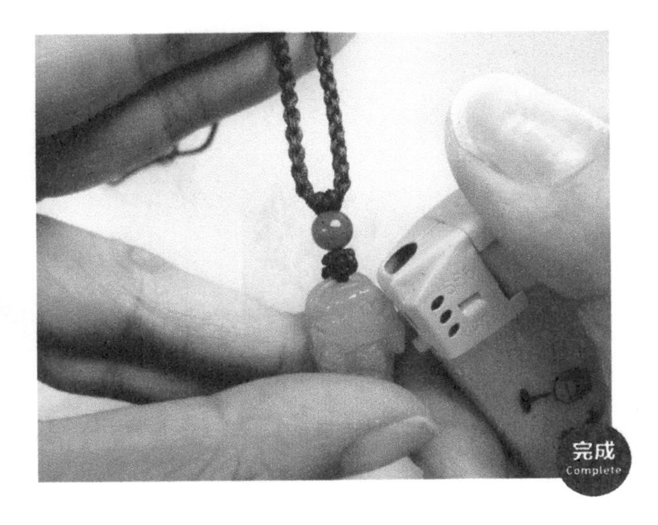

绕线线圈

绕线是把一根或多根线作为主线，再用另一根线以主线为轴心绕圈，绕线时会产生线圈。绕线线圈主要起到装饰和加固的作用，可以使绳结更结实。

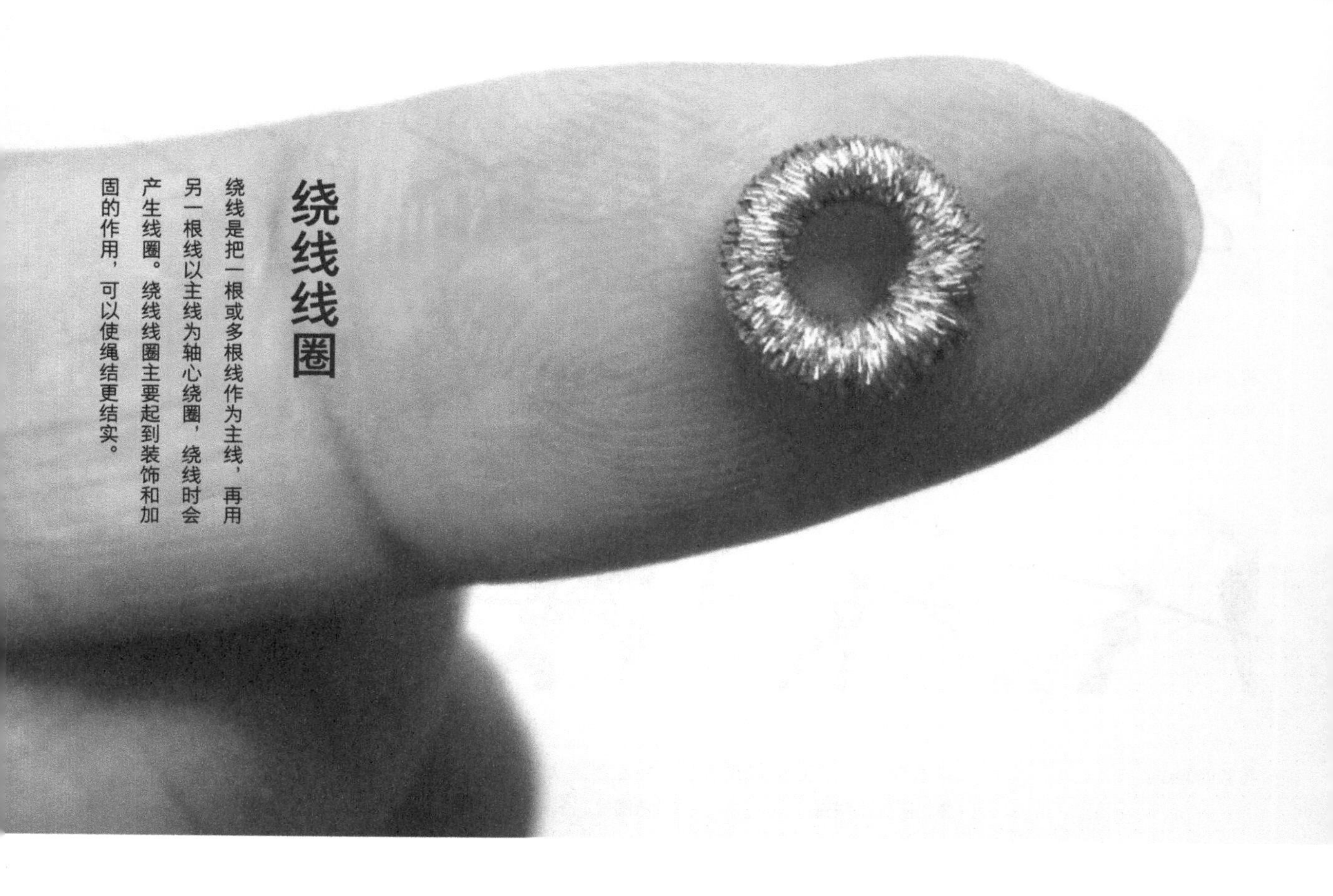

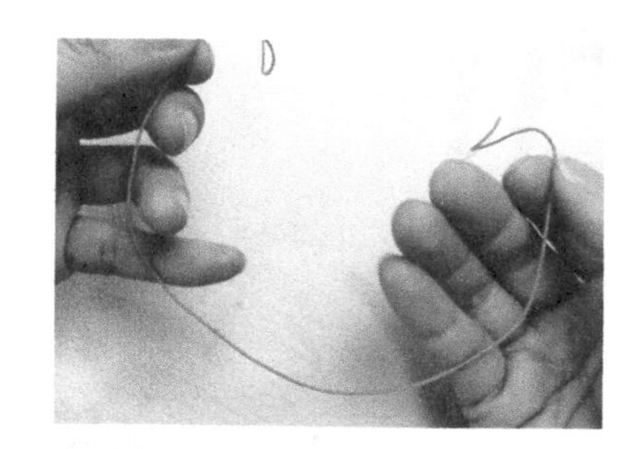

01

取一根约40cm长的粉色72号玉线。

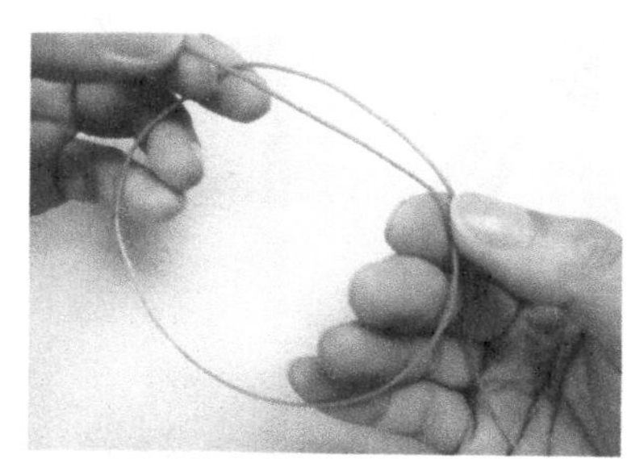

02

将线对弯一下，折成一个圈。

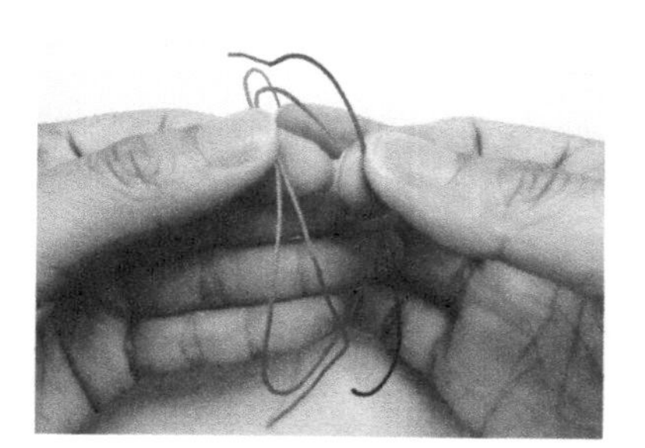

03

捏住重叠部分，再拿一根10cm长的蓝色72号玉线。

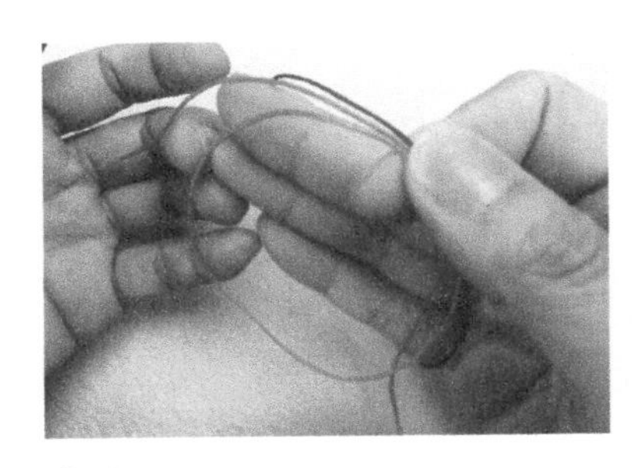

04
把蓝色玉线也捏在一起。

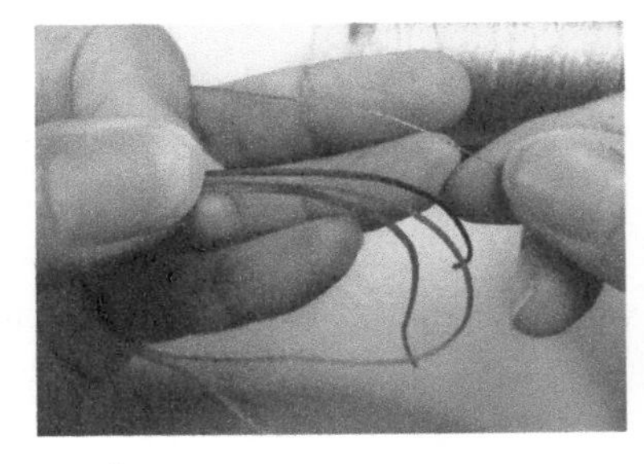

05
拿出金色3股线，准备绕线。

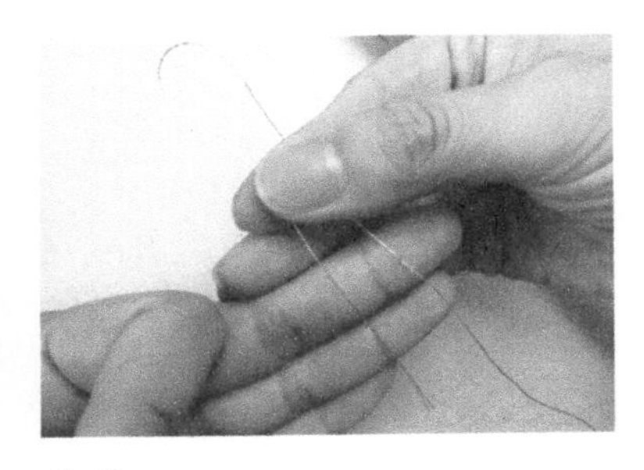

06
将金色线开头部分折弯一下。

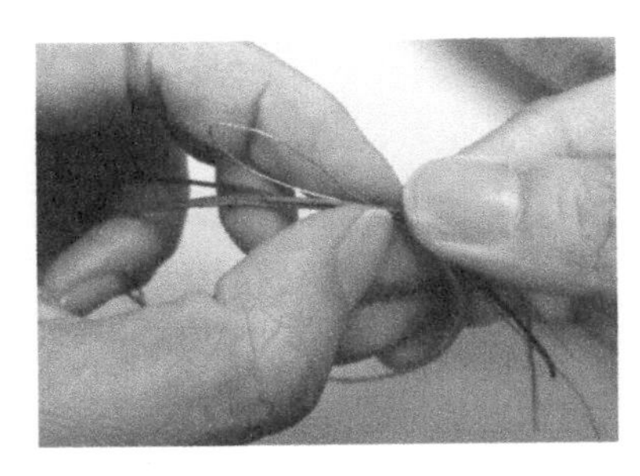

07
把折弯的金色线与蓝色和粉色玉线捏在一起。

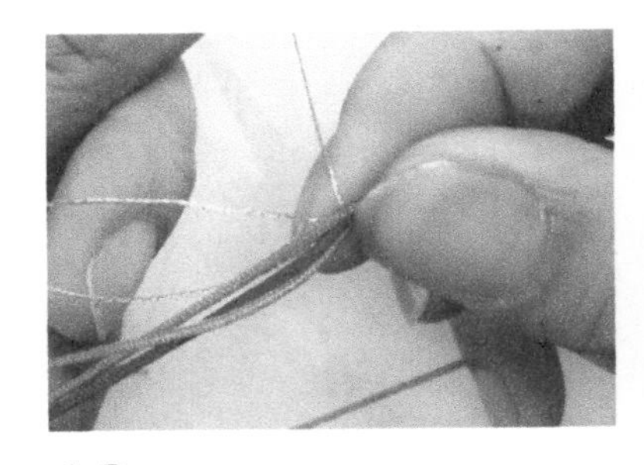

08
用金色线折弯后留出的那一部分绕线。

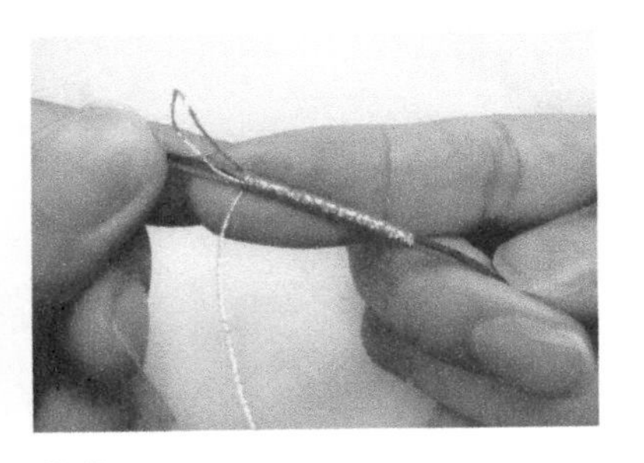

09
一直绕线，绕到2cm长。（这里是做小线圈，一般绕2cm左右即可，如果做大一点的线圈，可以适当绕长一点。）

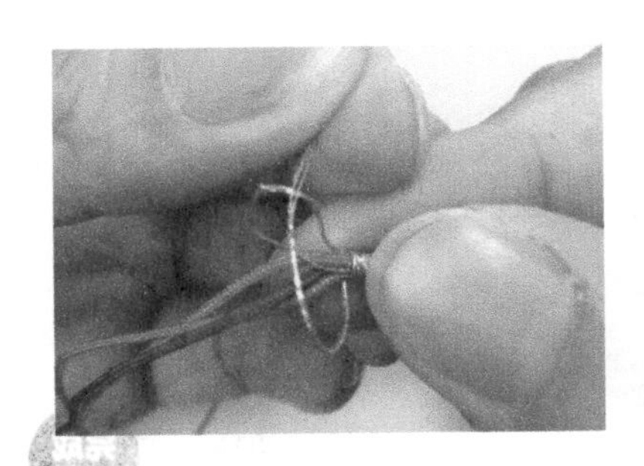

10
把刚刚绕线的那根金色线穿到其折弯圈里。

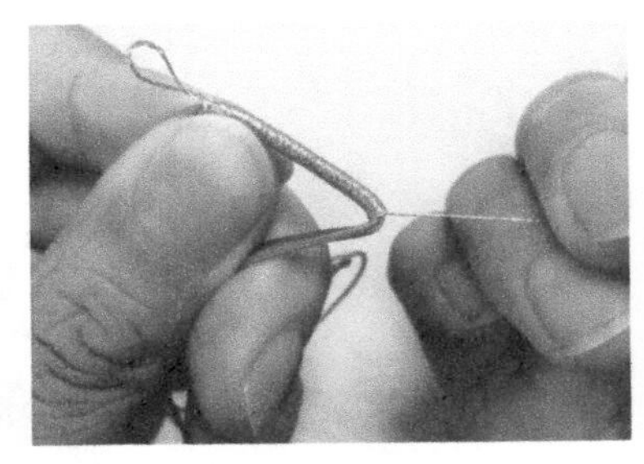

11
拉拽另一头的金色线，折弯圈慢慢被拉进线圈里。

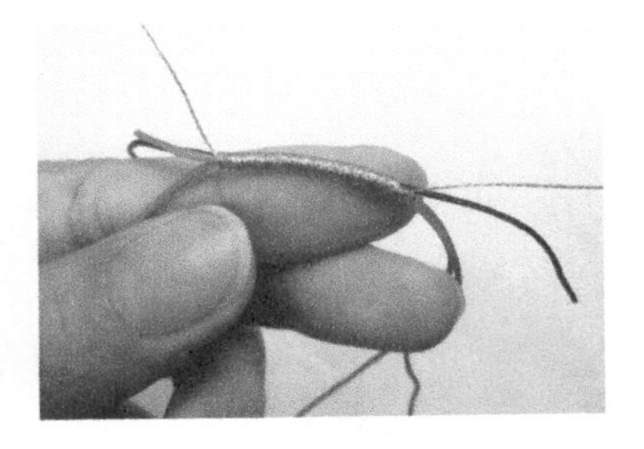

12
折弯圈被拉到线圈里隐藏起来。

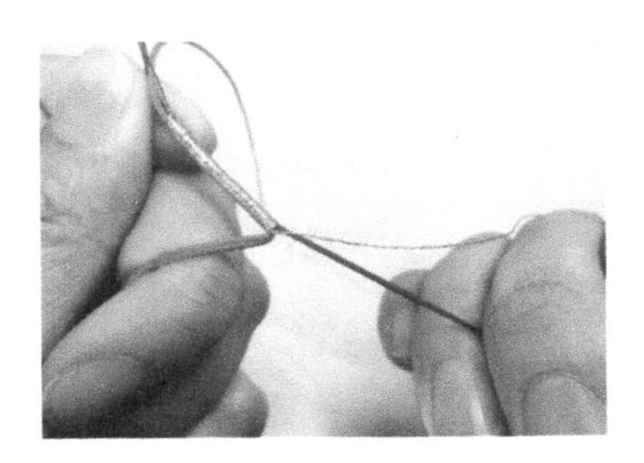

13

把蓝色玉线抽出来。

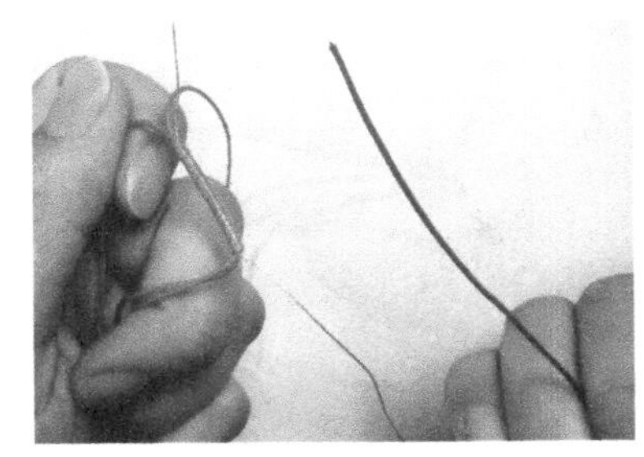

14

蓝色玉线只是辅助线，不需要留下。

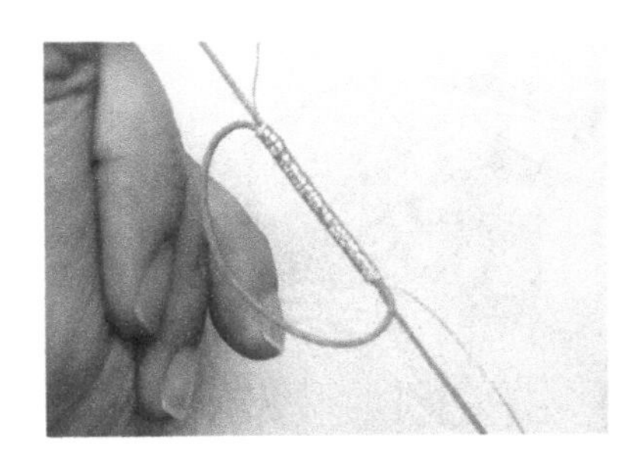

15

拉拽粉色玉线的两头，慢慢收紧线圈。

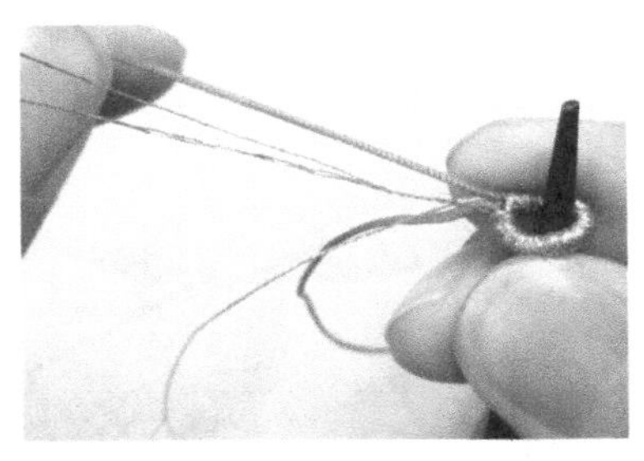

16

拉紧线圈后再把线圈套到尖嘴钳上调整形状。

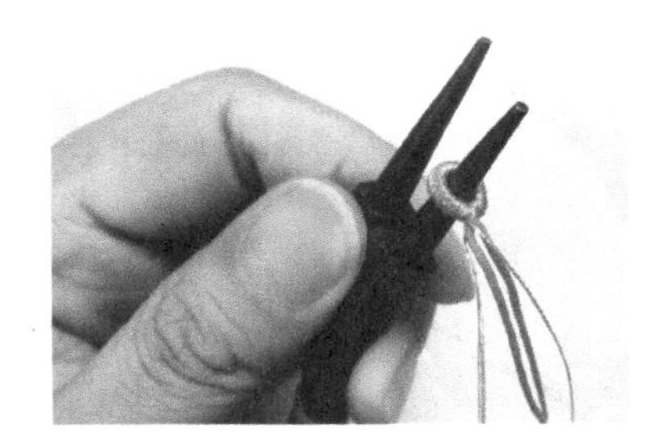

17

完全调整好的样子如图。

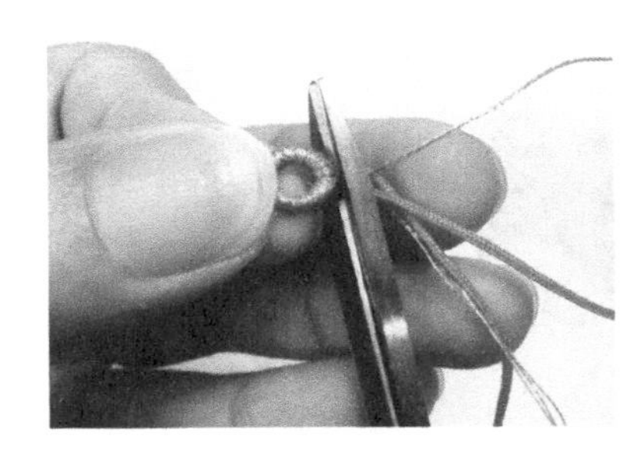

18

把多余的线全部剪去。

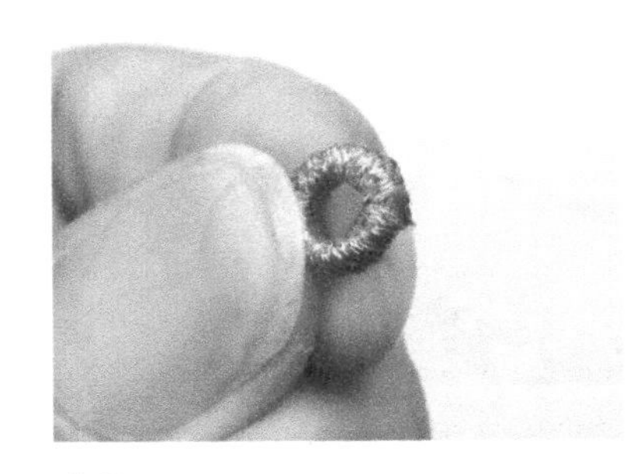

19

从根部剪去，不留线头。

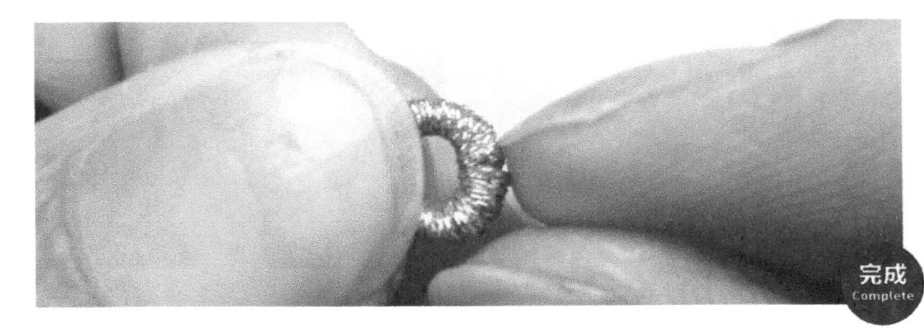

20

用手上下调整，使金色线盖住粉色玉线，绕线线圈完成。

桃花线圈

桃花线圈。顾名思义是以桃花结为基础制作的连接线圈。下面对桃花线圈的制作方法进行介绍。

01

把一根长70cm的72号绿色玉线对弯，用夹子夹住前20cm处。

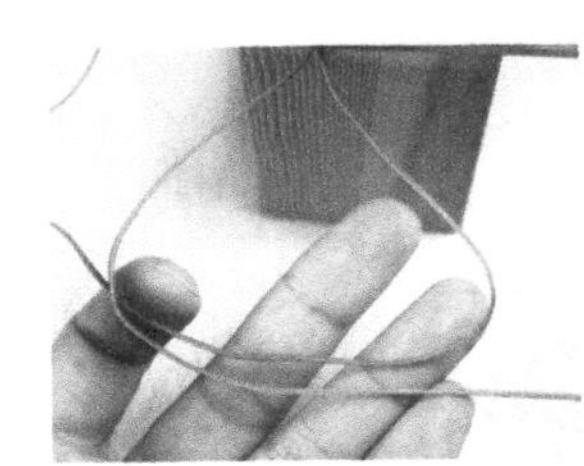

02

把两根绿色线交叉对弯。

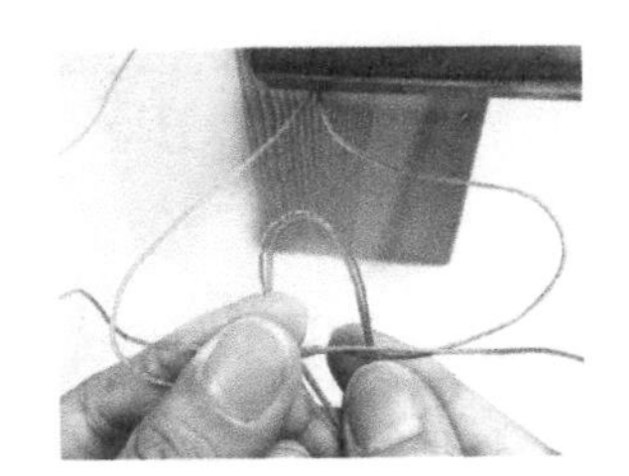

03

取72号粉色玉线和金色6股线各70cm，把两根线对齐后再对折，放在绿色线后面。

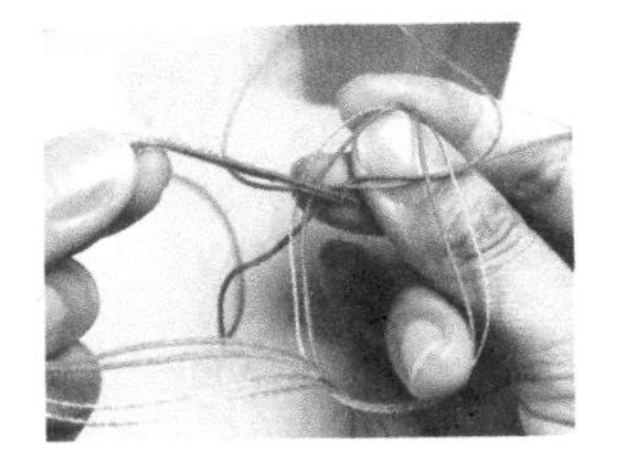

04

将粉色和金色线的折弯处向下折弯，再把线头从折弯处抽出来。

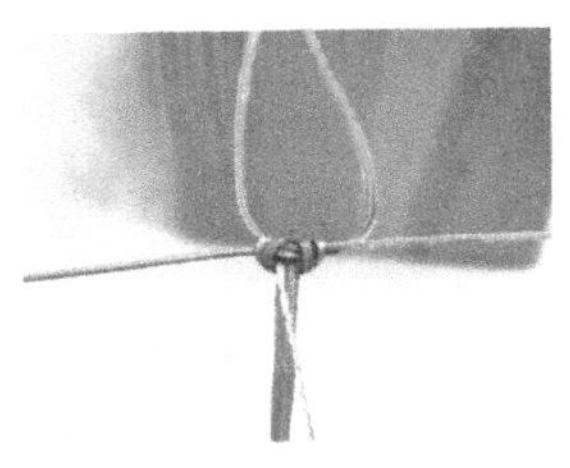

05

把粉色线和金色线收紧，把绿色线从两头拉紧。

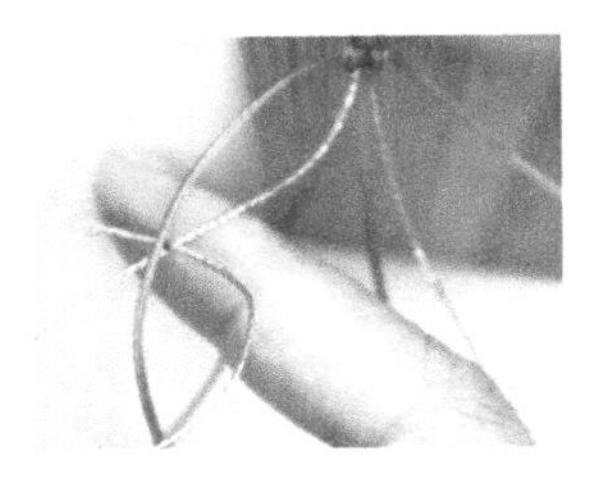

06

把左边金色线绕左边绿色线一圈，打半个雀头结。

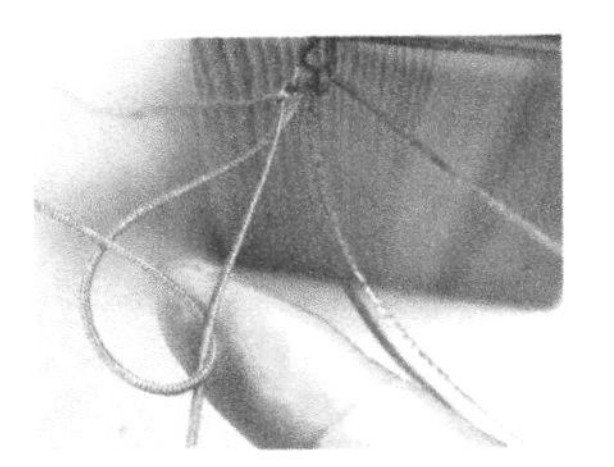

07

把左边粉色线绕左边绿色线一圈，打半个雀头结。

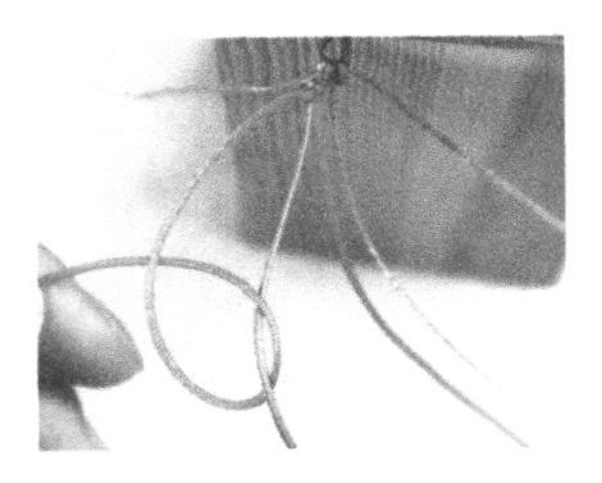

08

把左边粉色线从左边绿色线下方绕一圈，完成一个雀头结。

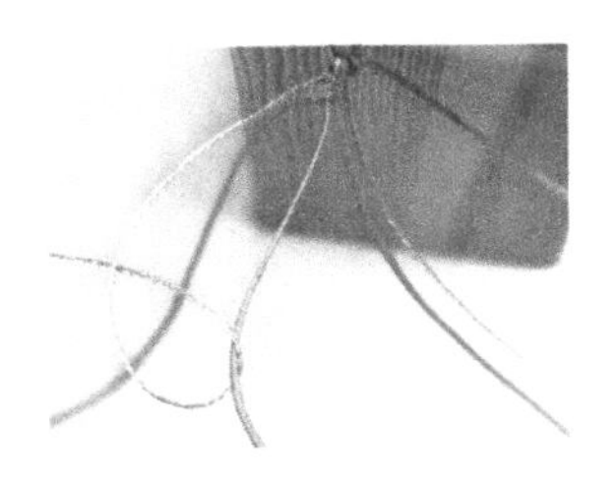

09

把右边金色线从右边绿色线下方绕一圈。

10

收紧后左边花瓣完成。

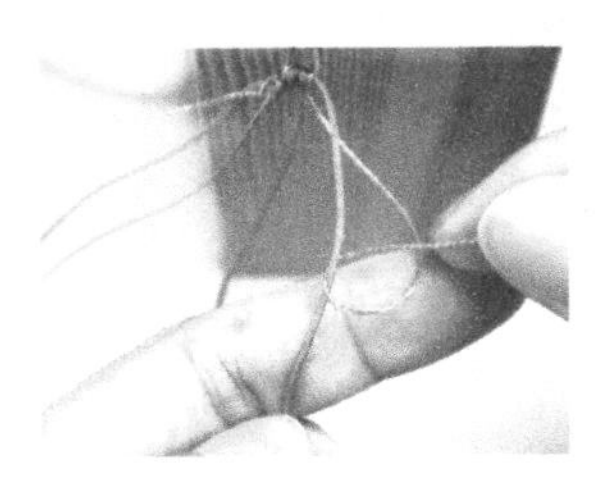

11

把右边金色线绕右边绿色线一圈，打半个雀头结。

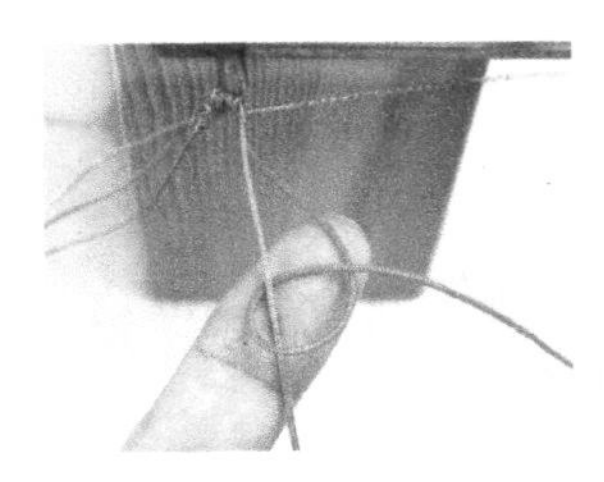

12

把右边粉色线绕右边绿色线一圈，打半个雀头结。

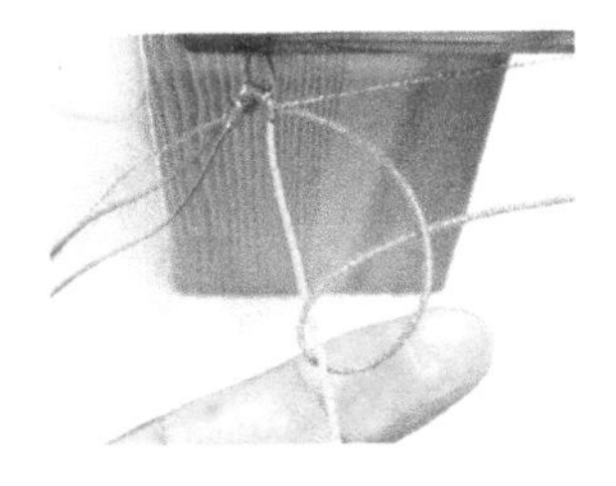

13

把右边粉色线从右边绿色线下方绕一圈，完成一个雀头结。

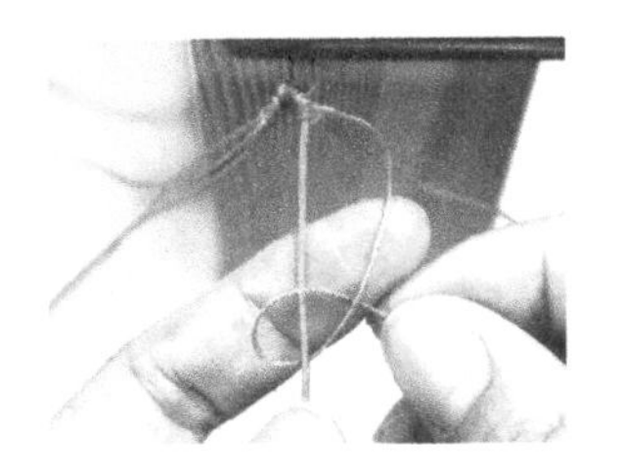

14

把右边金色线从右边绿色线下方绕一圈。

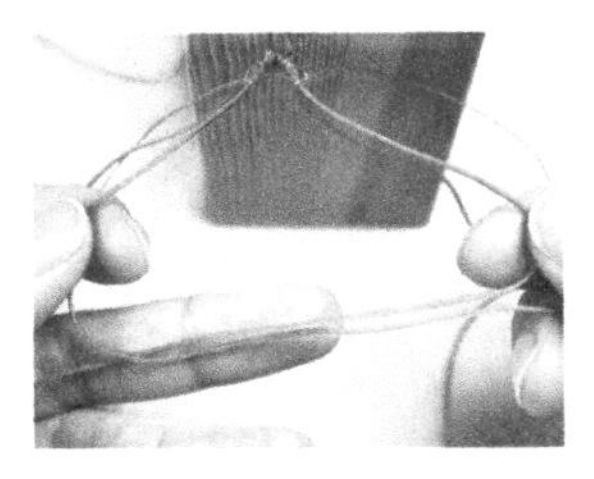

15

把两根绿色线对弯，捏住重叠部分。

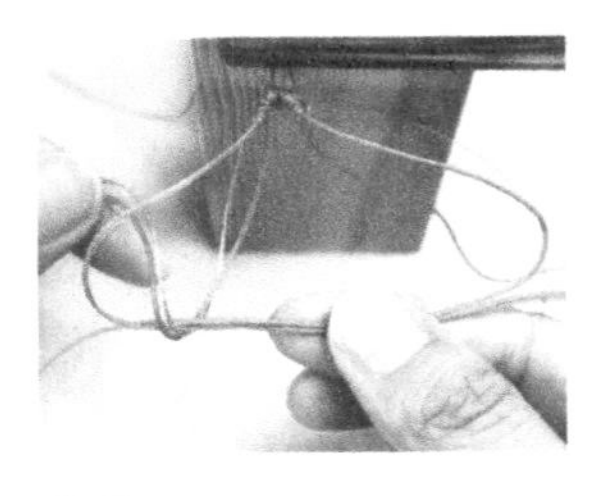

16

把左边金色线和粉色线绕绿色线重叠部分一圈。

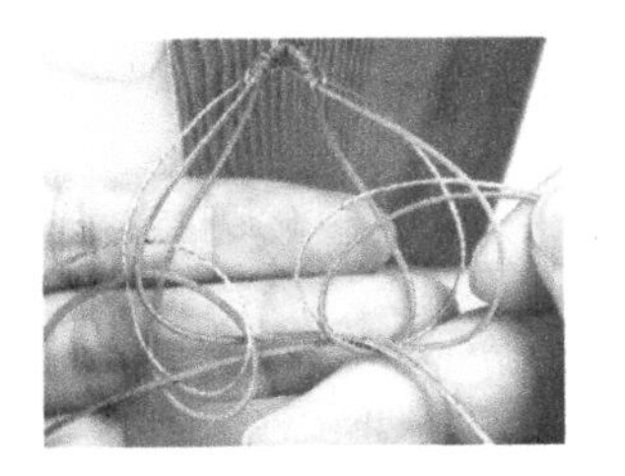

17

把右边金色线和粉色线绕绿色线重叠部分一圈。

18

收紧后，第一朵桃花完成。

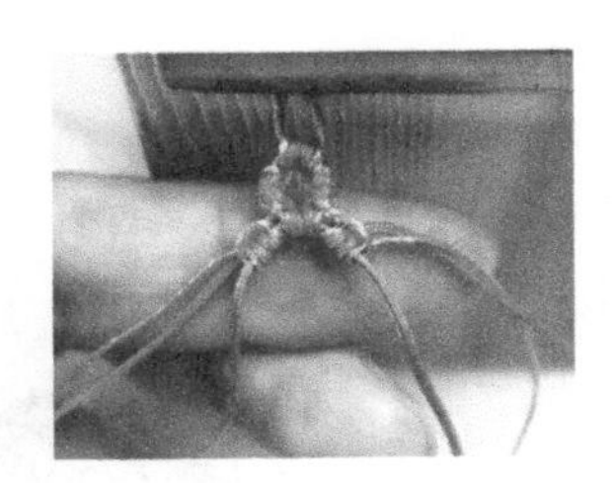

19

用同样的方法开始编第二朵桃花。

20

一共编4朵桃花。

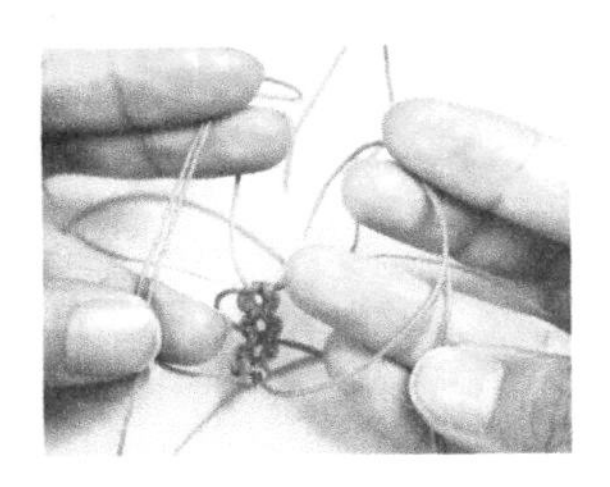

21

把两头的绿色线对弯，捏住重叠部分。

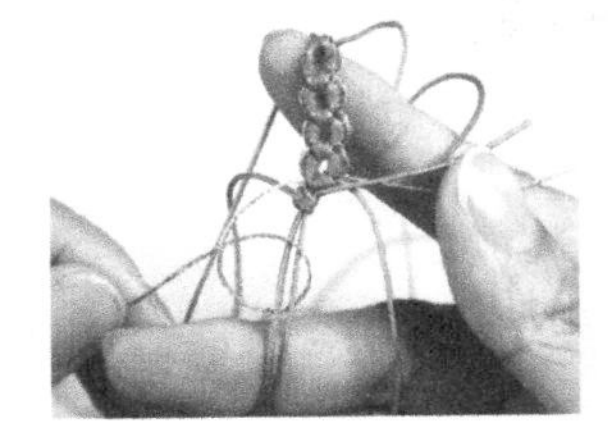

22

在绿色线重叠部分，编织雀头结花瓣。

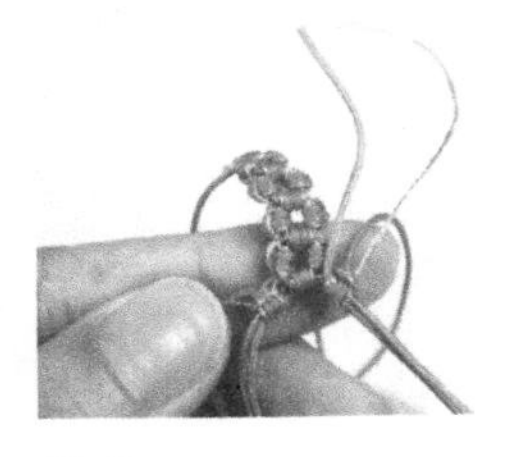

23

左右两个花瓣完成。

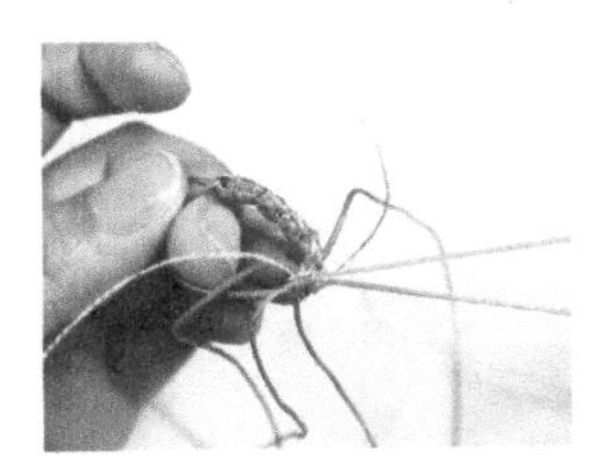

24

拉绿色线，使桃花部分缩成一个圈。

25

收紧后形成一个圈。

26

剪去多余的线，烧下线头。

27

桃花线圈完成。

平结线圈

除了用单线直接绕线制作线圈，还可以通过编织的方法制作连接装饰用的线圈。这种线圈的适用范围非常广。下面对平结线圈的制作方法进行介绍。

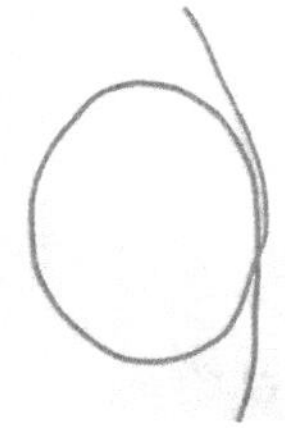

01
将一根30cm长的72号红色玉线对弯形成一个圈。

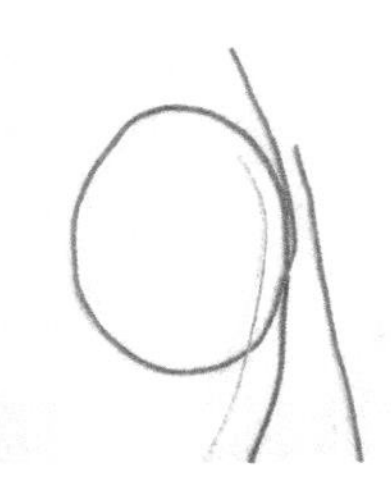

02
再取一根金色12股线放在红色线重叠的位置。

03
用夹子固定金色线和红色线重叠部分的前端。

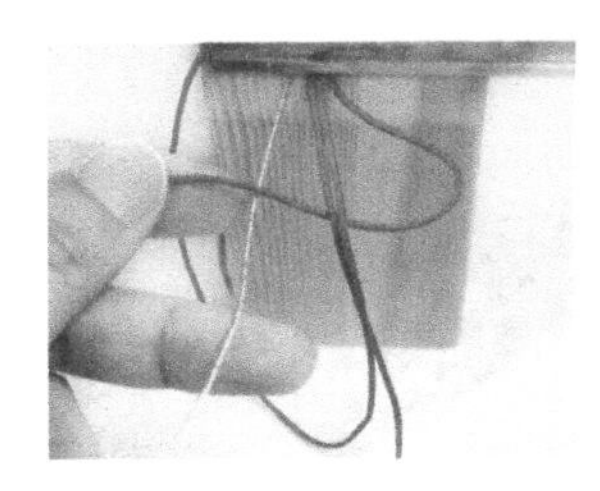

04
两侧的金色线和红色线绕中间重叠部分编平结。先将红色线从重叠部分下面绕到左侧压住金色线。

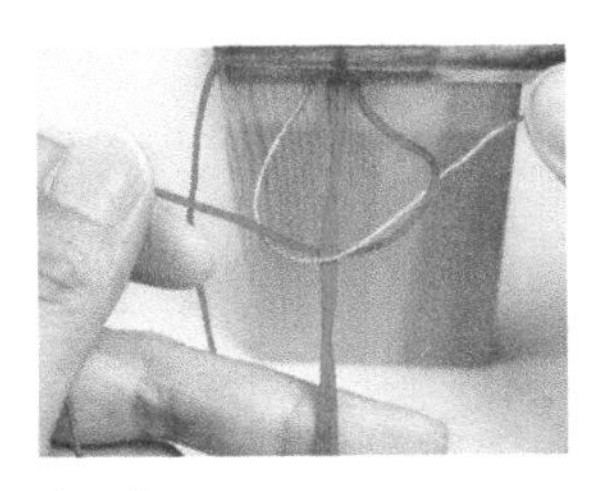

05

把金色线从下面拉到右侧，自上而下穿进右边红色线折弯圈里收紧。

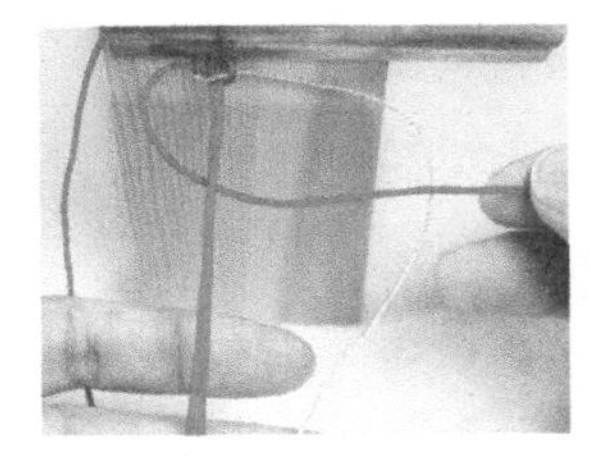

06

把红色线折弯到右边压住金色线。

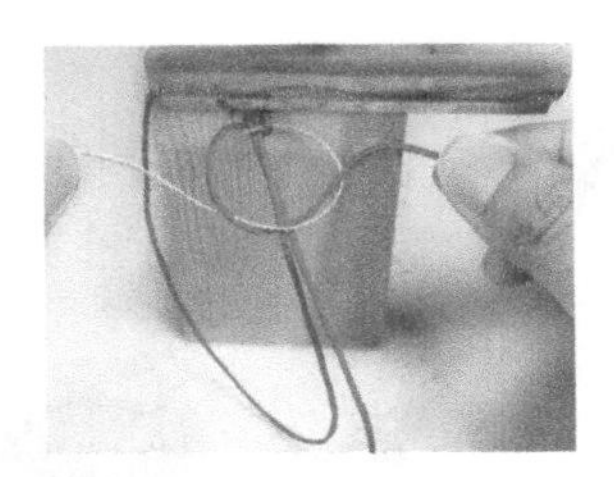

07

把金色线穿进红色线折弯圈里收紧。

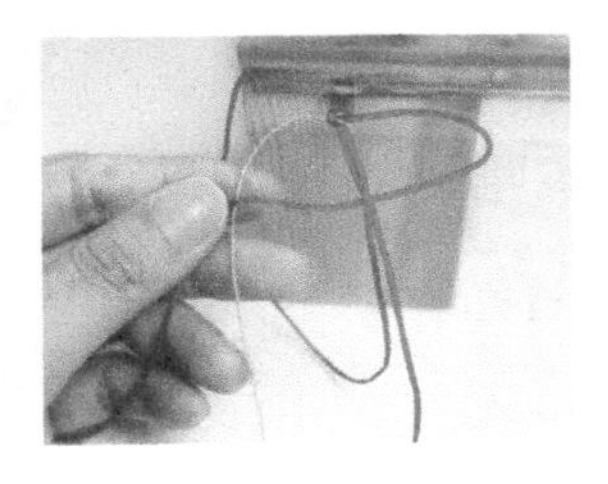

08

把红色线折弯到左边压住金色线。

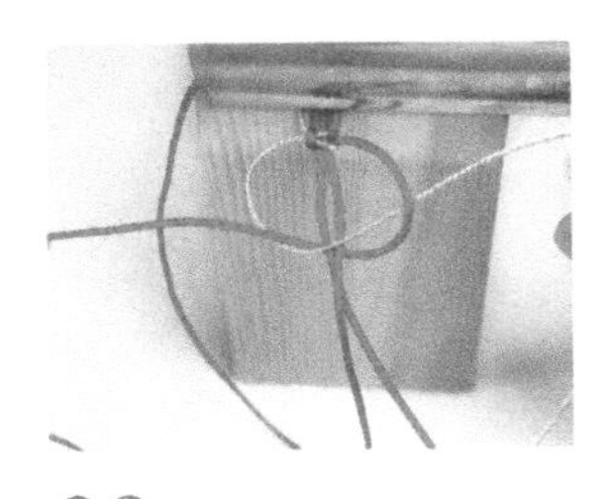

09

把金色线穿到右边红色线折弯圈里收紧。

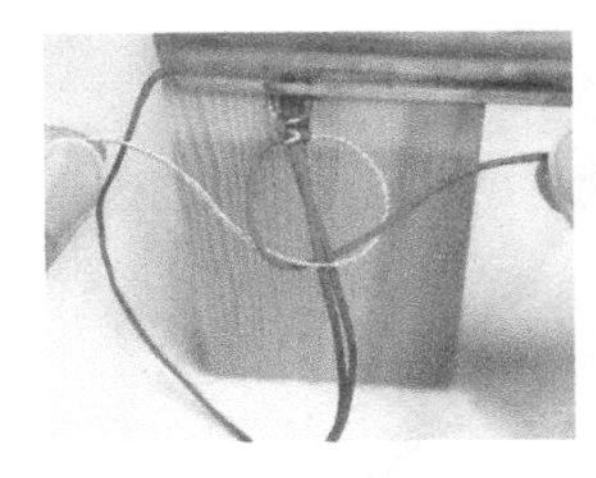

10

把红色线折弯到右边，把金色线穿到左边折弯圈里收紧。

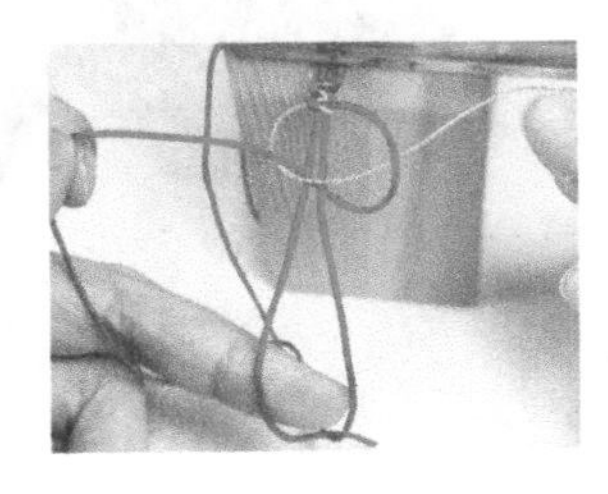

11

把红色线折弯到左边，把金色线穿到右边折弯圈里收紧。

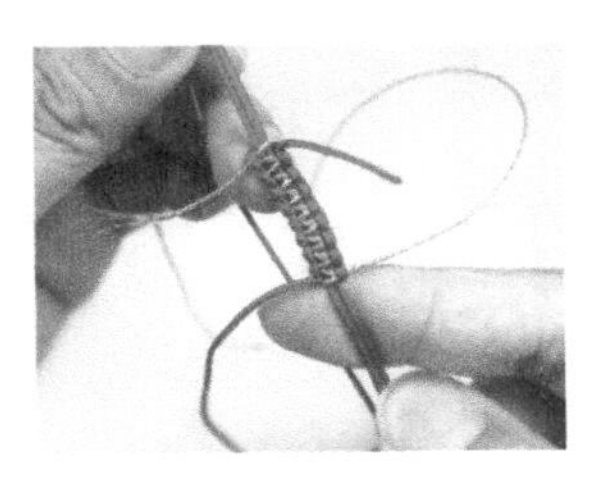

12

重复左右交替编织，编织长度大概2cm。

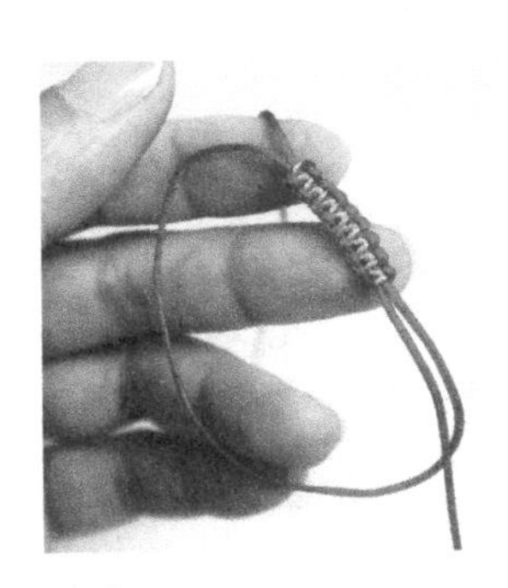

13

剪去多余的线，烧下线头。

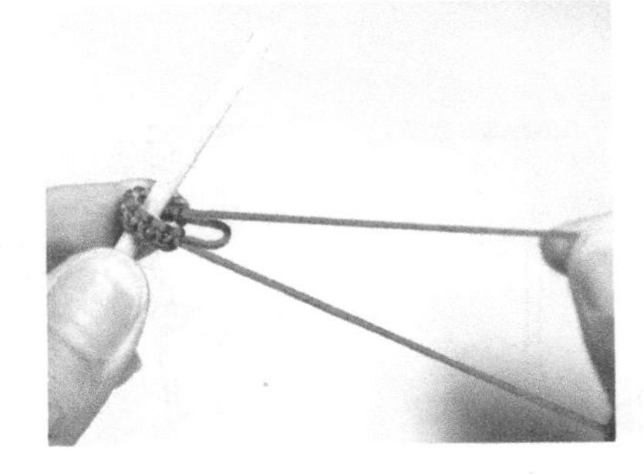

14

把线圈套在一根小棍上，拉拽两侧红色线收紧平结。

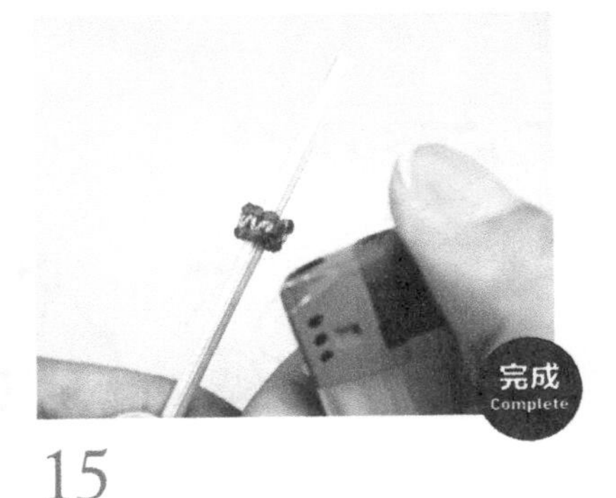

15

收紧后剪去多余的线，烧下线头，平结线圈完成。

莲花线圈

莲花线圈因整体造型形似莲花而得名，下面对莲花线圈的制作方法进行介绍。

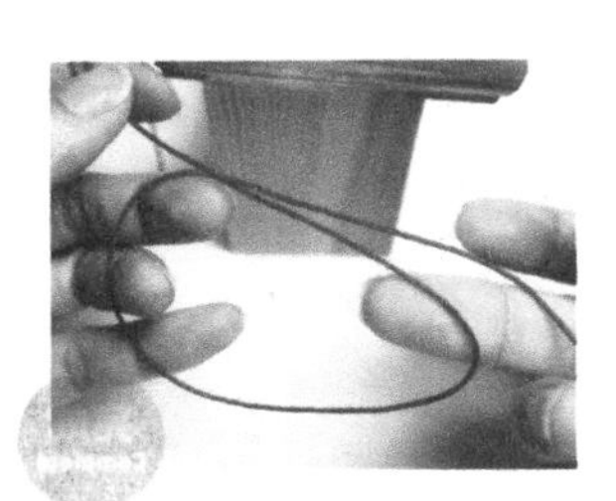

01

取一根30cm长的72号红色玉线折弯成一个圈。

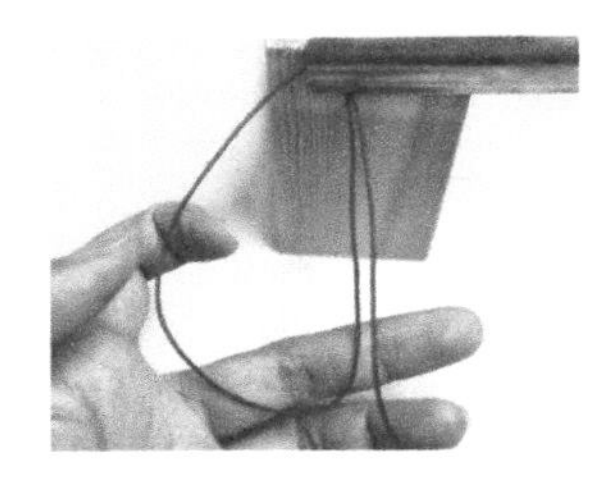

02

用夹子将其中一段固定住。

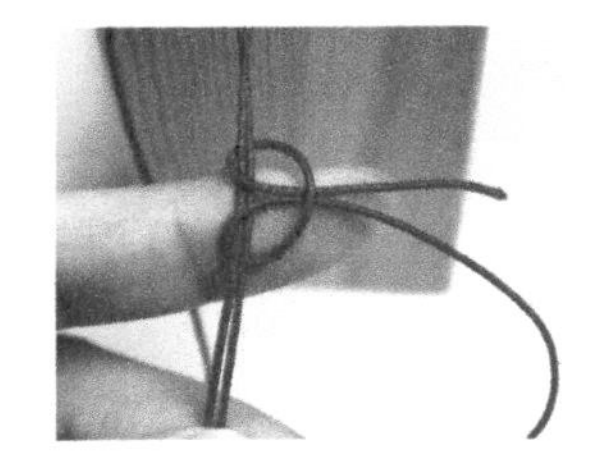

03

再取一根30cm长的72号红色玉线打一个雀头结，如图所示。

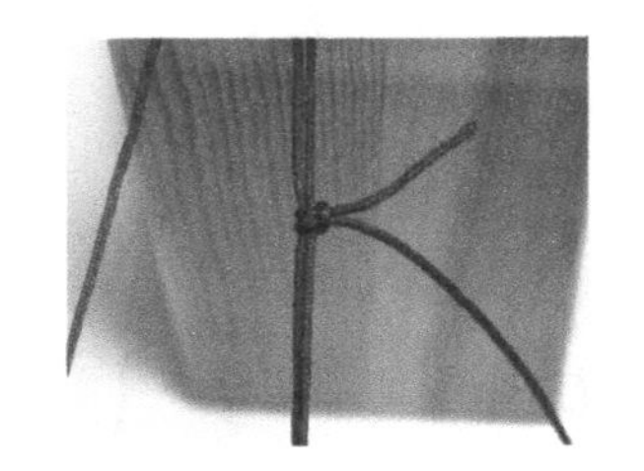

04

收紧。

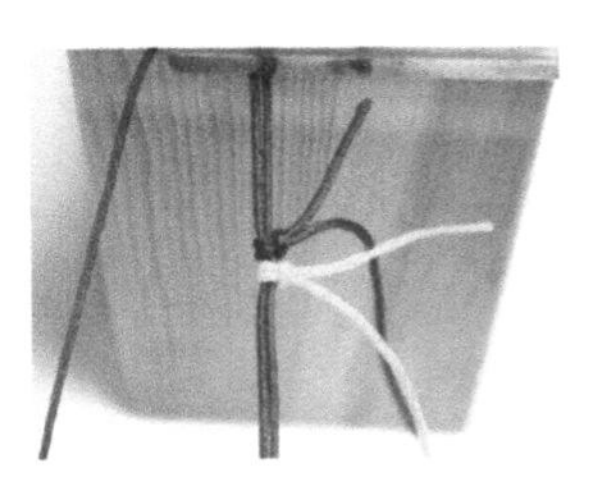

05
再取一根30cm长的72号黄色玉线打一个雀头结。

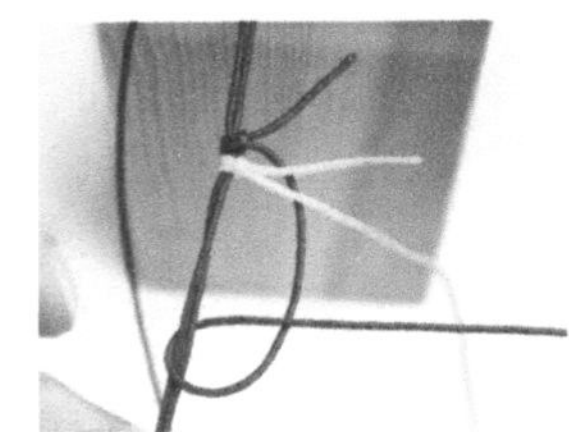

06
将红色线自上而下绕一圈收紧，也就是打雀头结的第一步。

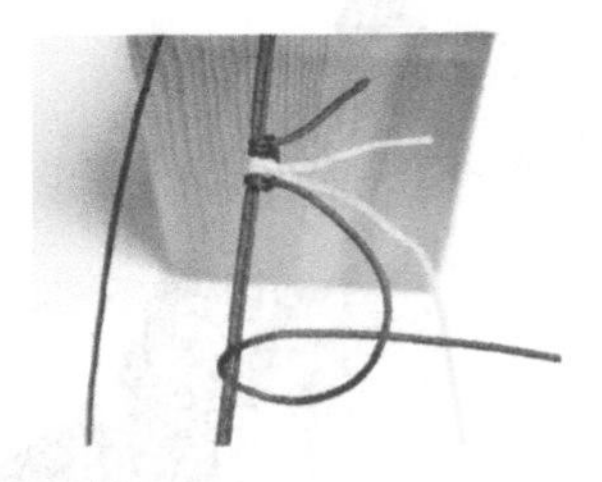

07
再将红色线自下而上绕一圈穿进线圈里收紧，也就是打雀头结的第二步。

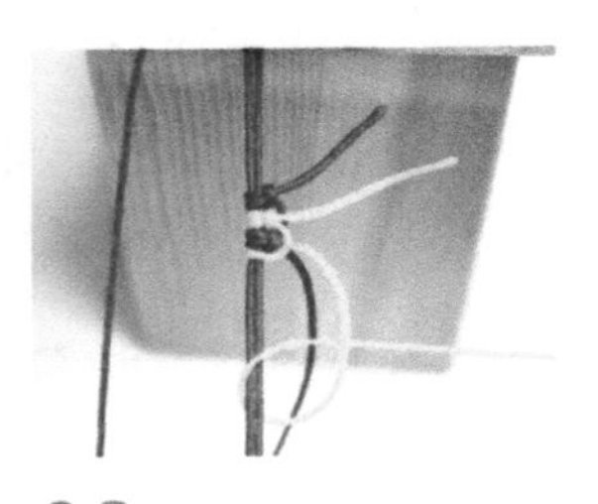

08
用黄色线打雀头结。

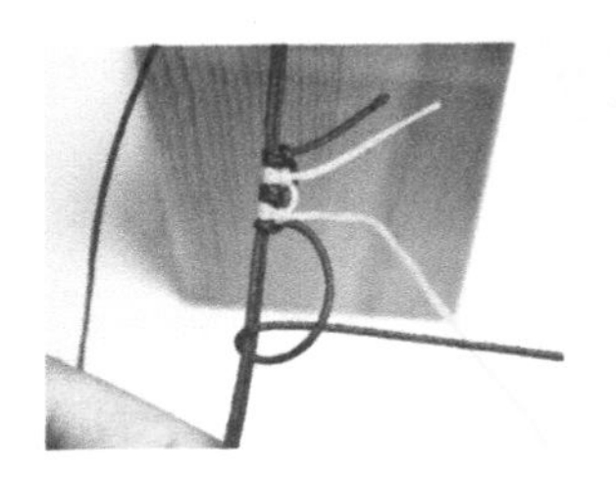

09
用红色线打雀头结。

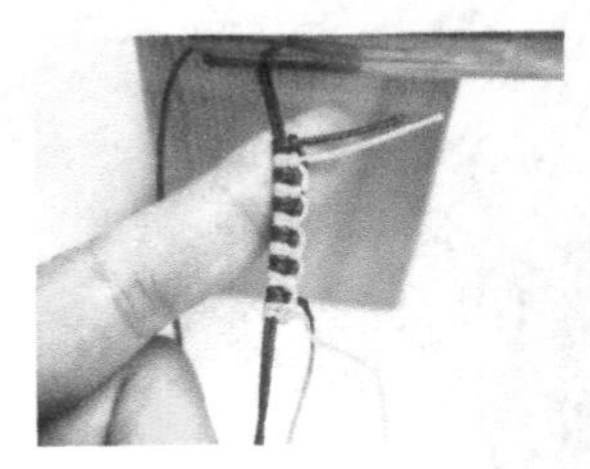

10
黄色雀头结共打6个，红色雀头结共打6个。

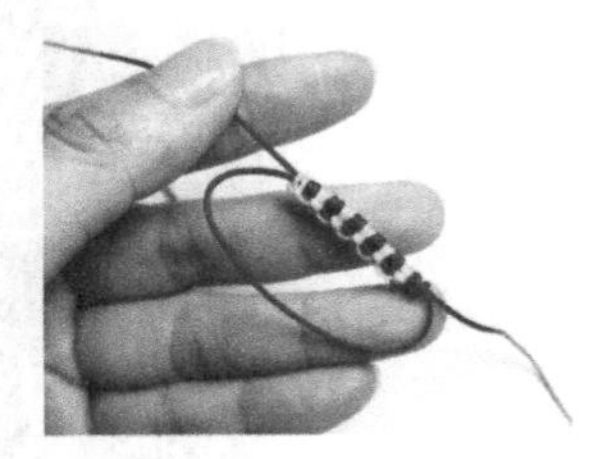

11
剪去多余的线，烧下线头。

12
将线圈套在尖嘴钳或者小棍上收紧。

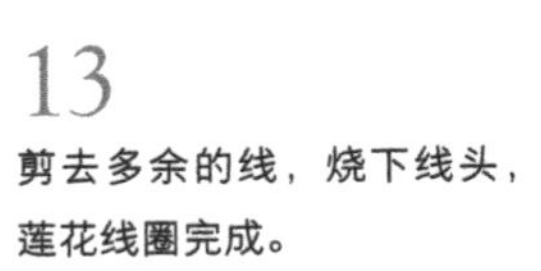

13
剪去多余的线，烧下线头，莲花线圈完成。

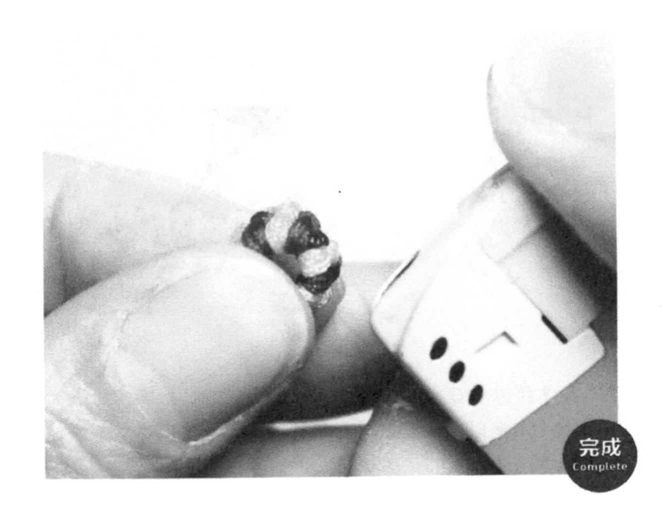

流苏

流苏的制作难点在于顶端线的处理，一般可以使用流苏帽和花托制作，也可以采用绕线的方式来处理。

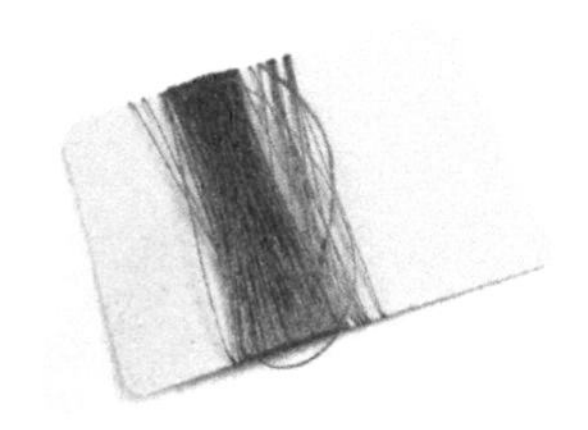

01

用3股冰丝股线在纸板上绕圈，绕160圈以上，圈数越多，流苏线量越大。

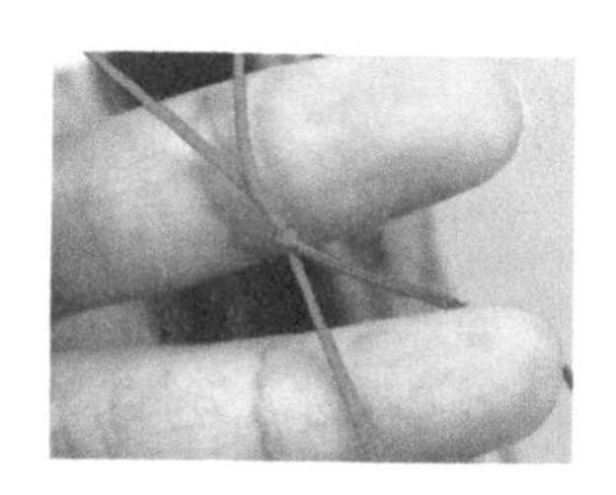

02

将一根红色线折弯，打一个蛇结。蛇结分解教程参见42页。

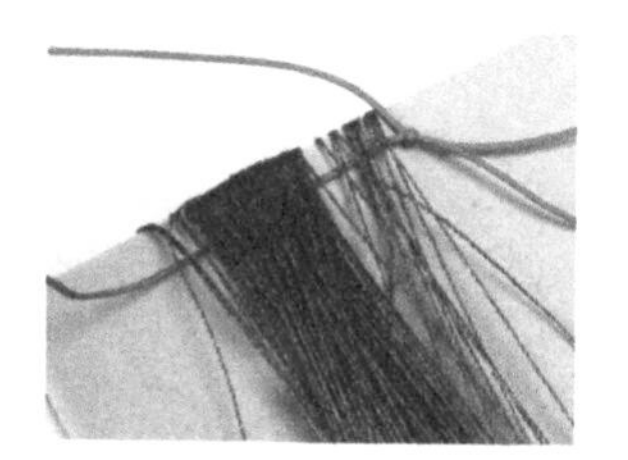

03

把一边红色线穿进流苏线里。

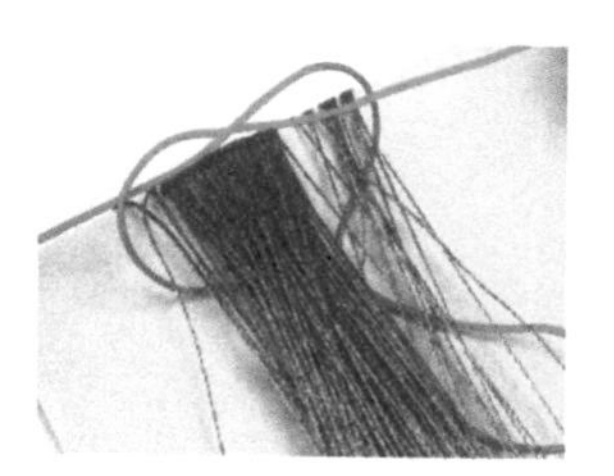

04

将红色线交叉系一下收紧。

05

再系一次。

06

收紧。

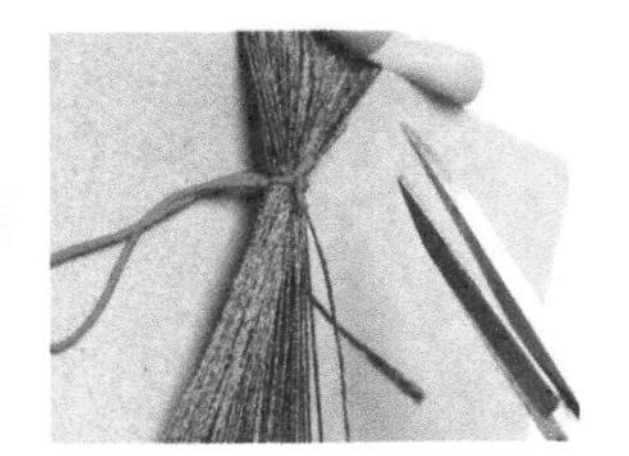

07

剪去多余的线，留2mm线头。

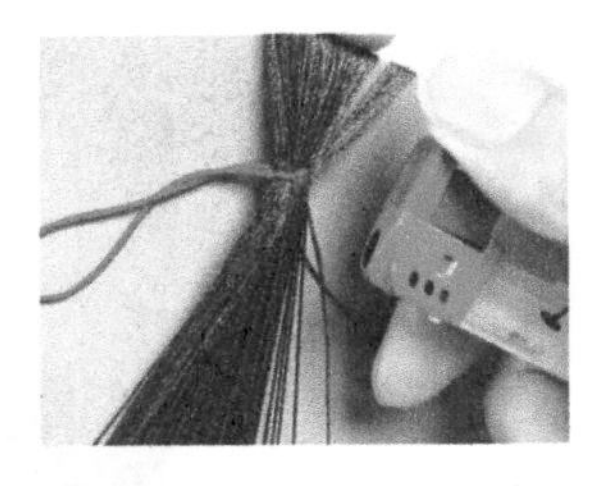

08

烧下线头固定。

09

把纸板抽出来。

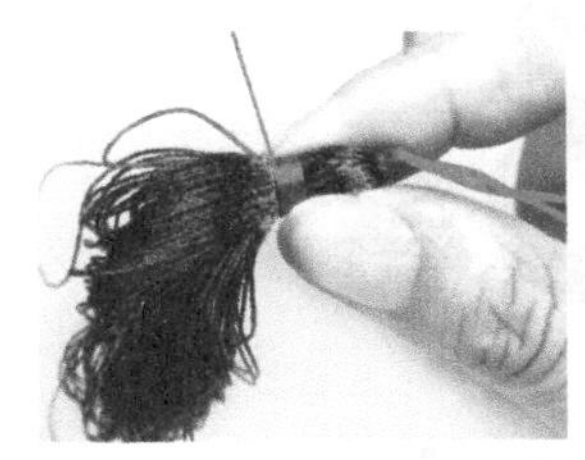

10

用红色线绕线，绕线分解教程参见32页。

11

绕线这一段长2cm左右。

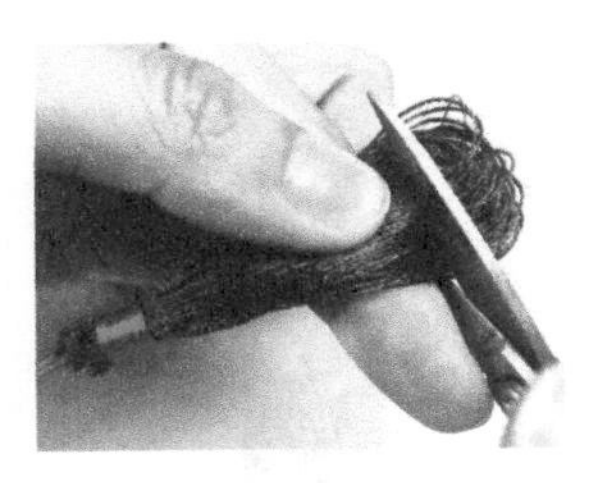

12

尾部用剪刀剪齐。

13

流苏完成。

第3章

绳与结
基础绳结的分解制作

本章主要介绍手工编绳中常见的各种基础绳结的制作方法，为后期完整手绳的制作打下基础。读者需要熟练掌握并灵活运用这些制作方法。

基础绳结

一个完整的手工编绳饰品少不了基础绳结。将常用的基础绳结灵活地组合起来，再适当添加配件，就能变成一条漂亮的手绳。

◆ 单结

单结，是最简单的一种结，多用于结尾固定线头。

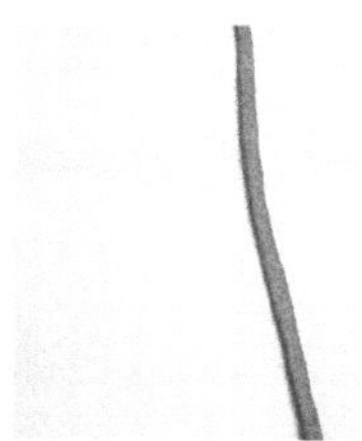

01
准备一根线。

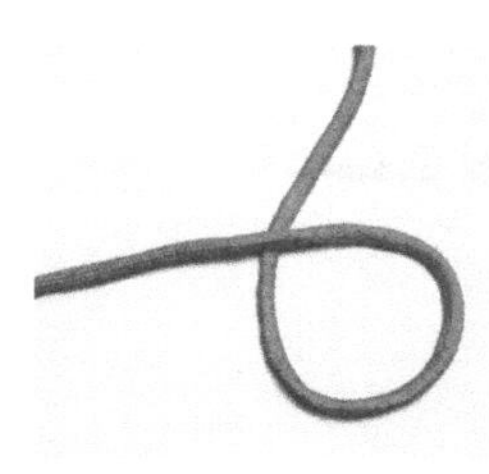

02
将下方线向右上折弯，再拉至左侧压住上方线。

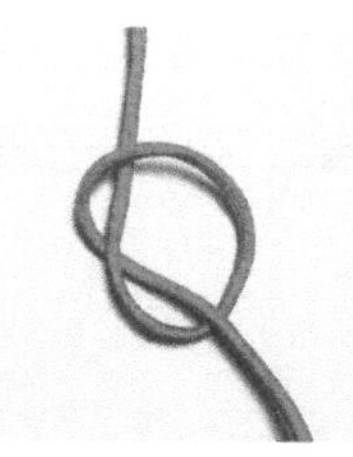

03
将下方线绕着上方线转一圈，自下而上穿进线圈里。

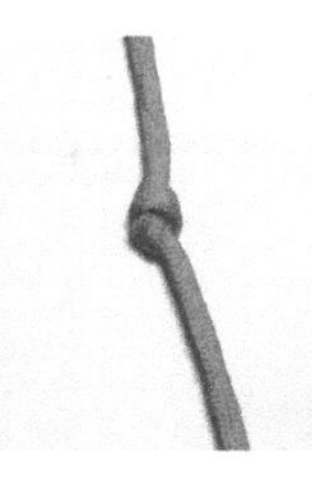

04
拉线的两头，收紧后单结完成。

◆斜卷结

斜卷结，结体呈倾斜状。斜卷结有左斜卷结和右斜卷结，形状一样，只是编织方向不一样。

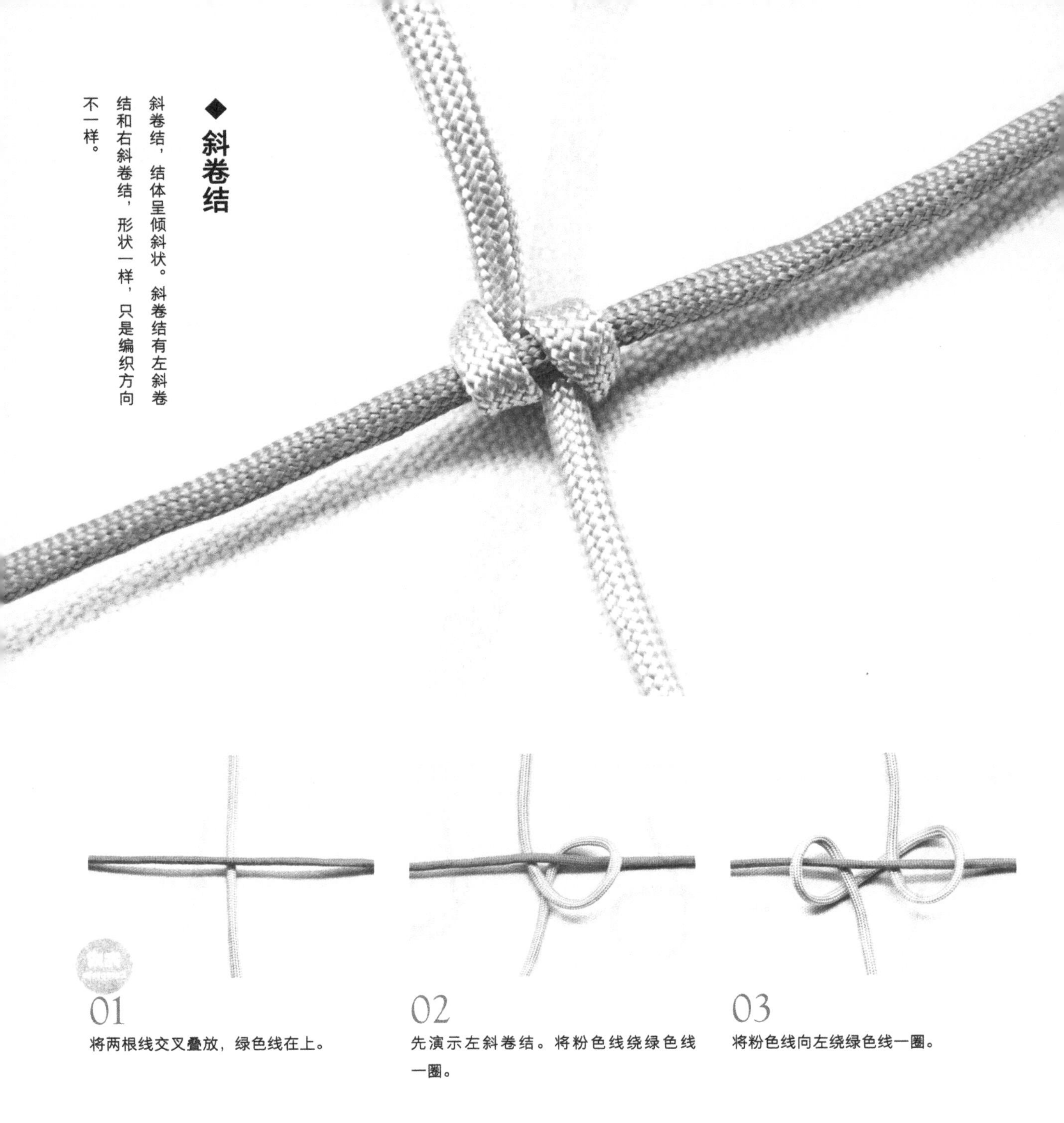

01
将两根线交叉叠放，绿色线在上。

02
先演示左斜卷结。将粉色线绕绿色线一圈。

03
将粉色线向左绕绿色线一圈。

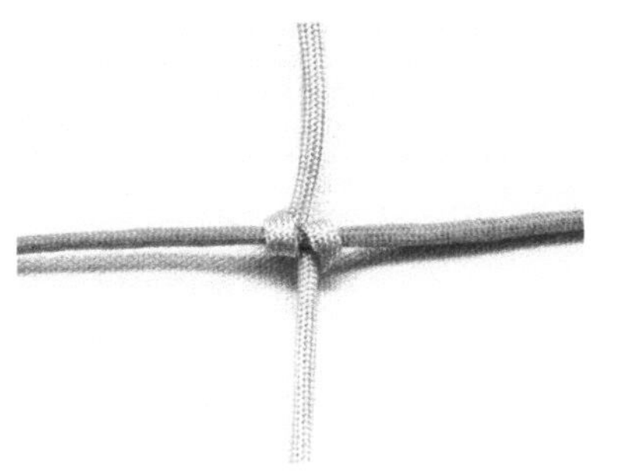

04

收紧后就形成了一个左斜卷结。

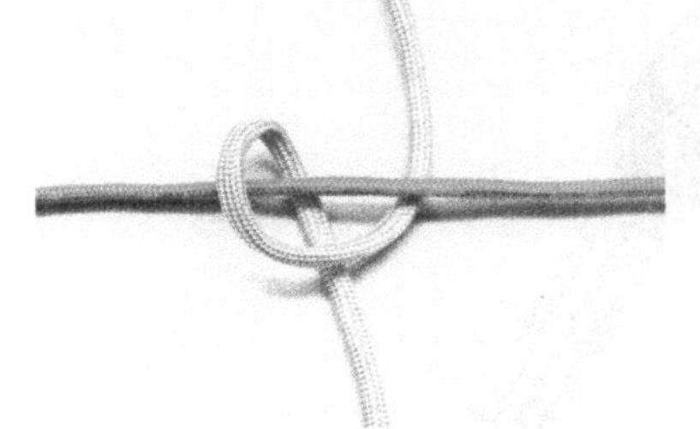

05

再演示右斜卷结。将粉色线绕绿色线一圈。

06

将粉色线向右绕绿色线一圈。

07

收紧后形成了一个右斜卷结。

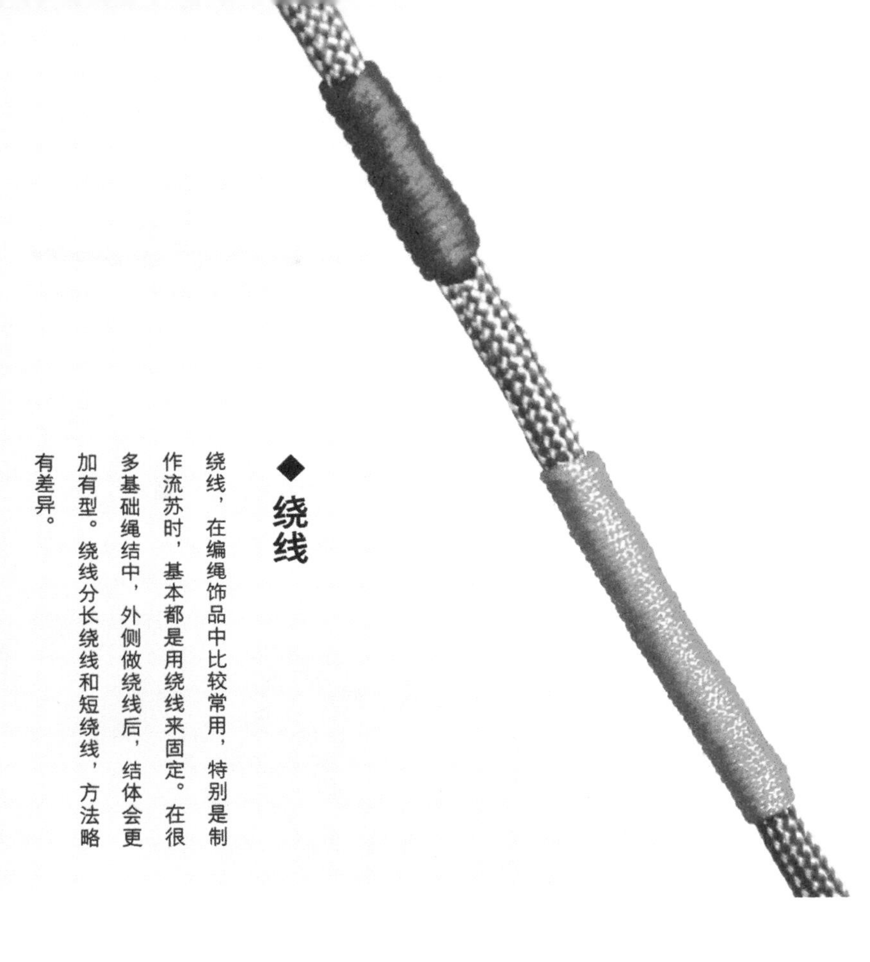

◆绕线

绕线，在编绳饰品中比较常用，特别是制作流苏时，基本都是用绕线来固定。在很多基础绳结中，外侧做绕线后，结体会更加有型。绕线分长绕线和短绕线，方法略有差异。

01

以绿色线为中心线，取一根较细的红色线折弯，放在绿色线上。

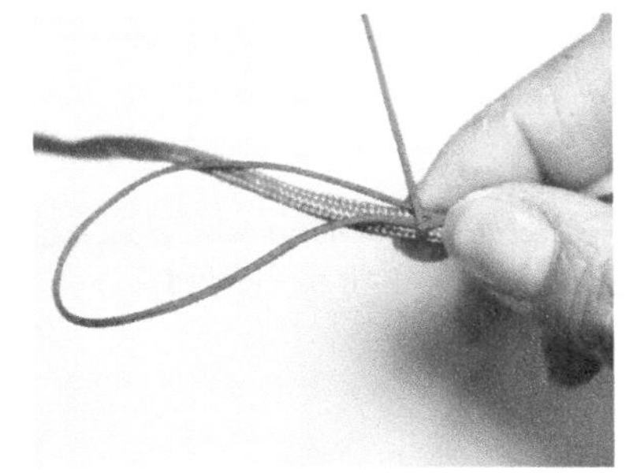

02

捏住红色线一端，用一侧的红色线绕线。

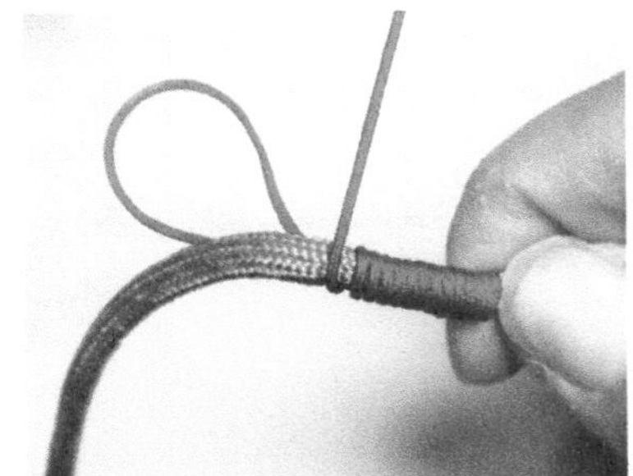

03

反复绕线，绕到需要的长度，此方法适合长度在4cm以内的短绕线。

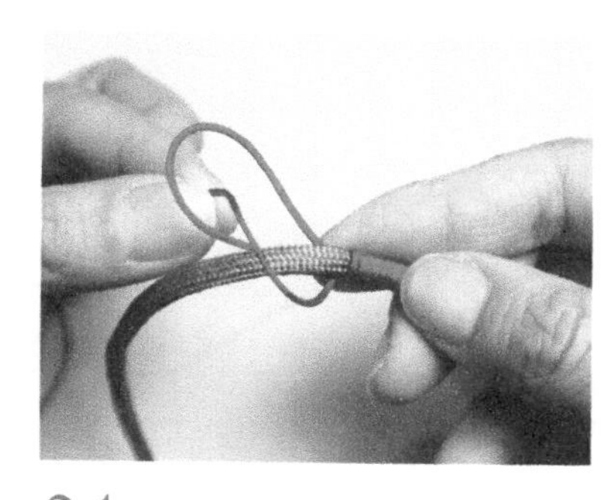

04
把红色线穿进开头的折弯圈里。

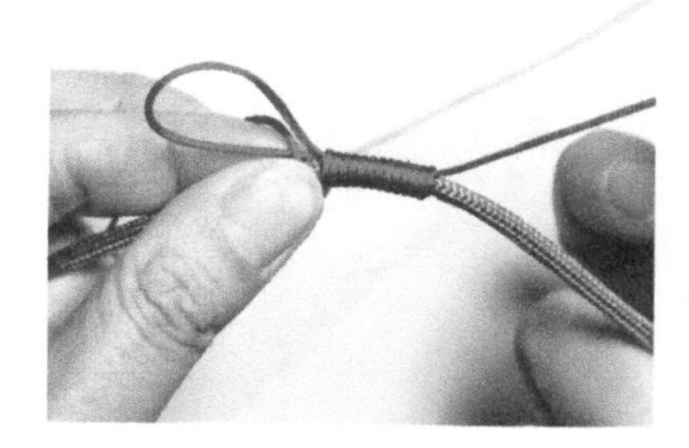

05
穿进去后捏住，拉另外一侧红色线。

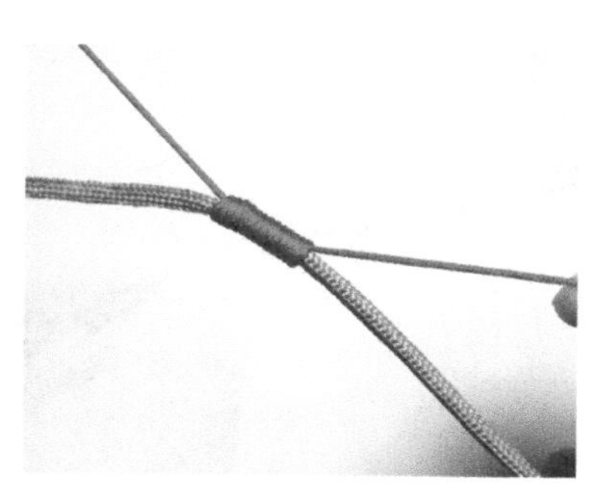

06
把折弯圈拉进线圈里隐藏起来。

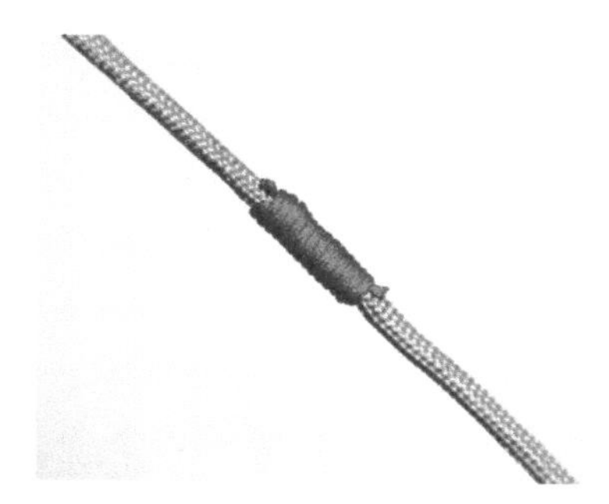

07
剪去两头多余的线。

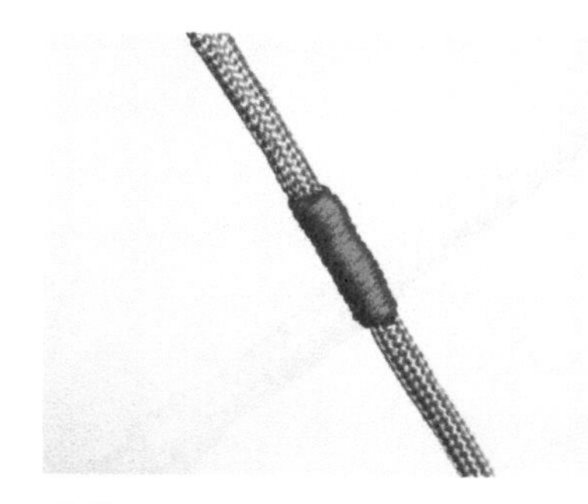

08
烧下线头，短绕线完成。

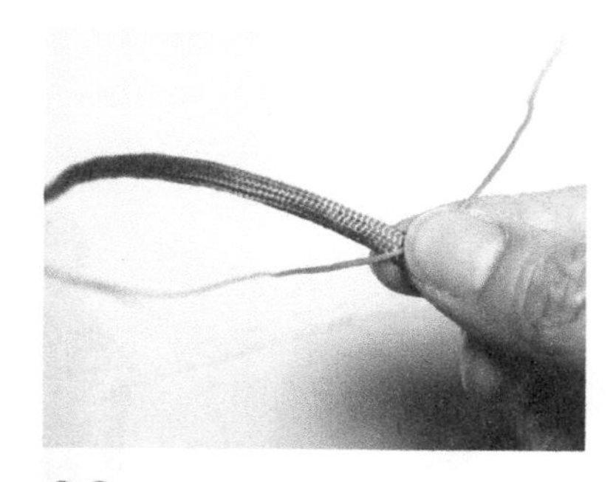

09
再演示一下长绕线的方法，适用于长度在4cm以上的绕线。将橙色线捏在绿色线上。

10
用橙色线绕绿色线。

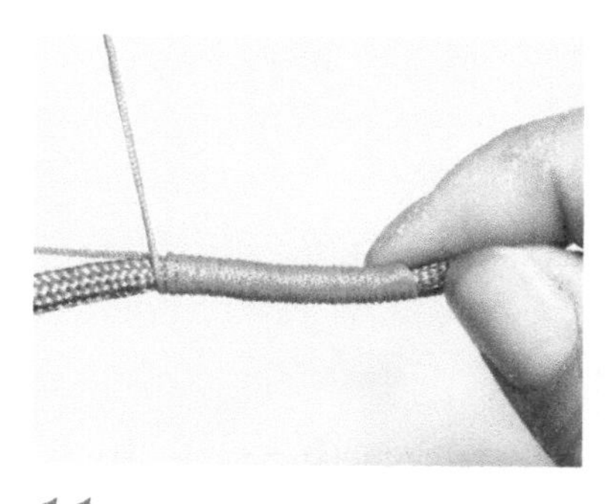

11
反复绕线，绕到距目标长度还有一小段的时候停止。

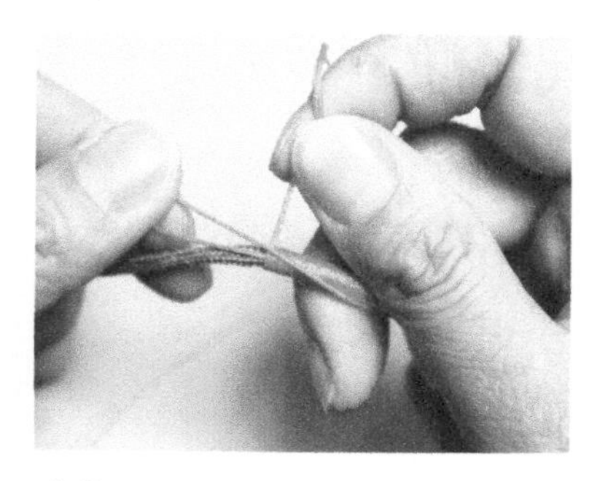

12
将压在里面的橙色线折弯回来。

13

继续绕线。

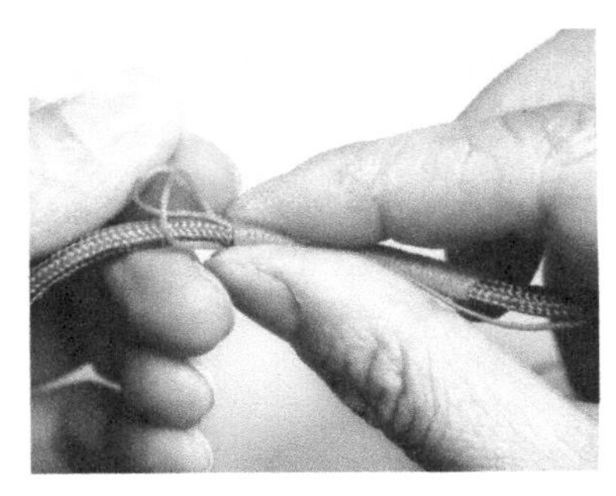

14

绕到最后，把橙色线穿进刚才的折弯圈里。

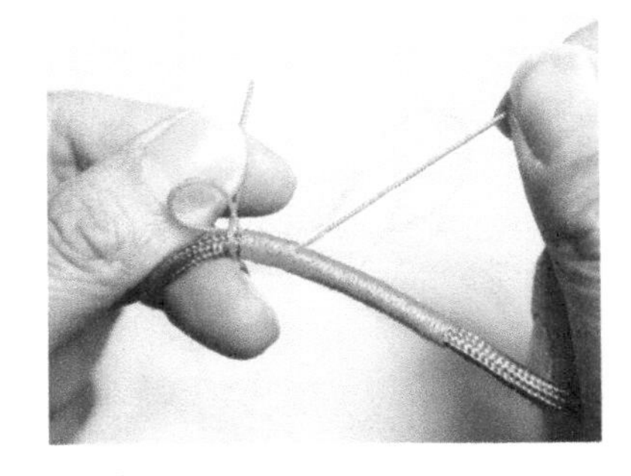

15

拉右侧橙色线。

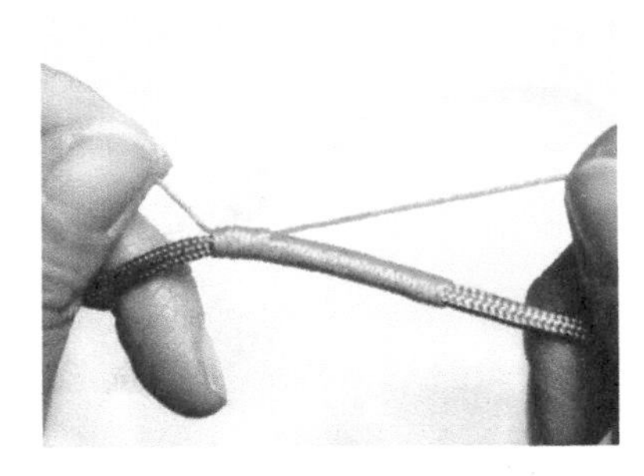

16

把折弯圈拉进线圈里隐藏起来。

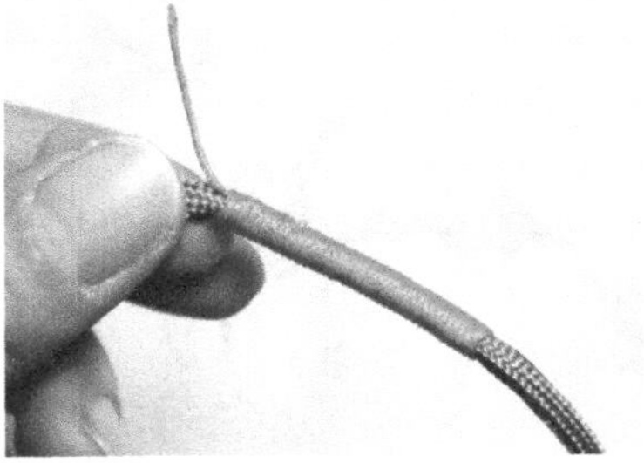

17

切根剪去右侧橙色线，无须留线头，无须烧线头。

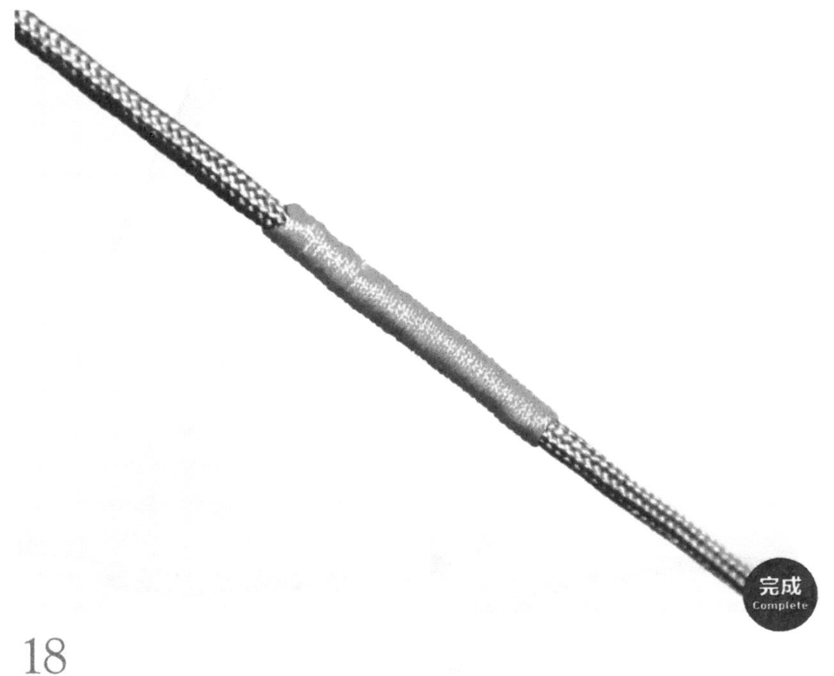

18

剪去左侧橙色线，留1mm线头，用火烧下以固定，长绕线完成。

◆两股辫

两股拧结，也叫作两股辫，形如麻花，用手搓转形成。

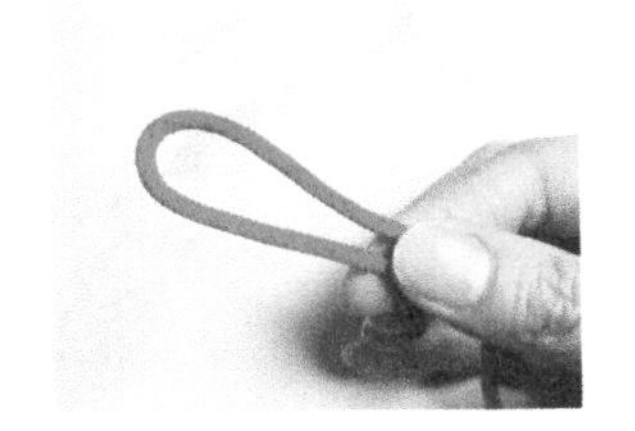

01
将一根线对弯一下捏住。

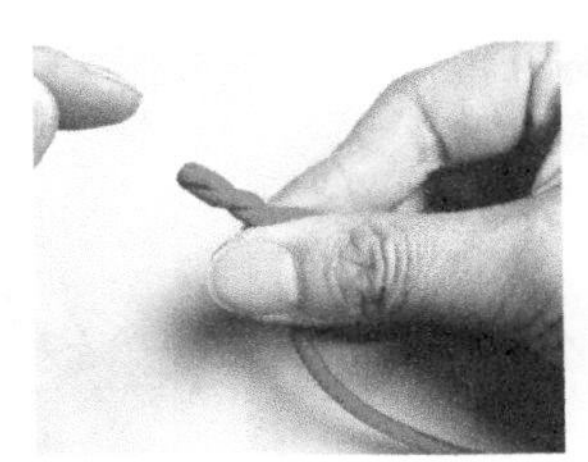

02
用右手拇指和食指向内侧搓线，形成麻花状的结。

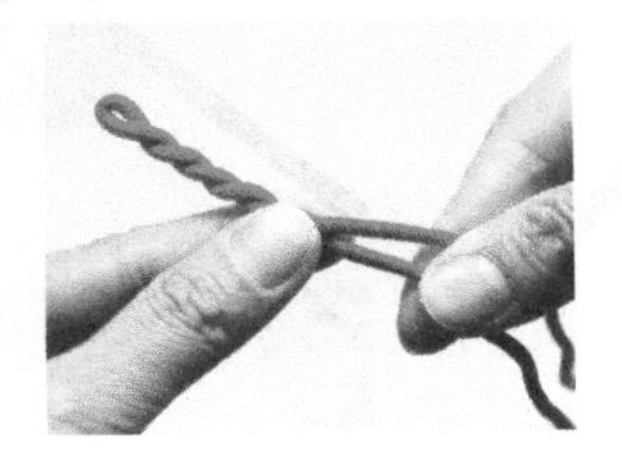

03
每搓转一段用左手捏住上方固定，再继续搓转。

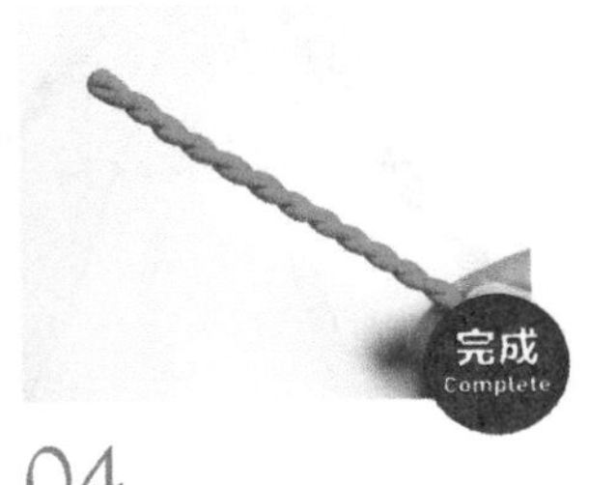

04
重复以上步骤，就形成了两股辫。

◆ 四股辫

四股辫，由4根线交叉缠绕而成，常用于编织手链、项链。

01

固定四根线一端，左边两根线为一组，右边两根线为一组。

02

将右边黑色线从下方绕左边粉色线一圈，然后拉回右边。

03

将左边黑色线从下方绕右边黑色线一圈，然后拉回左边。

04

将右边粉色线从下方绕到左边两根线中间，然后拉回右边。

05

将左边粉色线从下方绕到右边两根线中间，然后拉回左边。

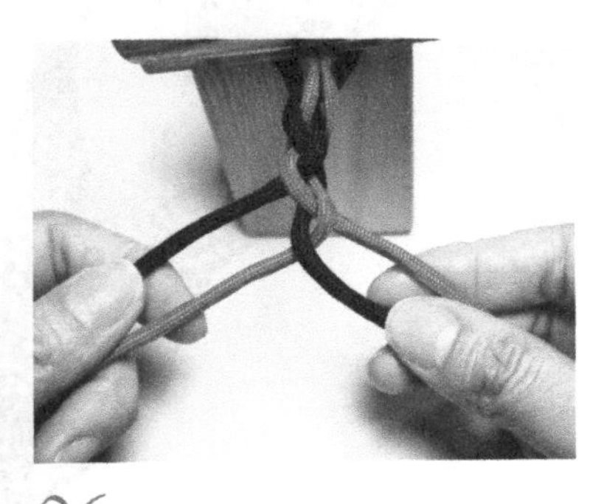

06

将右边黑色线从下方绕到左边两根线中间，然后拉回右边。

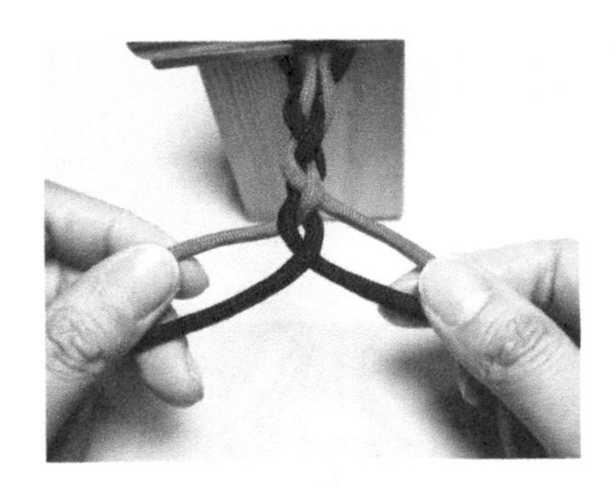

07

将左边黑色线从下方绕到右边两根线中间，然后拉回左边。

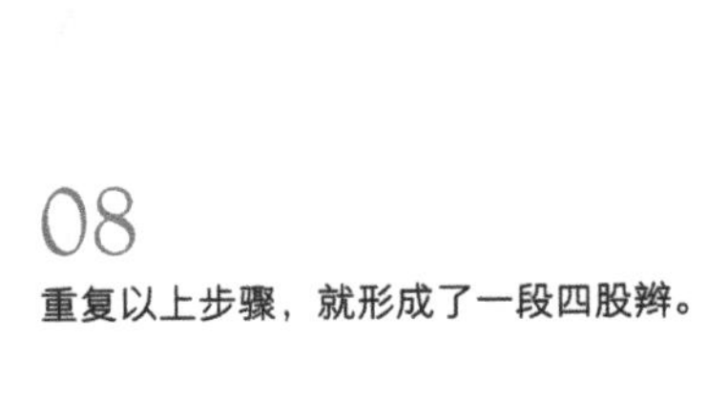

08

重复以上步骤，就形成了一段四股辫。

◆八股辫

八股辫，由8根线相互交叉缠绕而成，成形后有4个面，切面是方形的，故有四平八稳的寓意。

01

将8根线分成两组，左边4根线，右边4根线。

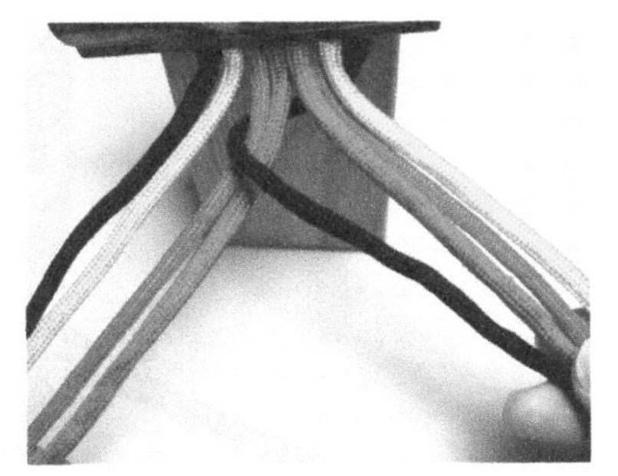

02

将右边黑色线从下面绕到左边4根线的中间再拉回来。

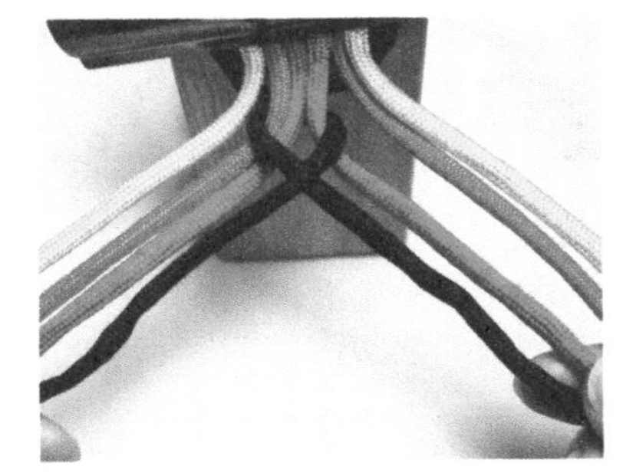

03

将左边黑色线从下面绕到右边红色线和粉色线中间再拉回来。

04
将右边黄色线从下面绕到左边四根线中间再拉回来。

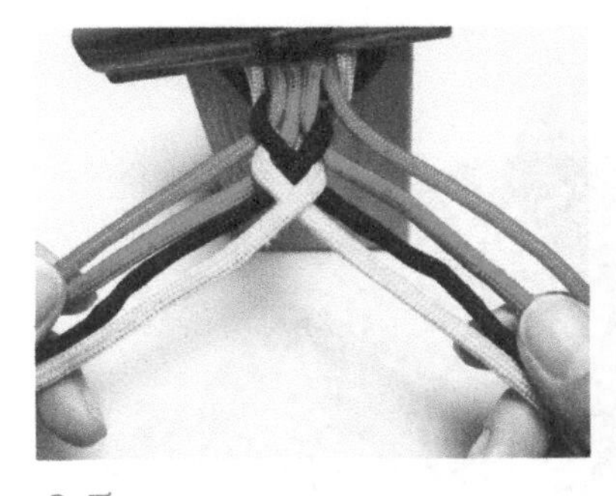

05
将左边黄色线从下面绕到右边四根线中间再拉回来。

06
将右边粉色线从下面绕到左边四根线中间再拉回来。

07
将左边粉色线从下面绕到右边四根线中间再拉回来。

08
将右边红色线从下面绕到左边四根线中间再拉回来。

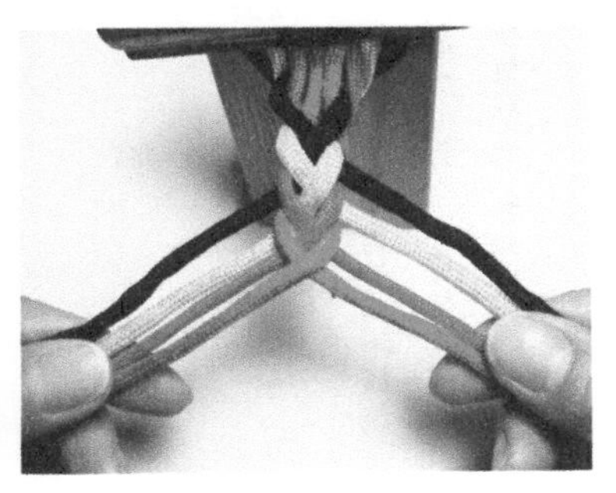

09
将左边红色线从下面绕到右边四根线中间再拉回来。

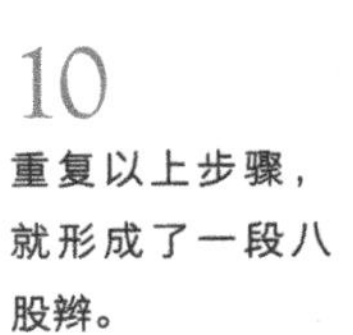

10
重复以上步骤，就形成了一段八股辫。

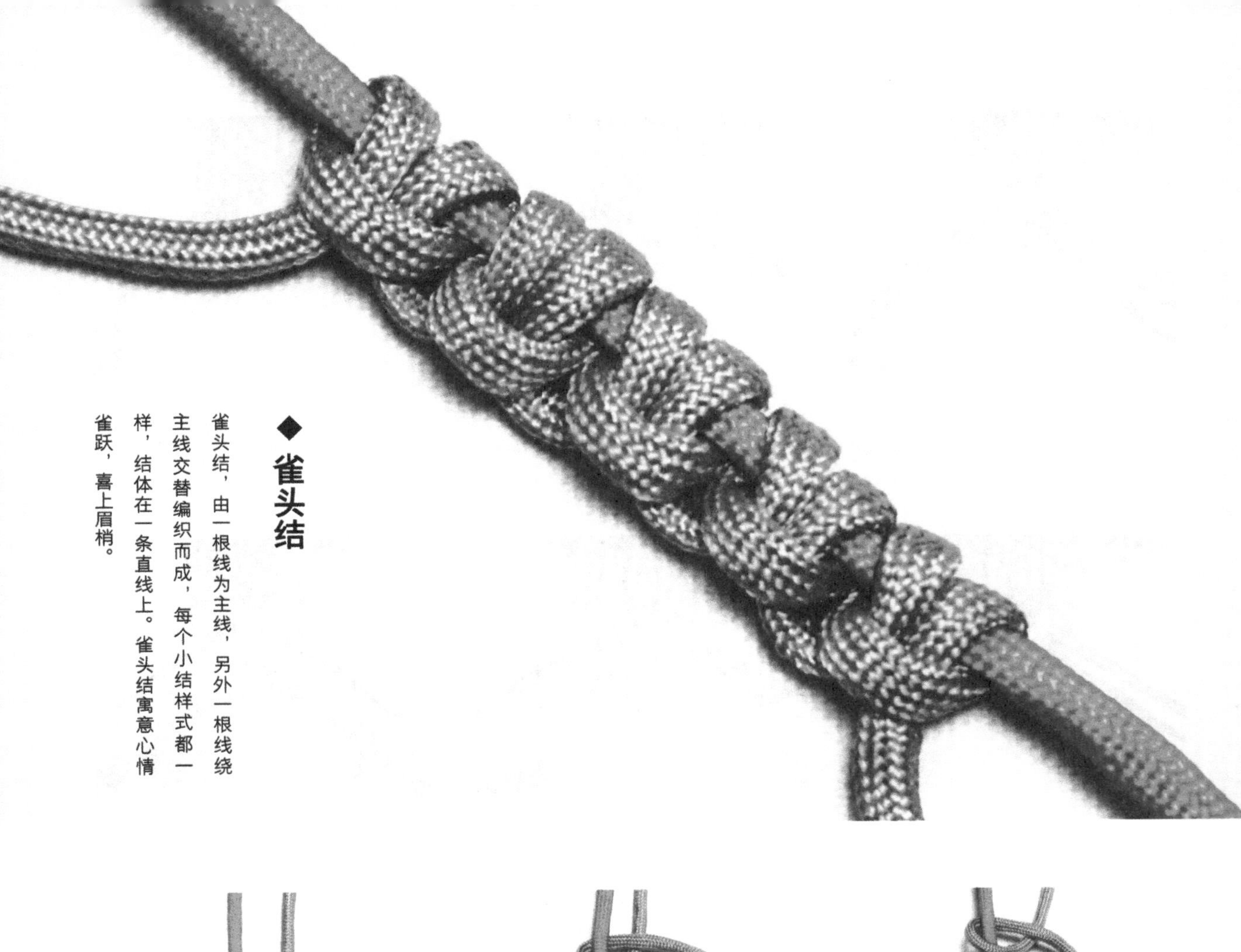

◆雀头结

雀头结，由一根线为主线，另外一根线绕主线交替编织而成，每个小结样式都一样，结体在一条直线上。雀头结寓意心情雀跃，喜上眉梢。

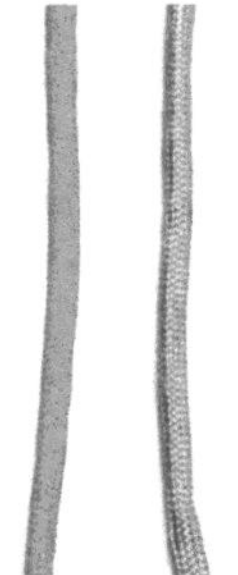

01

取两根线，用红色线做主线，用绿色线编结。

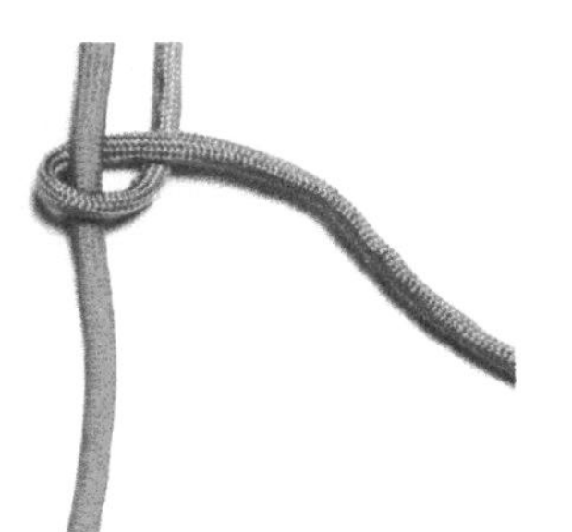

02

将绿色线从上方绕红色线一圈。

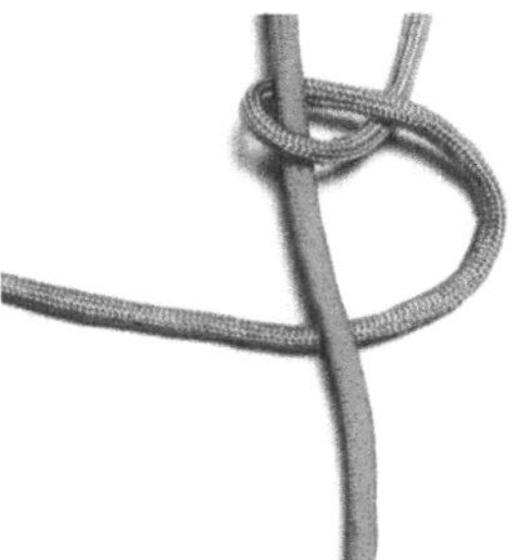

03

将绿色线向左折弯，用红色线压住绿色线。

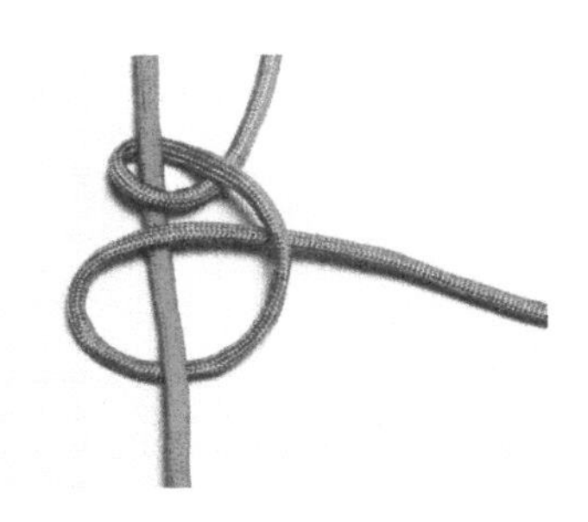

04

将绿色线向右折弯，从右边的绿色线下穿过。

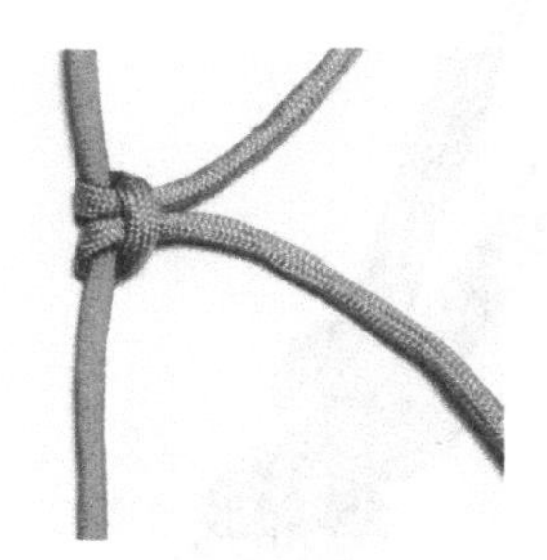

05

收紧后形成一个雀头结。

06

再编一个雀头结。将绿色线从红色线上方绕红色线一圈，拉紧。

07

将绿色线向左折弯，用红色线压住绿色线。

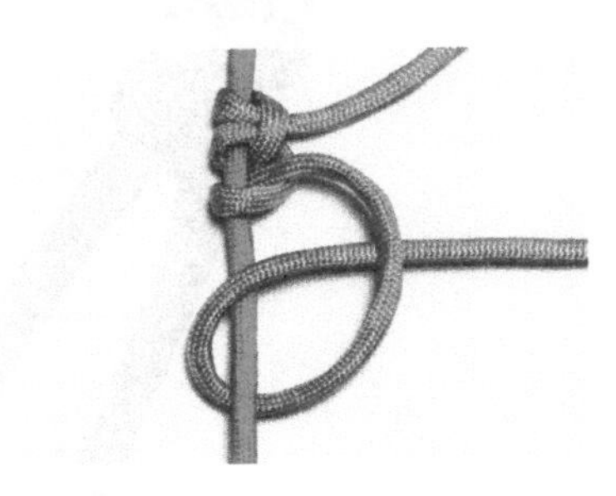

08

将绿色线向右折弯，从右边的绿色线下穿过。

09

收紧后第二个雀头结完成。

10

重复以上步骤，就连续编成了多个雀头结。

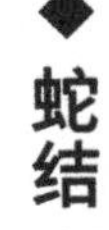

蛇结

蛇结，形如蛇体，每个结体都是独立的，拉拽有弹性，常用于隔开珠子。

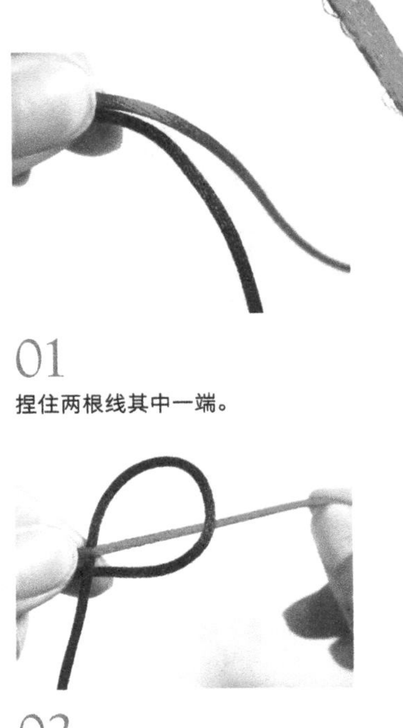

01

捏住两根线其中一端。

02

将绿色线绕到红色线后面，捏住形成的圈。

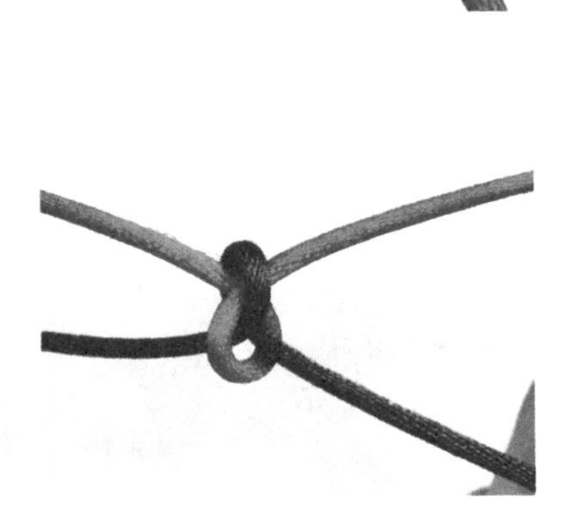

03

将红色线从下方绕上来，穿进绿色线圈里。

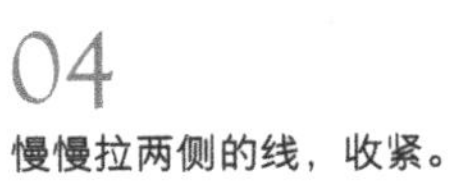

04

慢慢拉两侧的线，收紧。

05

收紧后一个蛇结完成。

06

重复以上步骤，可编出连续的蛇结。

完成
Complete

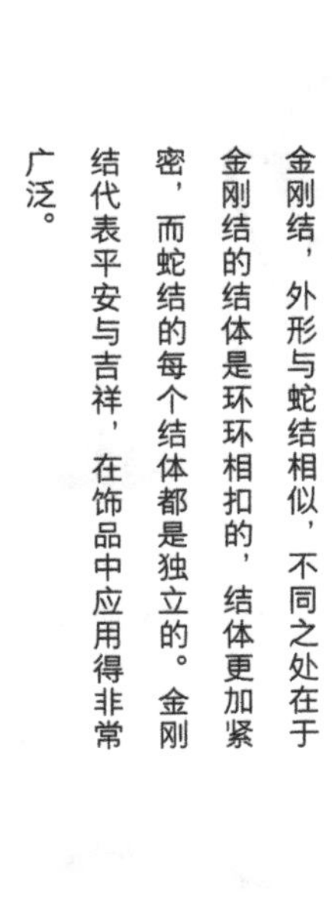

◆金刚结

金刚结，外形与蛇结相似，不同之处在于金刚结的结体是环环相扣的，结体更加紧密，而蛇结的每个结体都是独立的。金刚结代表平安与吉祥，在饰品中应用得非常广泛。

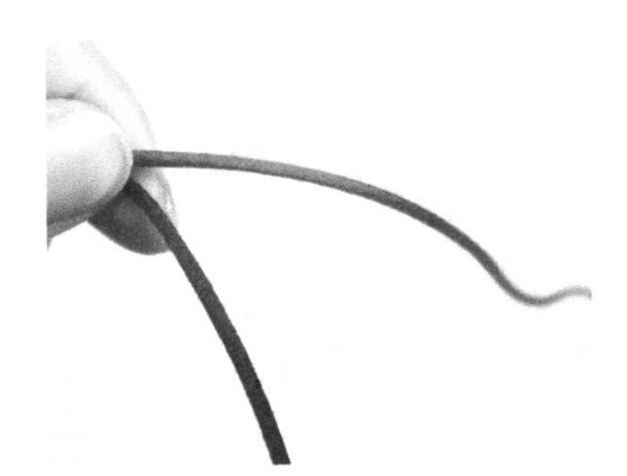

01
捏住两根线其中一端。

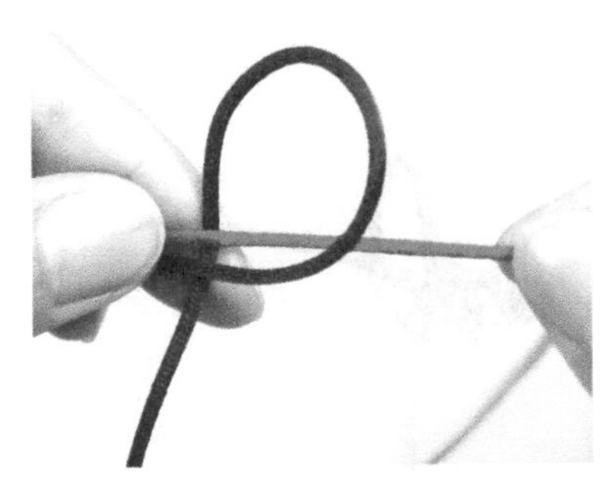

02
将蓝色线绕到红色线后面，捏住形成的圈。

03
将红色线从下方绕食指一圈，穿进蓝色线圈里。

04

捏住红色线，注意，红色线是套在食指上的。

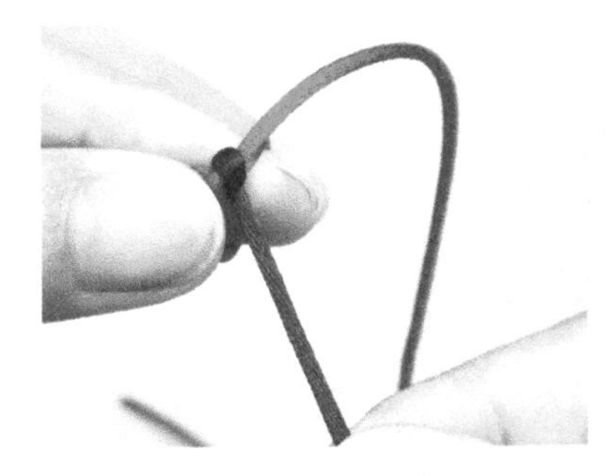

05

收紧蓝色线。

06

捏住打结的部分并将其翻转过来，这样，刚刚套在食指上的红色线圈就转到了前面。

07

将蓝色线向后绕食指一圈再穿进红色线圈里。

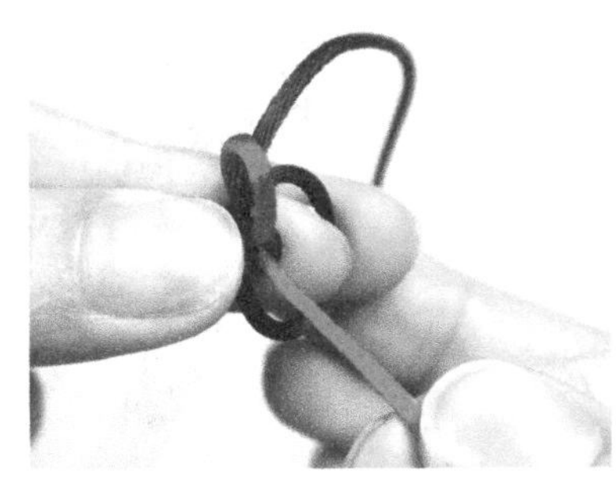

08

捏住蓝色线。

09

收紧红色线。

10

再翻转过来，形成一个蓝色线圈。

11

将红色线绕食指一圈。

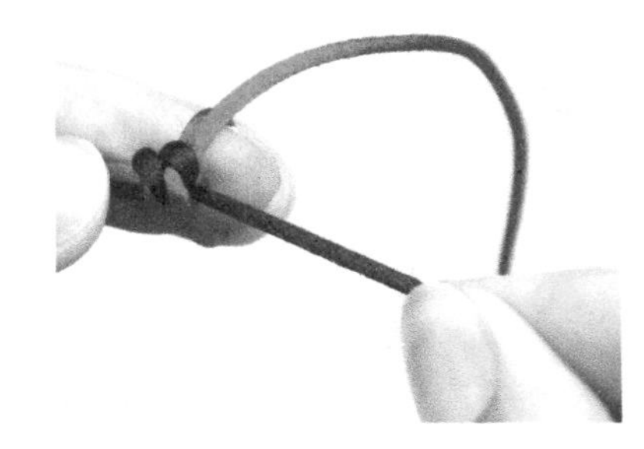

12

收紧蓝色线。

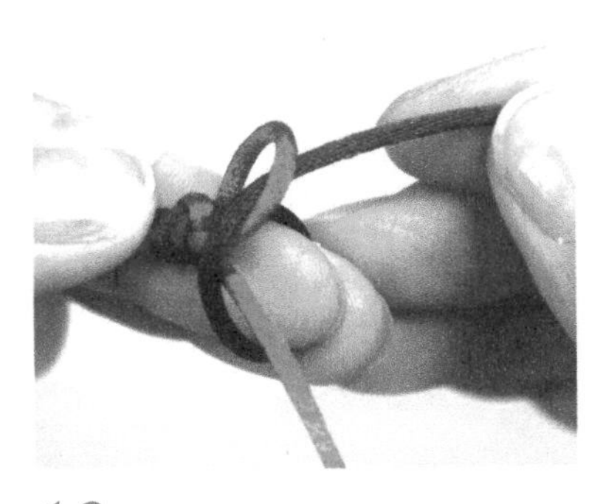

13

翻转过来，将蓝色线绕食指一圈穿进红色线圈里。

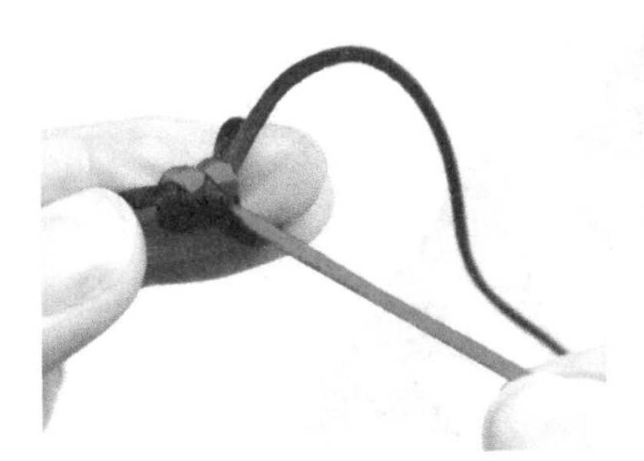

14

收紧红色线。

15

重复编织，形成一段金刚结。

16

结尾部分拉红色线收紧线圈。

◆包芯金刚结

包芯金刚结，比双线金刚结多了一个轴心，即绕中间线来编织金刚结。编织时中间线不动，用两根线绕中间线编织。

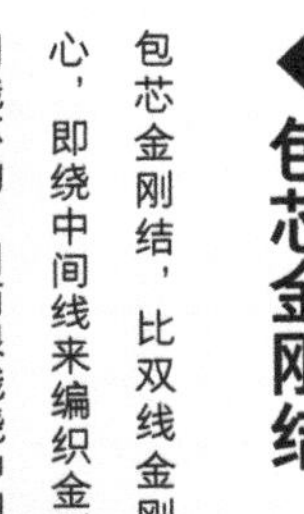

01

取4根线，以两根黑色线做轴心，用两侧的红色线和黄色线编金刚结。

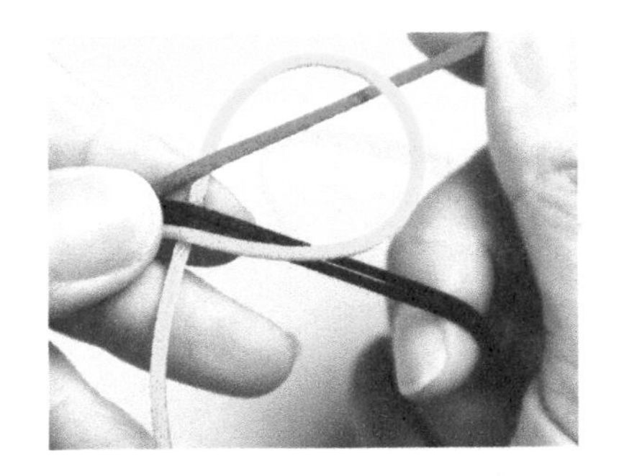

02

将黄色线绕到所有线后面，捏住形成的圈。

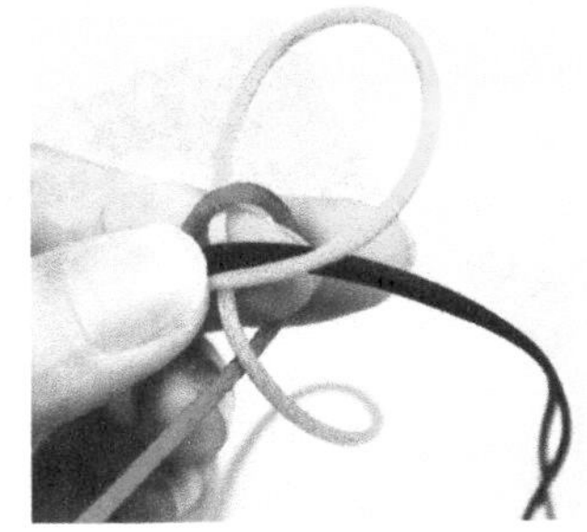

03

将红色线绕食指一圈。

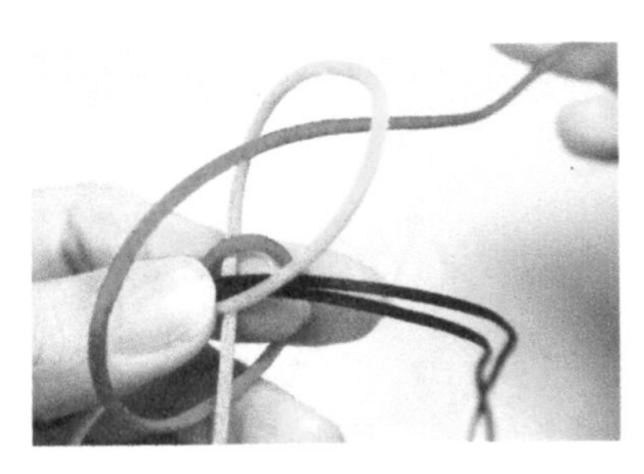

04
将红色线绕到上方，穿进黄色线圈里。

05
捏住红色线。

06
拉黄色线收紧。

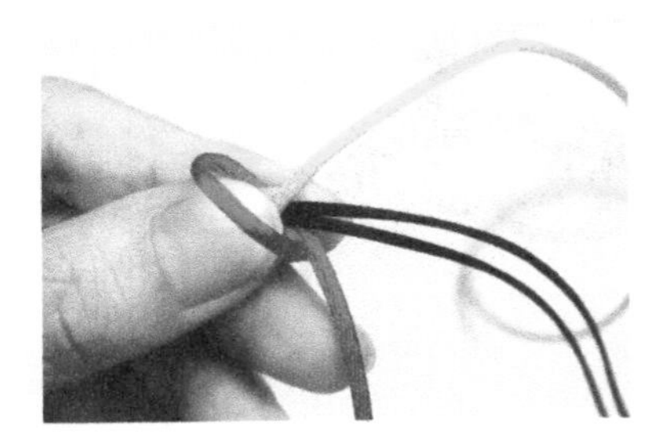

07
把结体翻转过来，这样之前套在食指上的红色线就形成了一个圈。

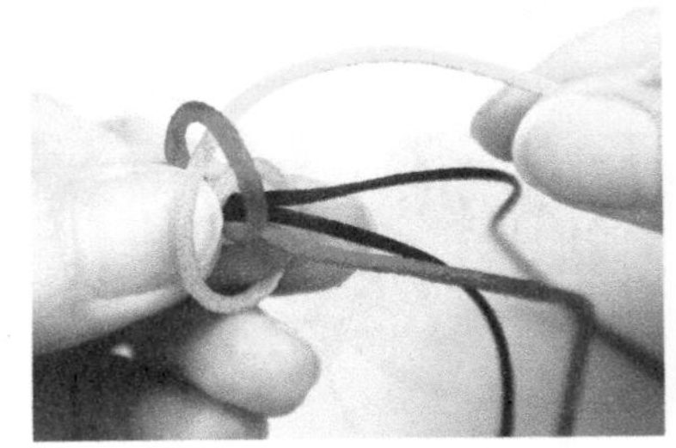

08
将黄色线绕食指一圈，穿进红色线圈里。

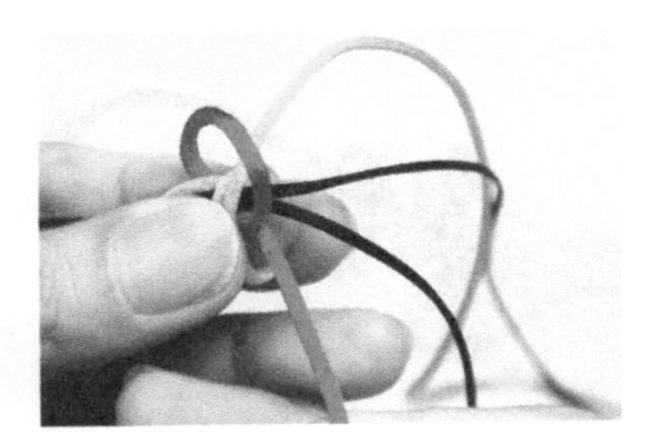

09
捏住黄色线。

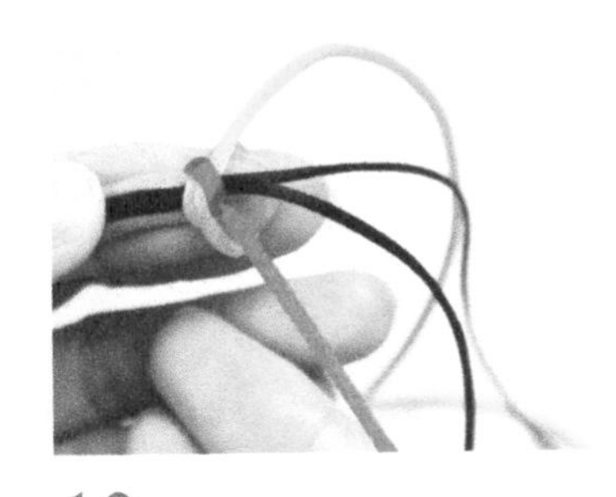

10
拉红色线收紧。

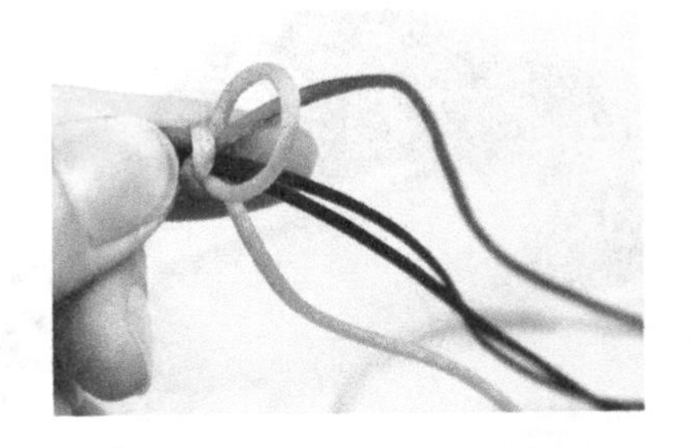

11
把结体翻转过来，之前套在食指上的黄色线形成一个圈。

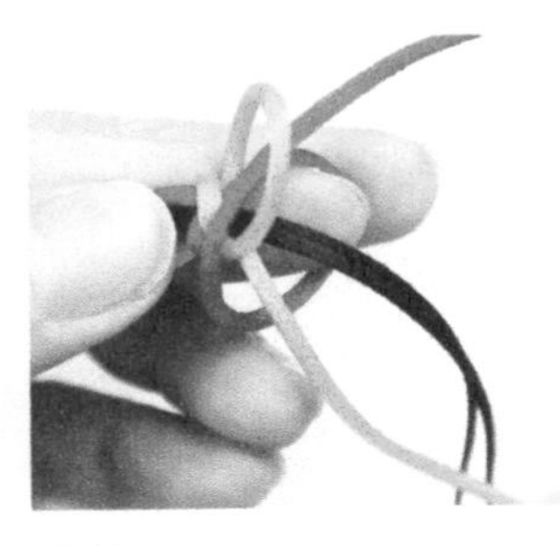

12
将红色线绕食指一圈，穿进黄色线圈里。

13

拉黄色线收紧。

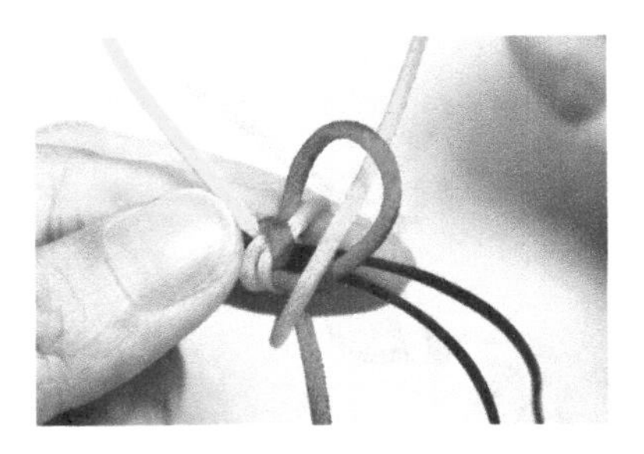

14

翻转过来后，将黄色线绕食指一圈，穿进红色线圈里。

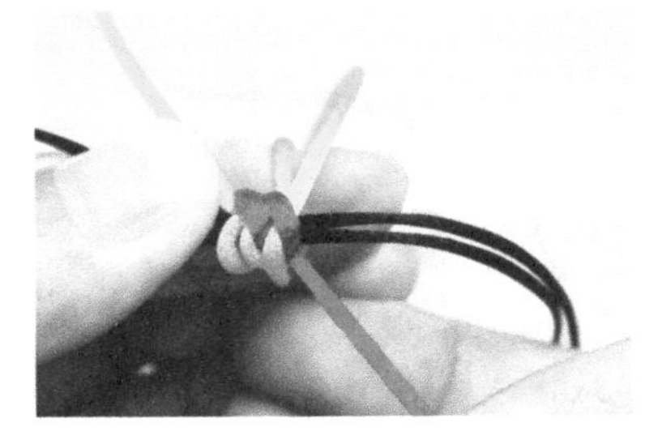

15

收紧红色线。

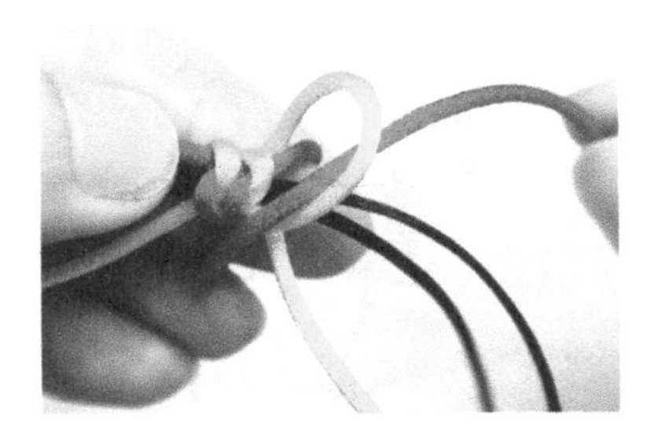

16

把结体翻转过来，将红色线绕食指一圈，穿进黄色线圈里。

17

收紧黄色线。

18

重复以上步骤，就形成了一段包芯金刚结。

19

结尾部分拉红色线收紧线圈。

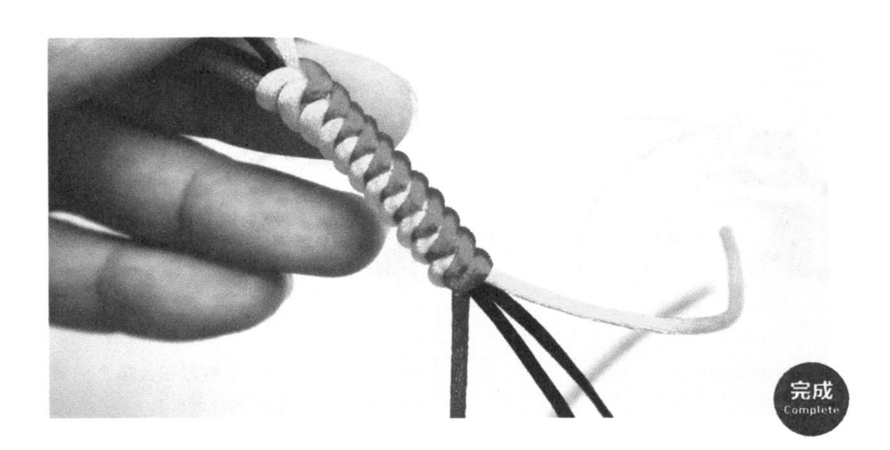

◆ 文昌结

文昌结，也叫作智慧结，是中国结基础结的一种，寓意文运昌盛、学业有成。

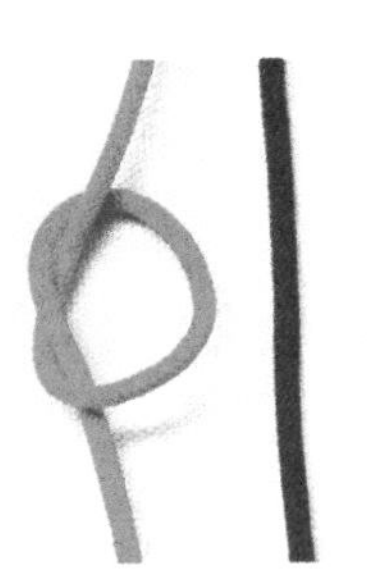

01

将两根线平行摆放，用红色线打一个单结。

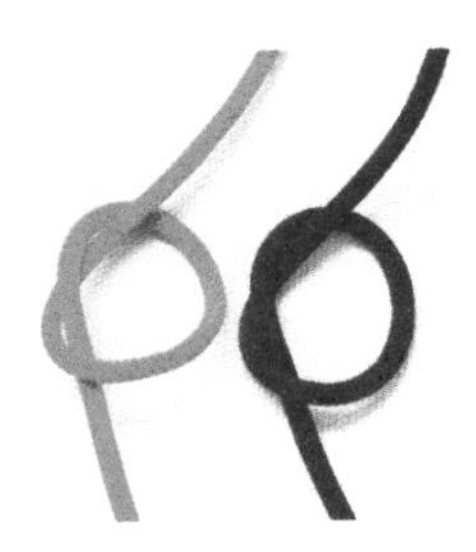

02

用黑色线与红色线方向一样打一个单结。

06

慢慢收紧调整，文昌结完成。

03

将黑色线逆时针折弯，用红色线一端压住黑色线。

04

将红色线另一端向右上方折弯，从黑色线下穿过。

05

注意，把红色单结向上翻转，形成图中的样子。

◆ 单向平结

单向平结，中间有轴心，两侧线朝一个方向编织，编好后呈旋转状。该结常用于编织手链、项链、挂饰。

01

准备4根线，用中间两根红色线做轴心。

02

把绿色线从下面折弯到左边，压住黄色线。

03

把黄色线向右折弯，从绿色线下穿过。

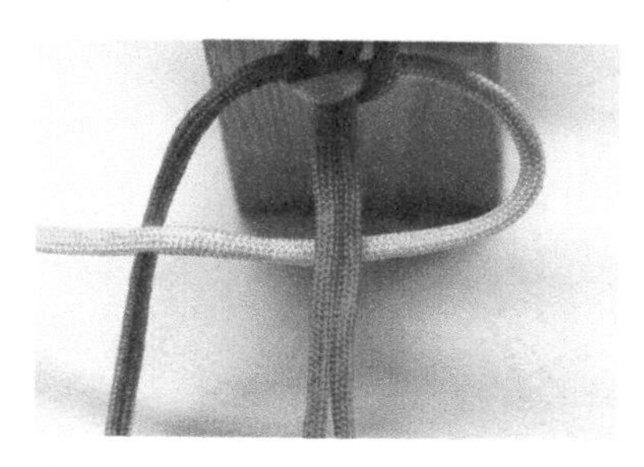

04

把两侧的线拉紧后，依然是右侧线从下面折弯到左边，压住绿色线。

05

把绿色线从右边黄色线下穿过。

06

把右侧线折弯到左边，压住黄色线，把黄色线从右边绿色线下穿过。

07

把右侧线折弯到左边，压住绿色线，把绿色线从右边黄色线下穿过。

08

把右侧线折弯到左边，压住黄色线，把黄色线从右边绿色线下穿过。

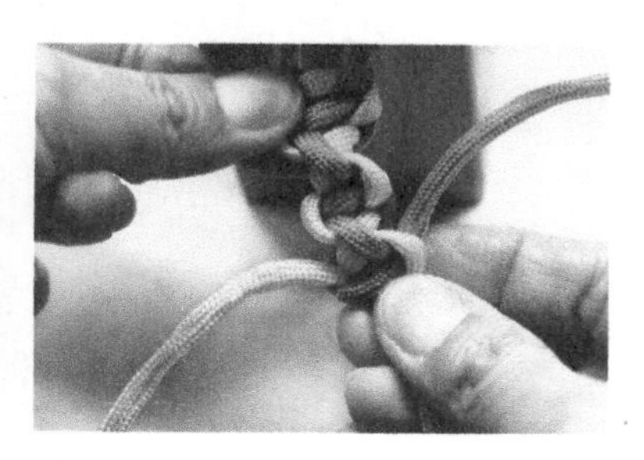

09

每编一小段，就用手扭一下结，使其呈旋转状。

10

重复以上步骤，就形成了一段单向平结。

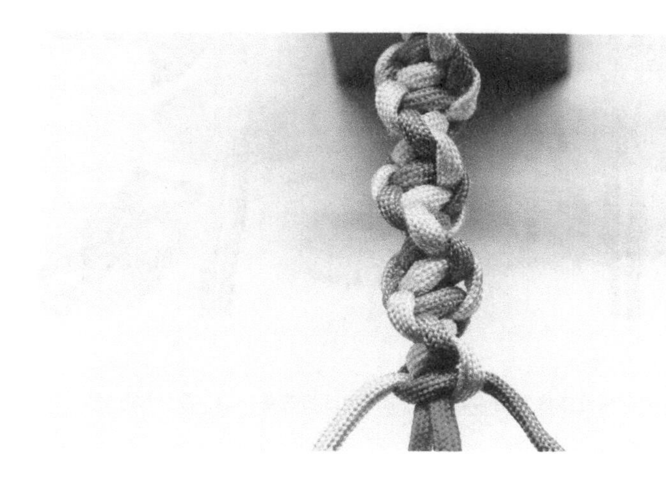

完成
Complete

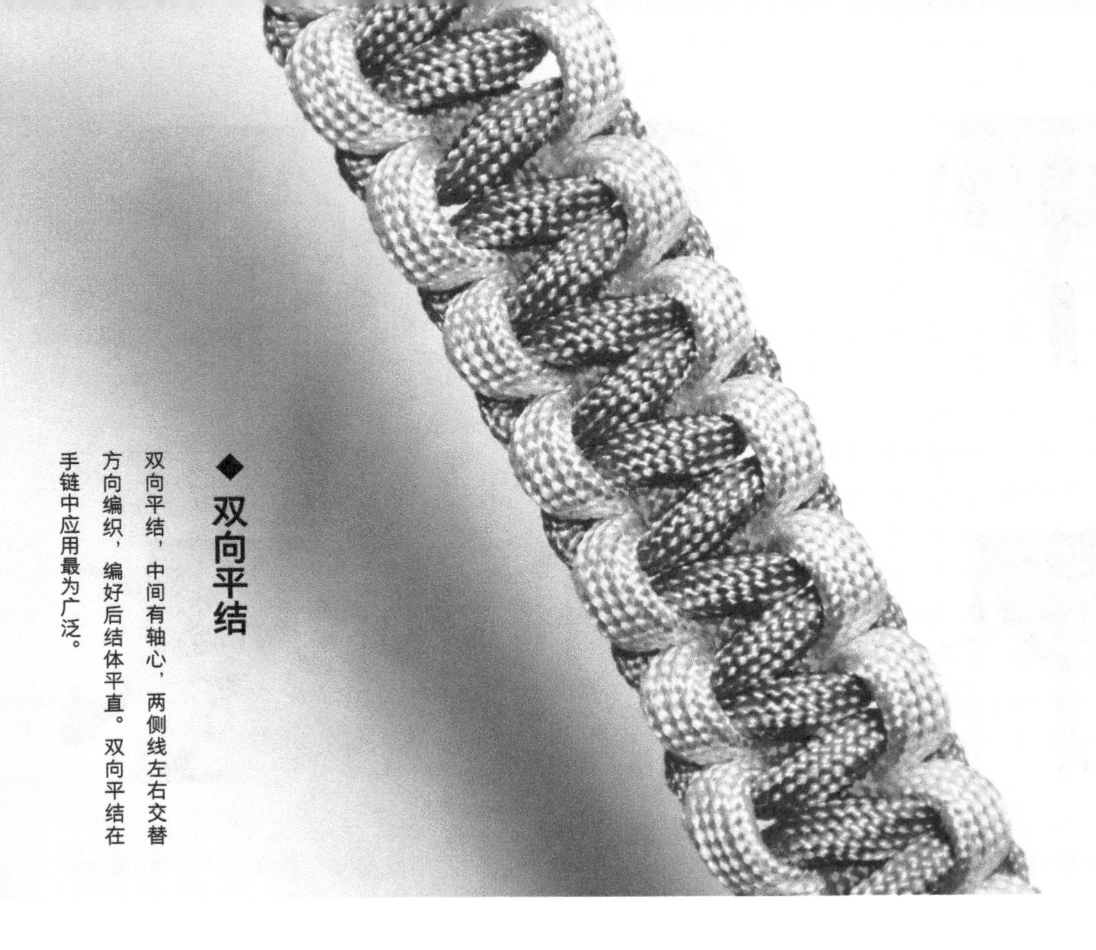

◆双向平结

双向平结，中间有轴心，两侧线左右交替方向编织，编好后结体平直。双向平结在手链中应用最为广泛。

01

准备4根线，用中间两根红色线做轴心。

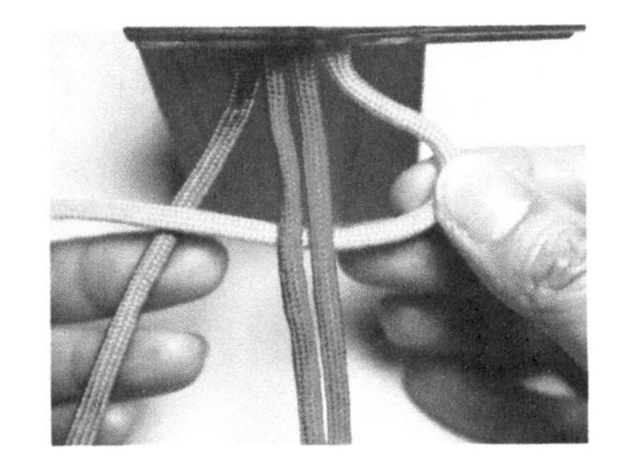

02

把黄色线折弯到左边，压住绿色线。

03

把绿色线从右边黄色线下穿过。

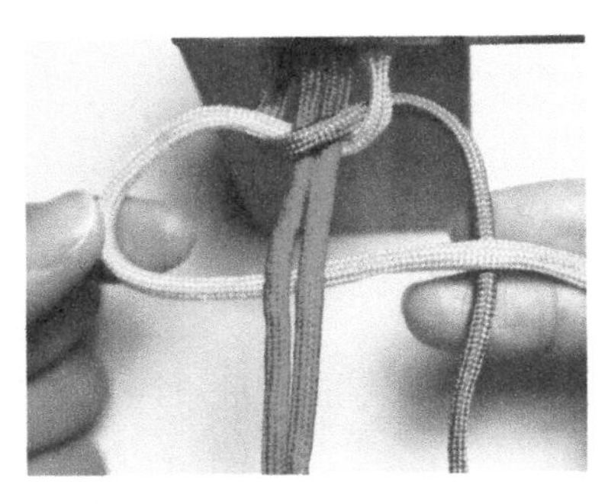

04

拉两根线稍收拢，把黄色线折弯到右边，压住绿色线。

05

把绿色线穿到左边黄色折弯圈里。

06

把黄色线折弯到左边，压住绿色线。

07

把绿色线穿到右边黄色折弯圈里。

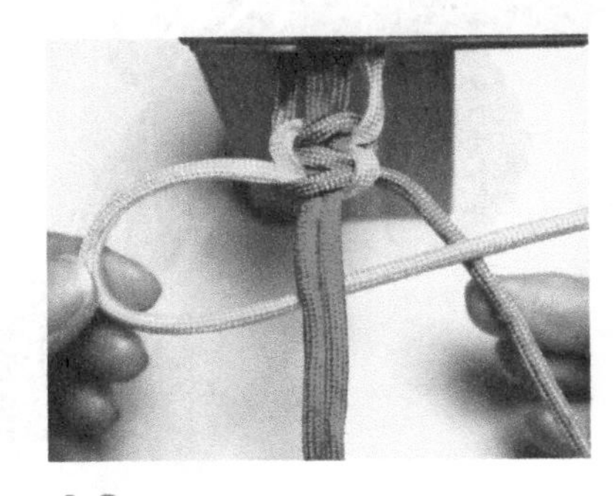

08

把黄色线折弯到右边，压住绿色线。

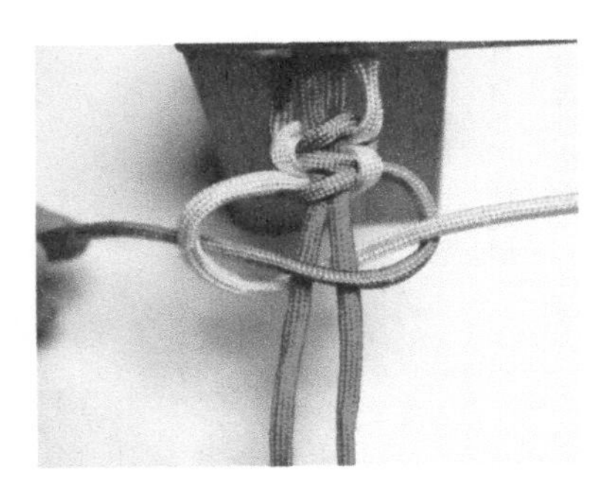

09

把绿色线穿到左边黄色折弯圈里。

10

把黄色线折弯到左边，压住绿色线，把绿色线穿到右边黄色折弯圈里。

11

把黄色线折弯到右边，压住绿色线，把绿色线穿到左边黄色折弯圈里。

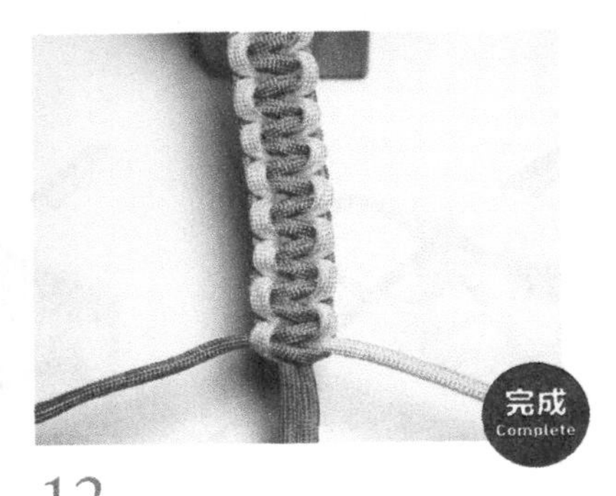

12

重复以上步骤，就形成了一段双向平结。

艺术绳结

除了各种基础绳结之外，要想让手工编绳饰品看起来独具创意，还需要掌握一些具有艺术性的绳结的制作方法，让编绳作品的特色发挥到极致。

◆双联结

双联结，由两个单结相套组成，结形小巧，不易松散，常用于编织饰品的开头和结尾部分。

05

收紧调整后，双联结完成。

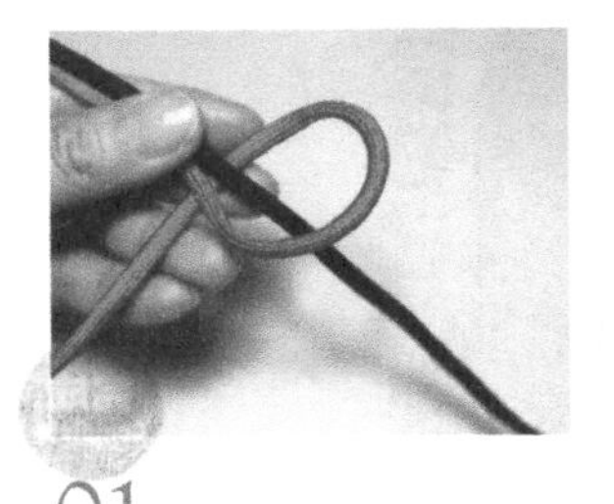

01

捏住两根线一端。将红色线向上绕黑色线一圈。

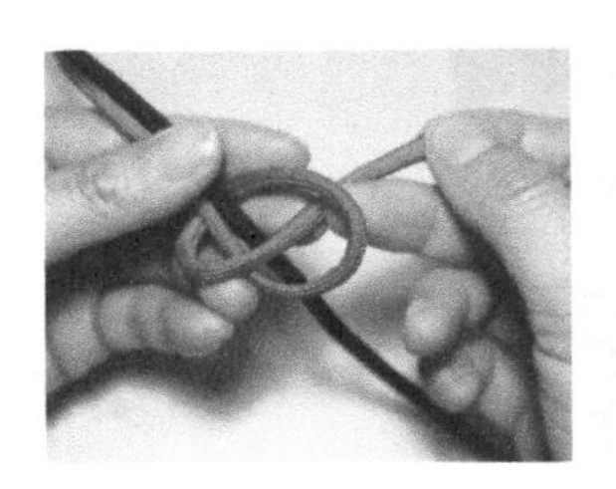

02

将红色线穿进折弯圈里。

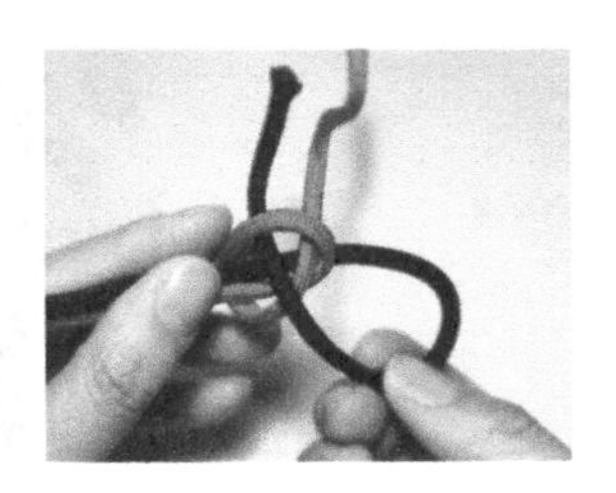

03

将黑色线穿进红色线折弯圈里。

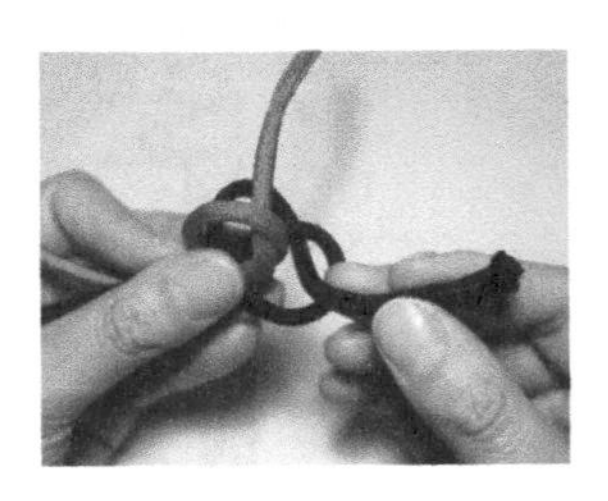

04

将黑色线穿出黑色线的折弯圈里。

双钱结，形如两个古铜钱相连，故得名双钱结。该结寓意好事成双、财运亨通。

05

将绿色线自上而下从红色线圈里的绿色线下穿过。

01

将两根线平行摆放。

02

将红色线折弯交叉。

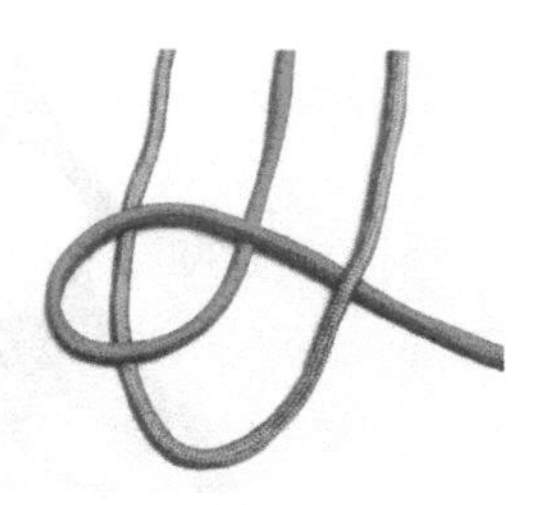

03

将绿色线向上折弯，压住红色线。

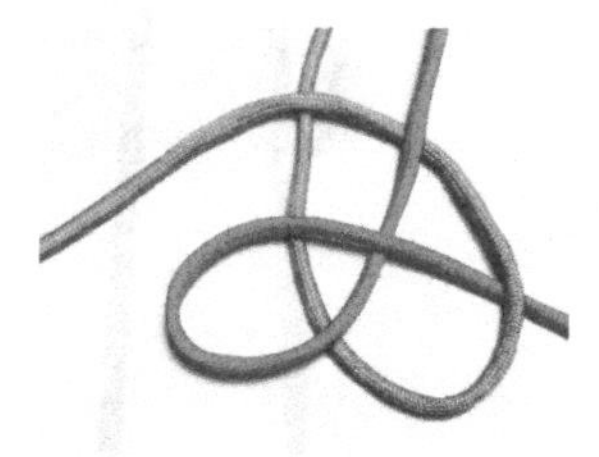

04

将绿色线向左折弯，从红色线下方穿过。

◆纽扣结

纽扣结，又叫作疙瘩结。这种结可用在衣服上做扣子，如汉服上精美的盘扣。在编绳中，这种结常用于编织手链的结尾部分。

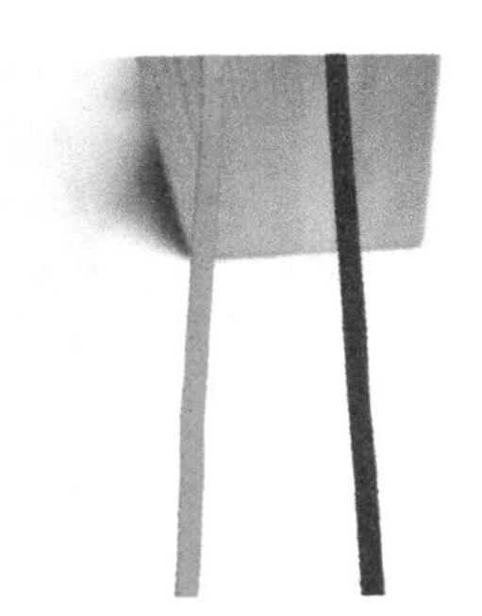

01

准备两根线，固定住其中一端。

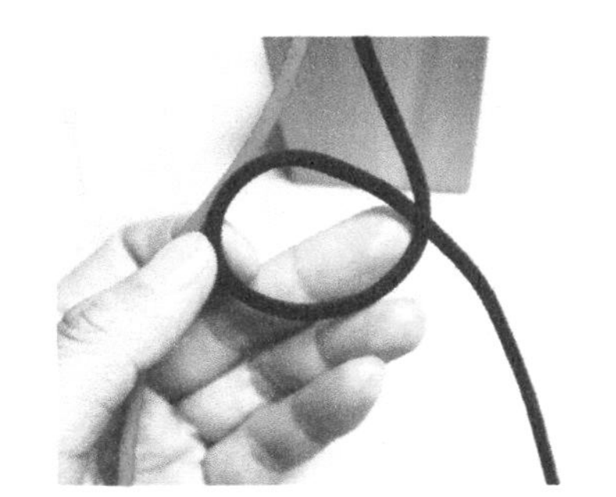

02

把黑色线折弯成一个圈。

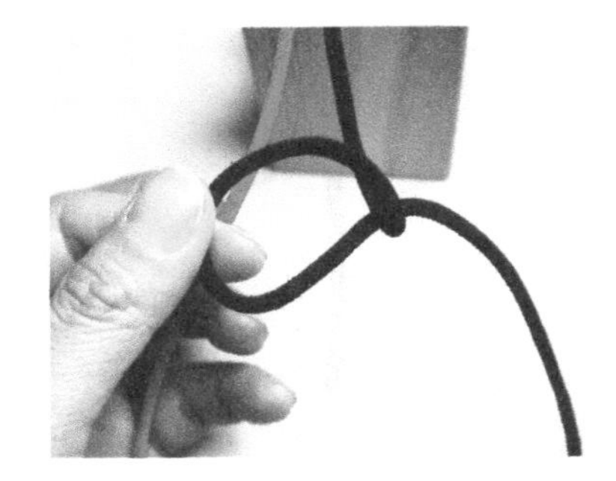

03

把这个圈向上翻转。

04
将红色线向右折弯，让红色线在黑色线下方。

05
将红色线向上朝左侧折弯，如图这样压、挑、压，从黑色线圈中的红色线下方穿过。

06
将黑色线逆时针折弯，绕过红色线穿进中间的圈里。

07
将红色线逆时针折弯，绕过黑色线穿进中间的圈里。

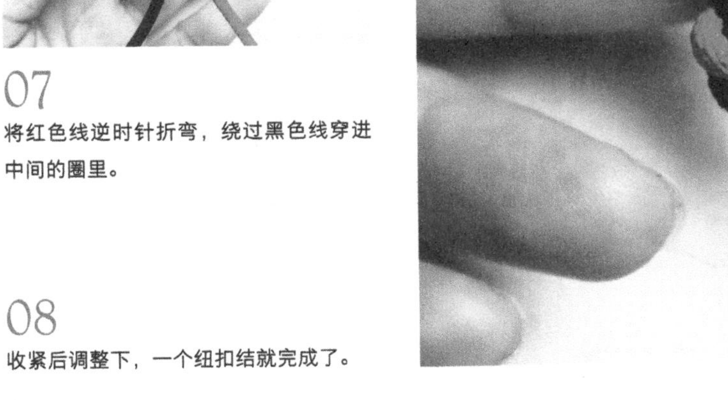

08
收紧后调整下，一个纽扣结就完成了。

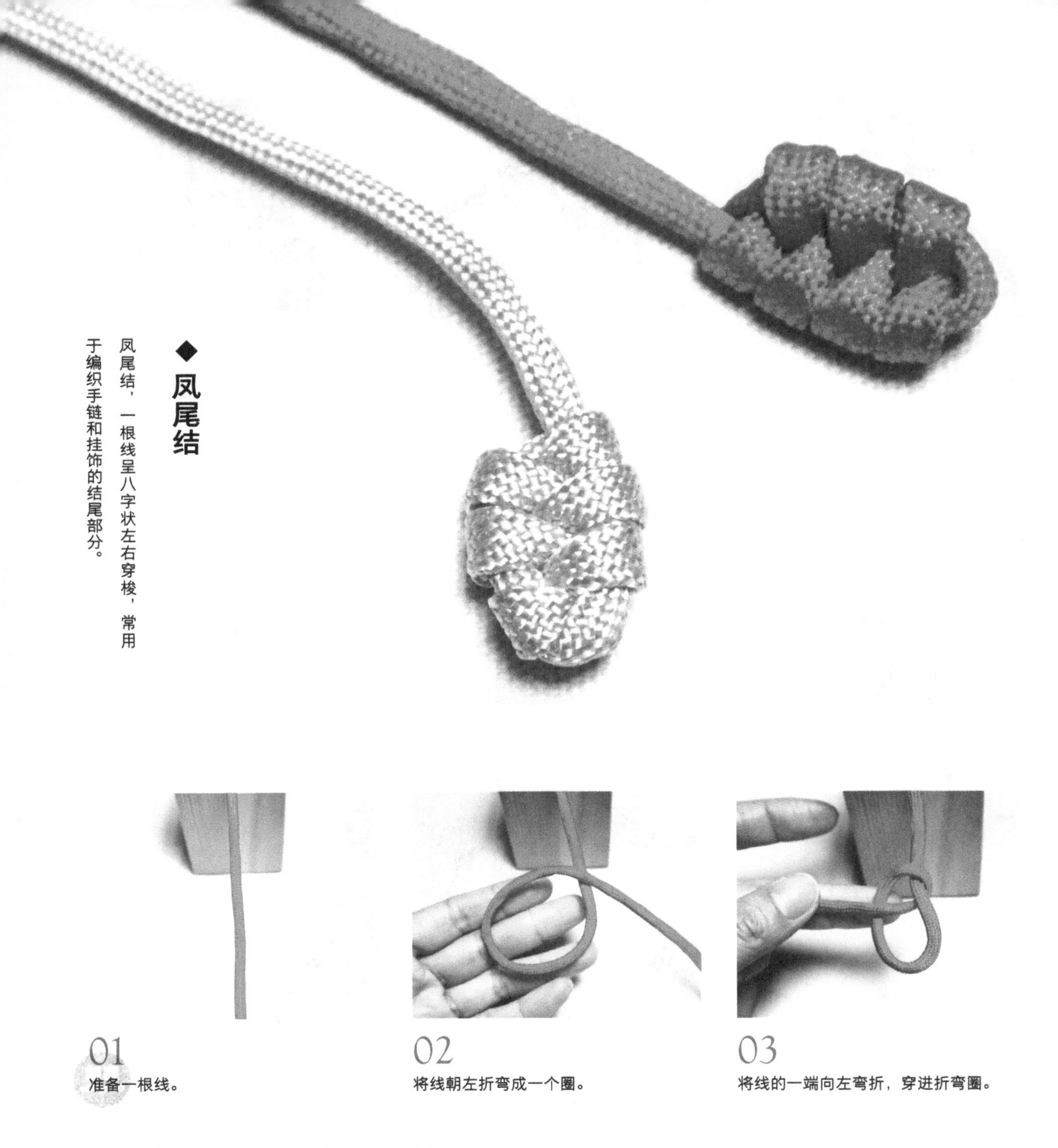

◆凤尾结

凤尾结，一根线呈八字状左右穿梭，常用于编织手链和挂饰的结尾部分。

01

准备一根线。

02

将线朝左折弯成一个圈。

03

将线的一端向左弯折，穿进折弯圈。

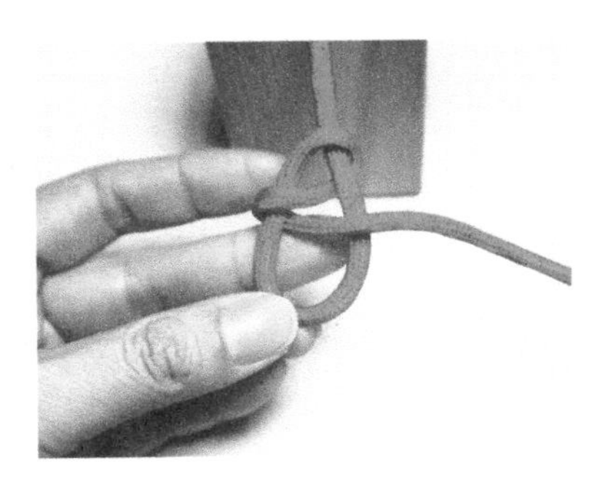

04

将线向右弯折，穿进折弯圈。

05

将线向左弯折，穿进折弯圈。

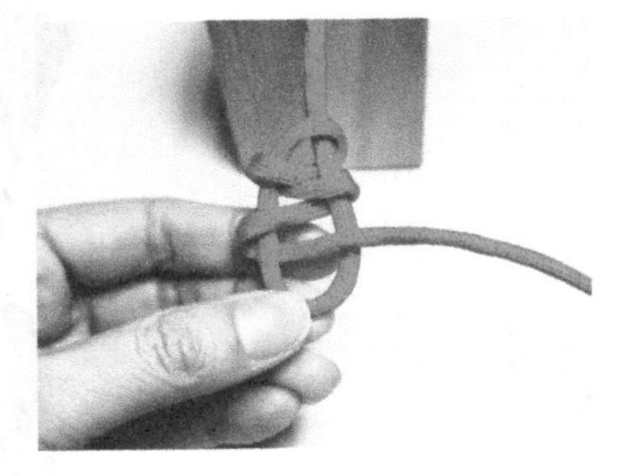

06

将线向右弯折，穿进折弯圈。

07

将线向左弯折，穿进折弯圈。

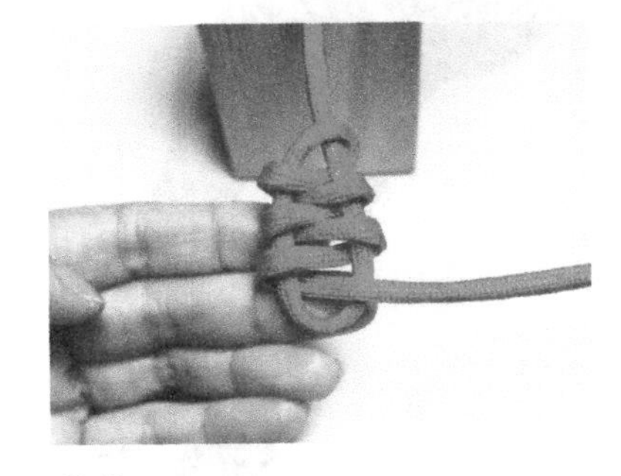

08

将线向右弯折，穿进折弯圈。

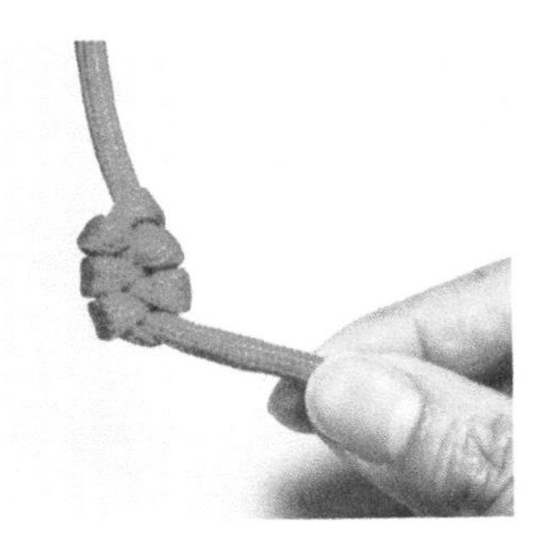

09

将线收紧后形成一个凤尾结。

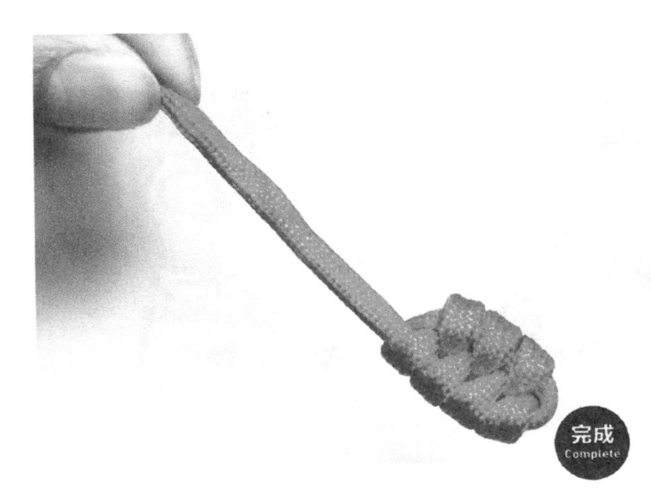

10

剪去多余的线，烧下线头，

一个凤尾结就完成了。

◆ 曼陀罗结

曼陀罗结，因形状像曼陀罗花而得名。这种结在手链和挂饰中广泛应用。

01

准备两根线，固定住其中一端。

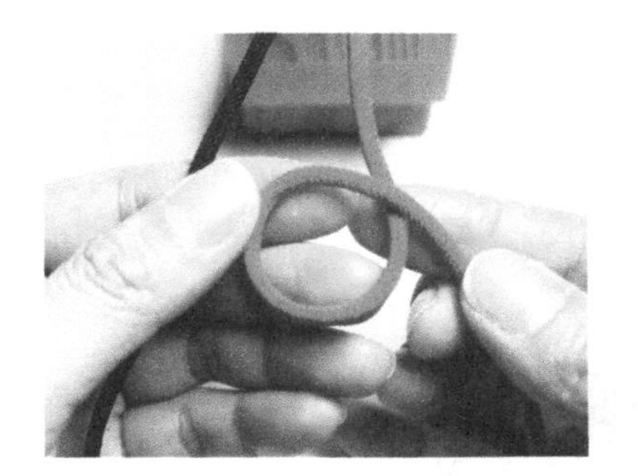

02

将红色线绕一圈交叉。

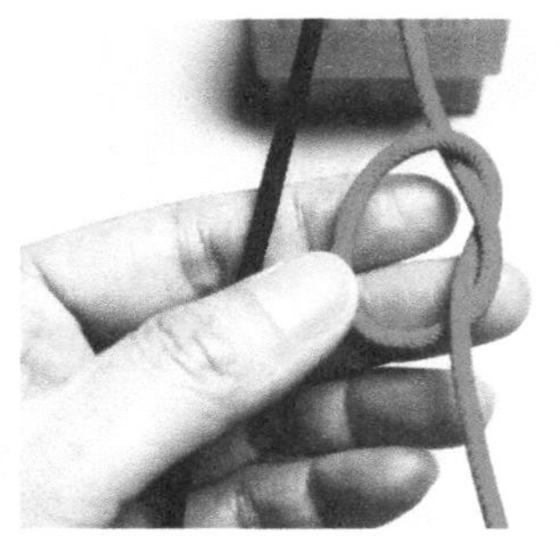

03

将红色线从下方穿进折弯圈里。

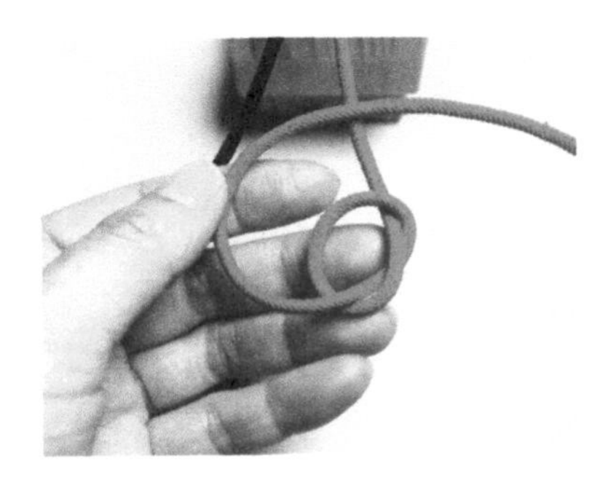

04

将红色线向上绕圈。

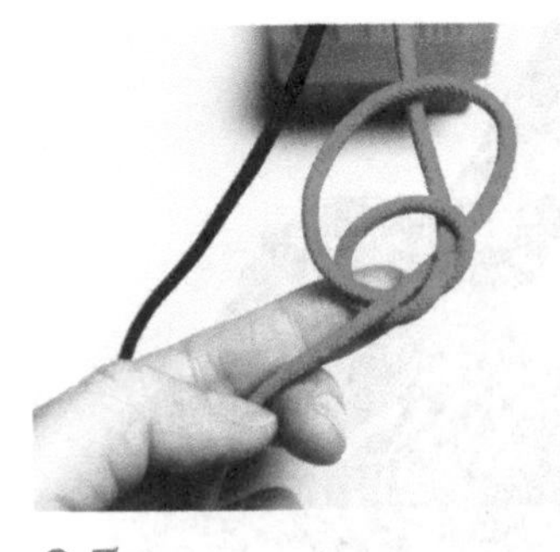

05

将红色线从下方穿进折弯圈里。

06

将黑色线穿进红色线圈里。

07

将黑色线绕一圈穿进黑色线折弯圈里。

08

将黑色线穿进红色线圈里。

09

将黑色线绕到前面穿进黑色线圈里。

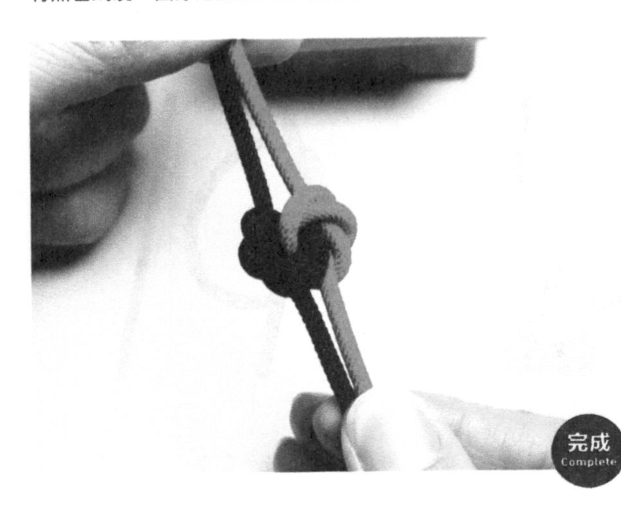

10

慢慢收紧调整，就形成了一个曼陀罗结。

◆同心结

同心结，两根线的两个结体交叉缠绕，状如两心相连，故名为同心结。同心结寓意两情相悦，一往情深。

01
准备两根线，固定住其中一端。

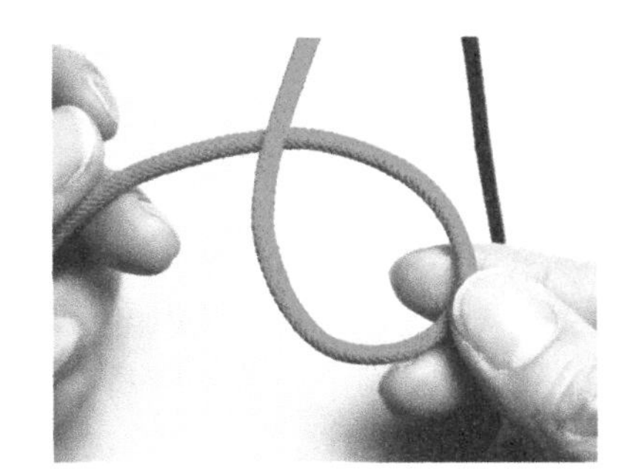

02
将红色线绕一圈交叉。

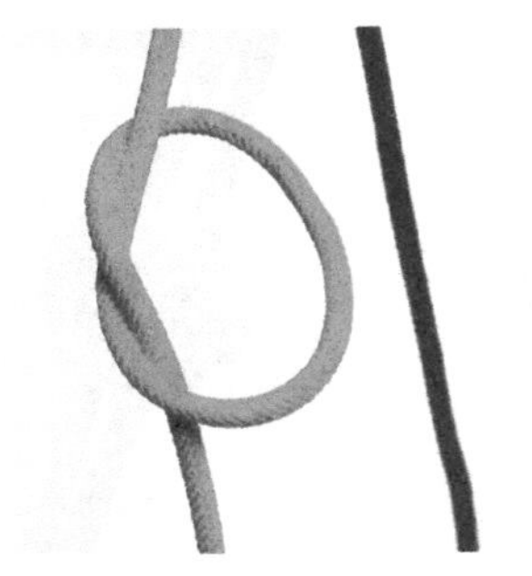

03
将红色线穿进折弯圈里。

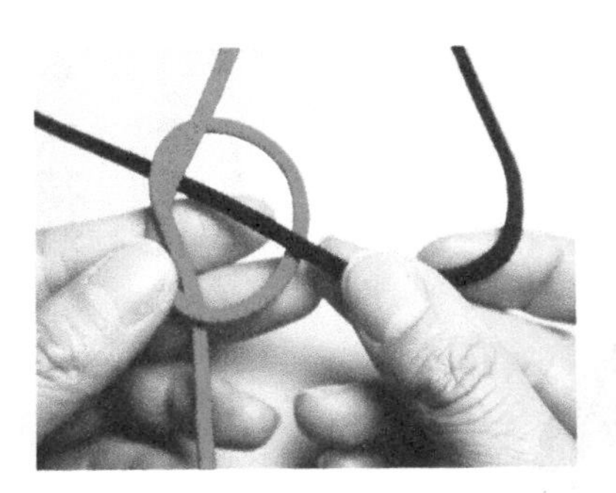

04

将黑色线穿进红色线折弯圈里。

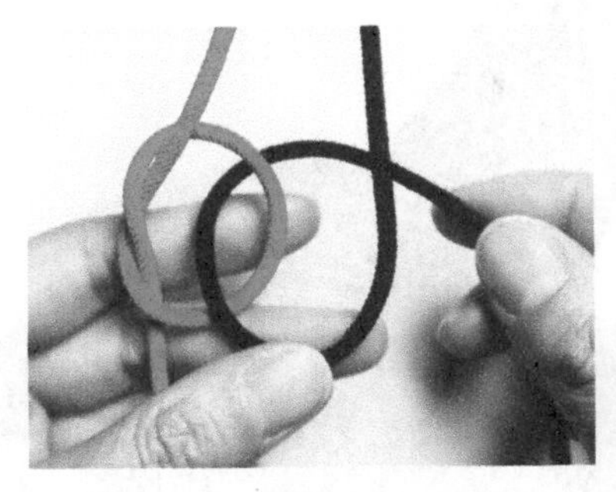

05

将黑色线向后方顺时针绕圈。

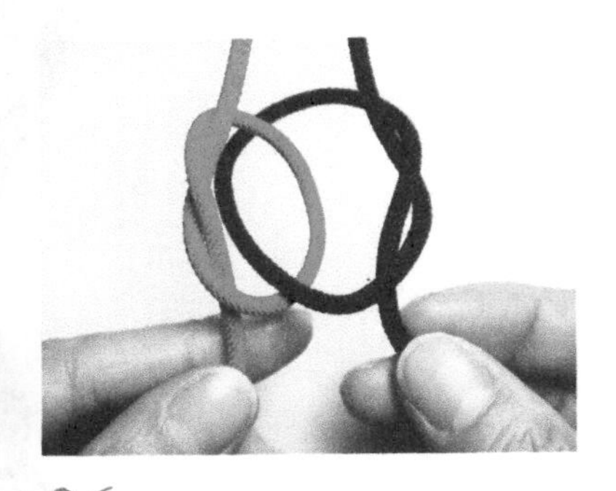

06

将黑色线穿进黑色线折弯圈里。

07

慢慢收紧调整，就形成了一个同心结。

◆冰花结

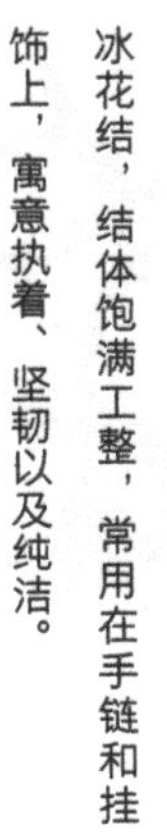

冰花结，结体饱满工整，常用在手链和挂饰上，寓意执着、坚韧以及纯洁。

01

将两根线平行摆放。

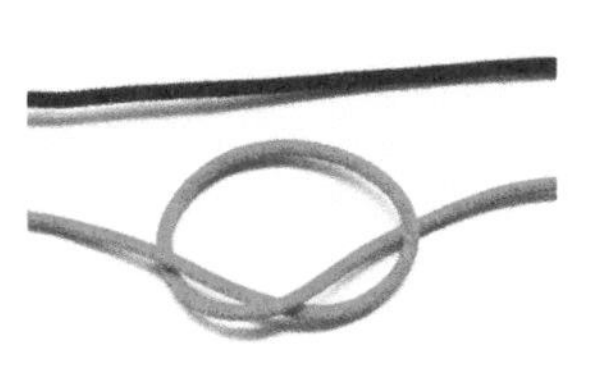

02

用红色线打一个单结。

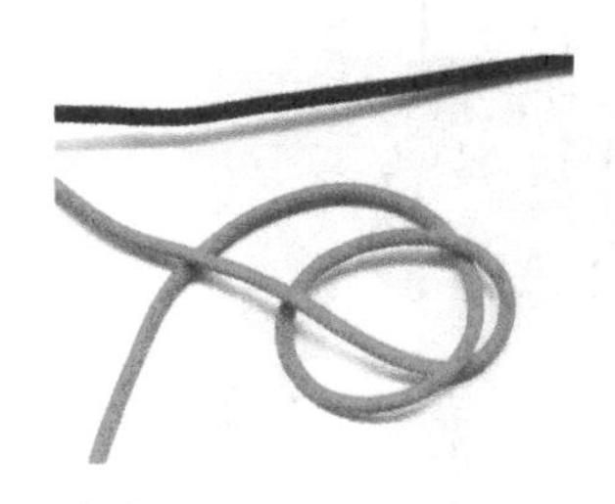

03

将一端的红色线逆时针折弯，让其被另一端的红色线压住。

04

将红色线向上折弯，穿进折弯圈里。

05
慢慢收紧红色线，调整成图上的样子。

06
将黑色线穿进上方的红色线折弯圈里。

07
将黑色线一端向下折弯，被红色线压住。

08
将黑色线向左折弯，穿进红色线折弯圈里。

09
将黑色线从下方穿进红色线折弯圈里。

10
将黑色线向下折弯。

11
将黑色线向上折弯，穿进两根线的折弯圈里。

12
将黑色线向右折弯。

13
将黑色线穿进两根线的折弯圈里。

14
收紧调整后，冰花结完成。

◆金蝶结

金蝶结，形如一只蝴蝶，故得名金蝶结。这种结常用在手链和挂饰上，寓意福禄吉祥。

01

将两根线平行摆放。

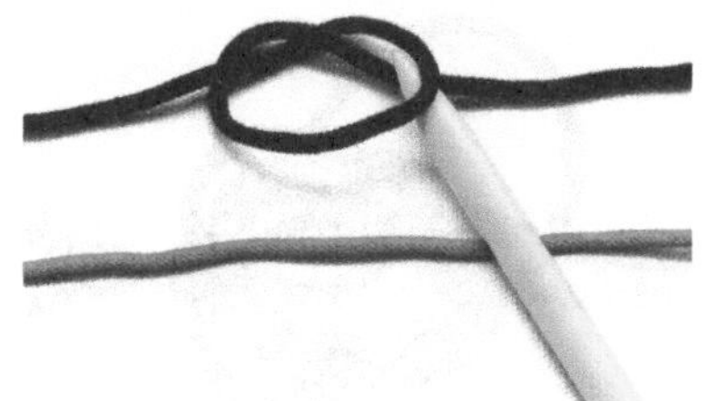

02

将黑色线从下方绕圈打一个单结。

03

再将黑色线从上方绕圈打一个单结。

04
把红色线穿进第一个黑色线单结里。

05
将红色线一端折弯，再次穿进第一个黑色线单结里。

06
将红色线向下折弯穿进红色线折弯圈里。

07
将红色线穿进第二个黑色线单结里。

08
将红色线折弯，自下而上再次穿进黑色线单结里。

09
将红色线向下折弯穿进红色线折弯圈里。

10
慢慢调整收紧。

11
把结体翻过来，就完成了一个金蝶结。

◆释迦结

释迦结，由一根线绕圈、挑、压完成，在手链中应用较多。

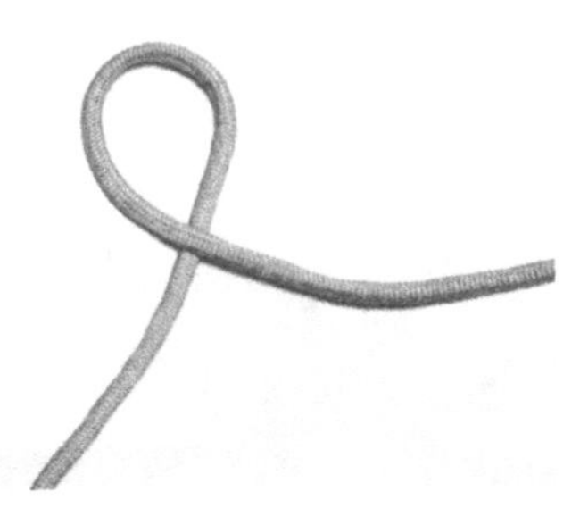

01

将一根线折弯交叉。

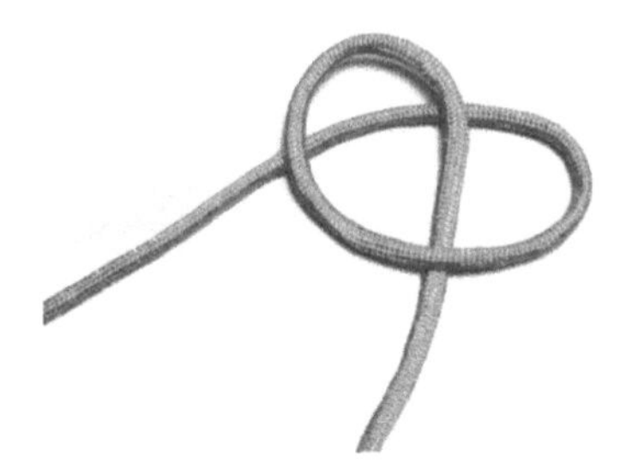

02

将右侧线向上折弯，放在折弯圈的下方。

03

将左侧线向左折弯，从下方穿进折弯圈里。

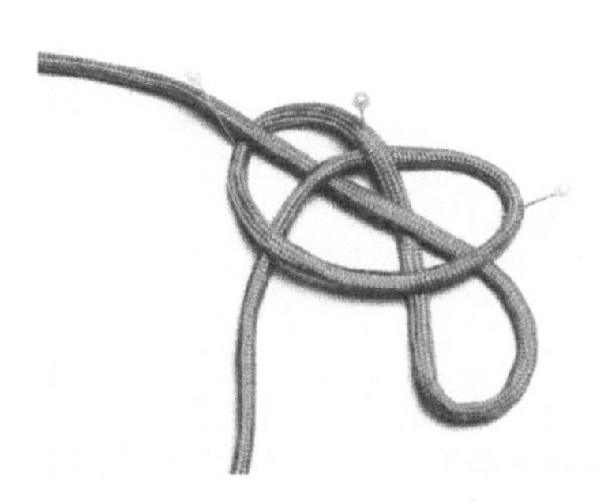

04

压、挑线圈内的线。

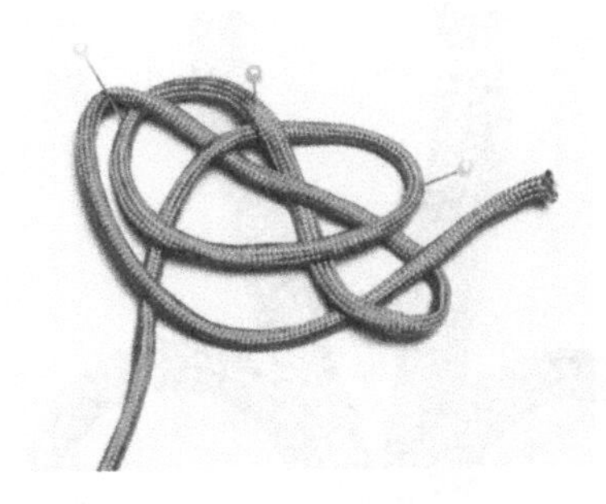

05

将左侧线向右折弯，穿进最右边的折弯圈里。

06

将线向上穿进最右边的三角形里。

07

取掉珠针，慢慢收紧调整，就完成了一个释迦结。

◆吉祥结

吉祥结，是中国结的一种。吉祥结的耳翼为7个，故又称为七圈结，寓意吉祥、富贵、平安。

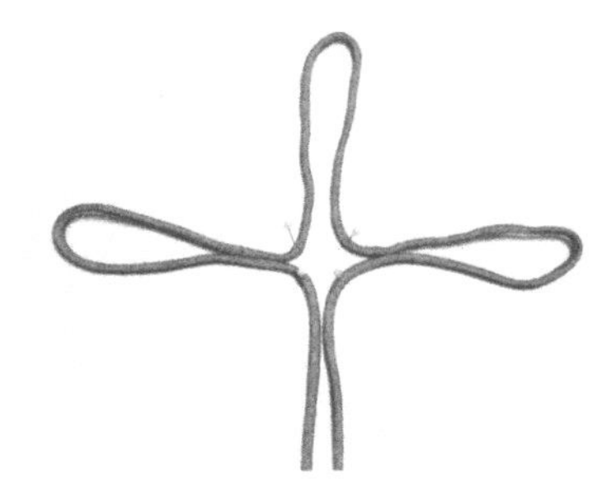

01

用珠针固定线，固定位置如图所示。

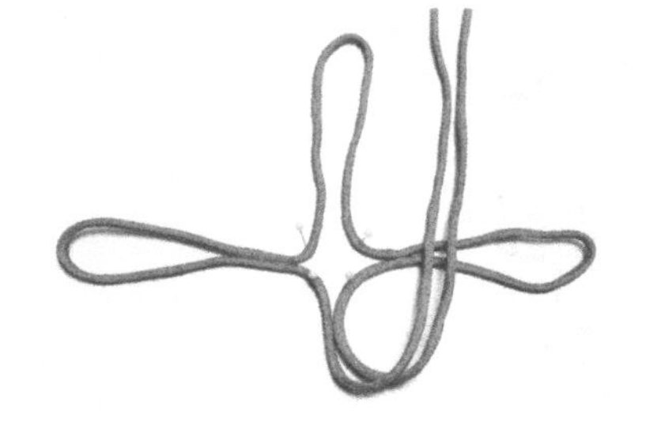

02

将下方线向上折弯，压住右边线。

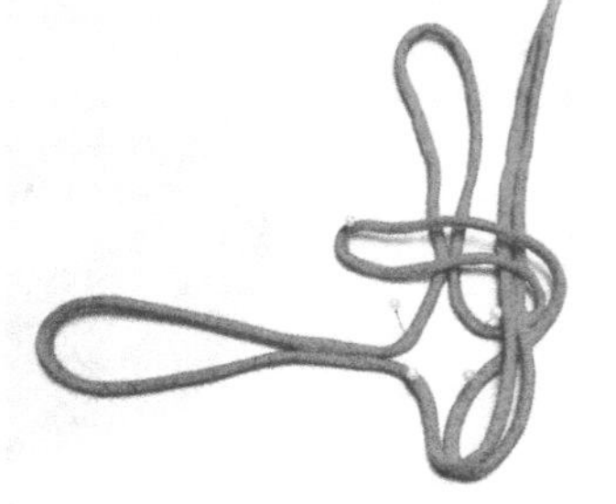

03

将右边线向左折弯，压住上方线。用珠针固定。

04
将上方线向下折弯，压住左边线。

05
将左边线向右折弯，穿进右边的折弯圈里。

06
拉4个方向的线收紧。

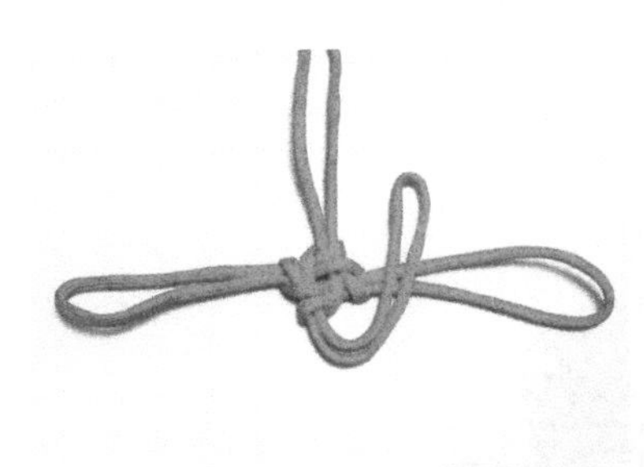

07
将下方线向上折弯，压住右边线。

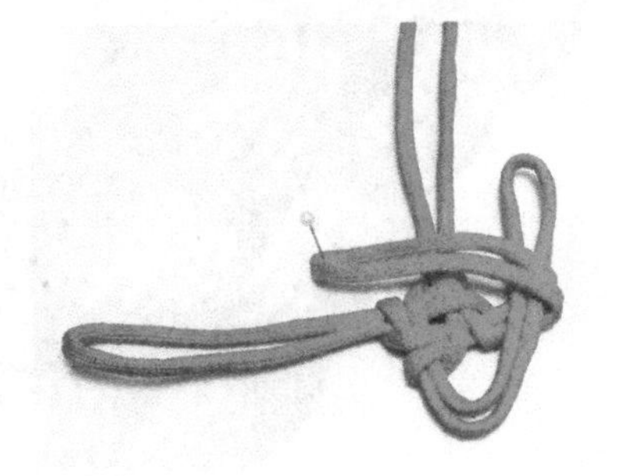

08
将右边线向左折弯，压住上方线。用珠针固定。

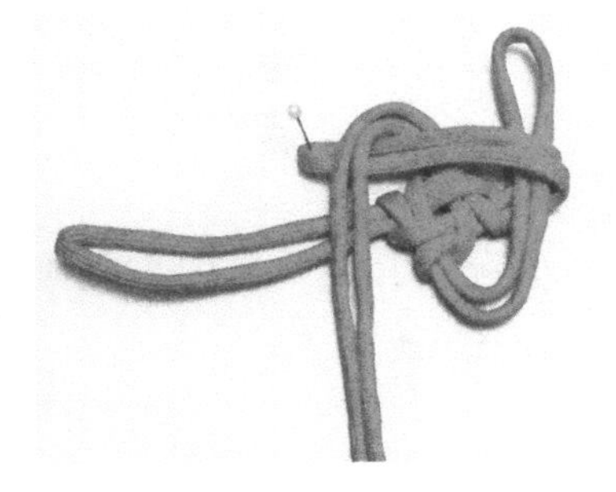

09
将上方线向下折弯，压住左边线。

10
将左边线向右折弯，穿进右边的折弯圈里。

11
拉4个方向的线收紧。

12
拉出4个耳翼，吉祥结完成。

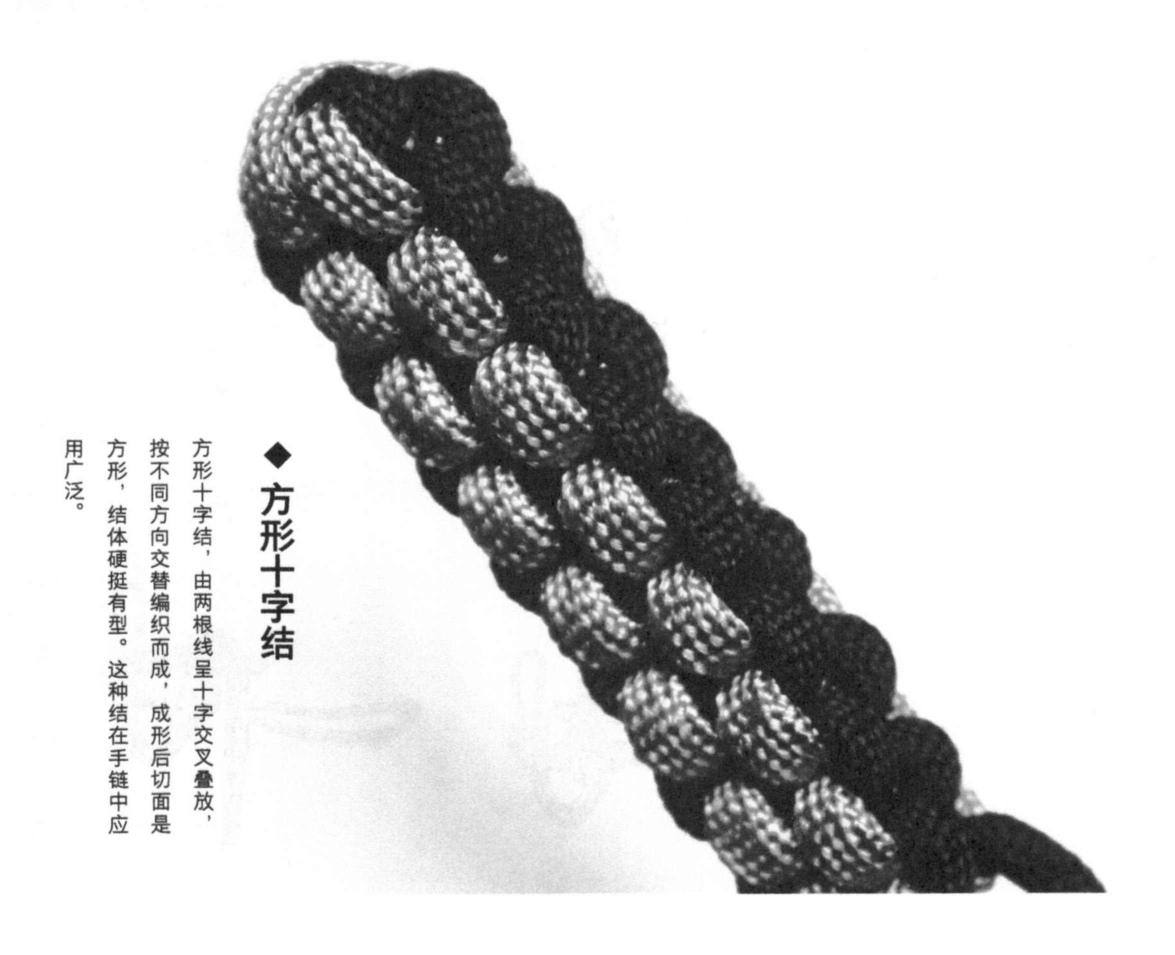

◆方形十字结

方形十字结，由两根线呈十字交叉叠放，按不同方向交替编织而成，成形后切面是方形，结体硬挺有型。这种结在手链中应用广泛。

01
将两根线呈十字交叉叠放，黑色线在上。

02
将绿色线向上折弯，压住黑色线。

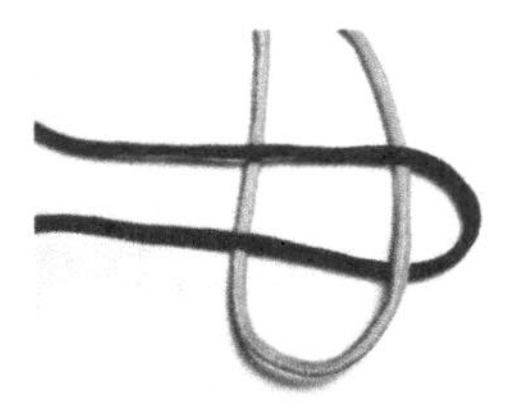

03
将黑色线向左折弯，压住绿色线。

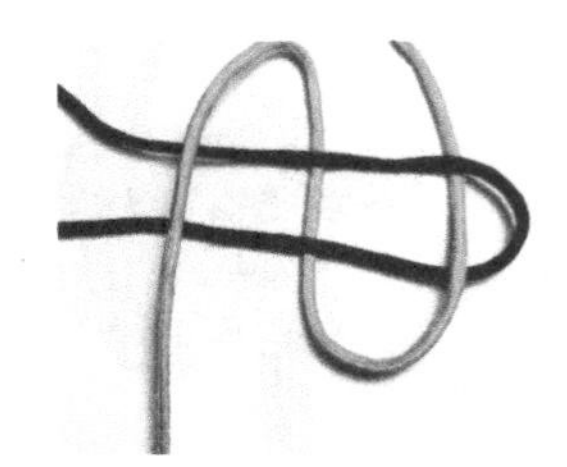

04
将绿色线向下折弯，压住黑色线。

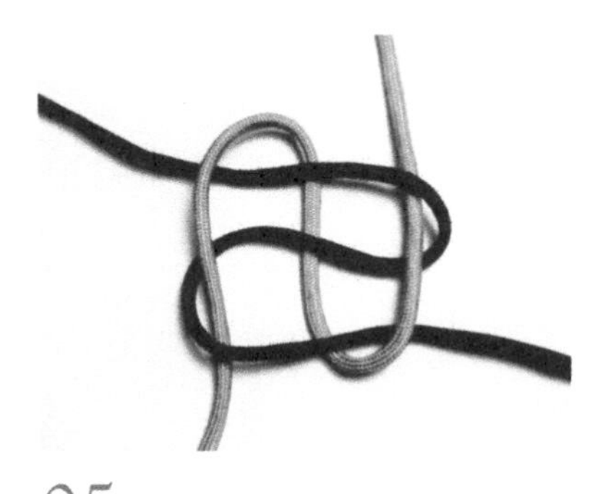

05

将黑色线向右折弯，从右边绿色线的折弯处穿过。

06

收紧第一个结，然后将上方的绿色线向下折弯，压住黑色线。

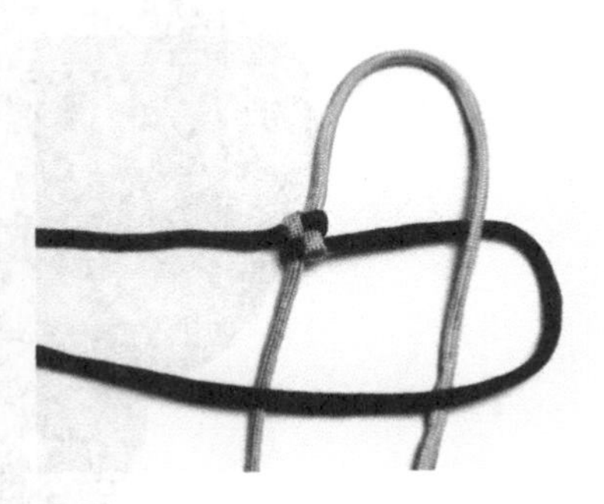

07

将黑色线向左折弯，压住绿色线。

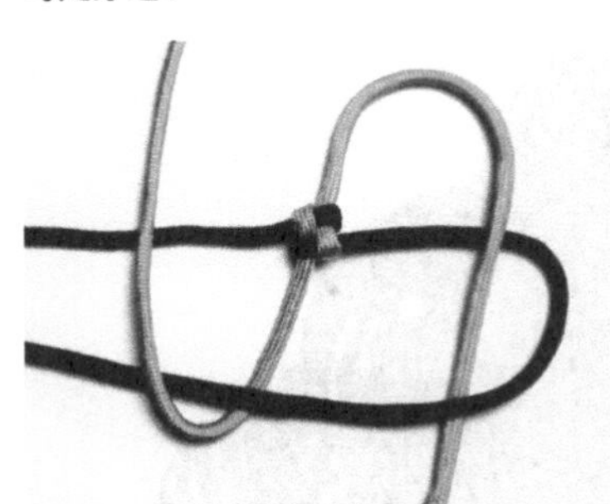

08

将绿色线向上折弯，压住黑色线。

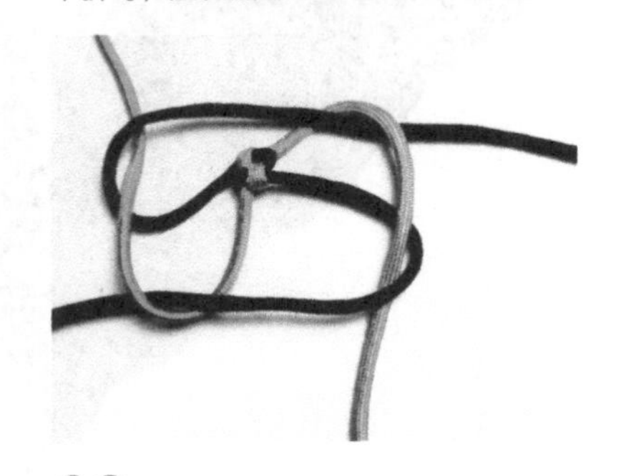

09

将黑色线向右折弯，从右边绿色线的折弯处穿过。

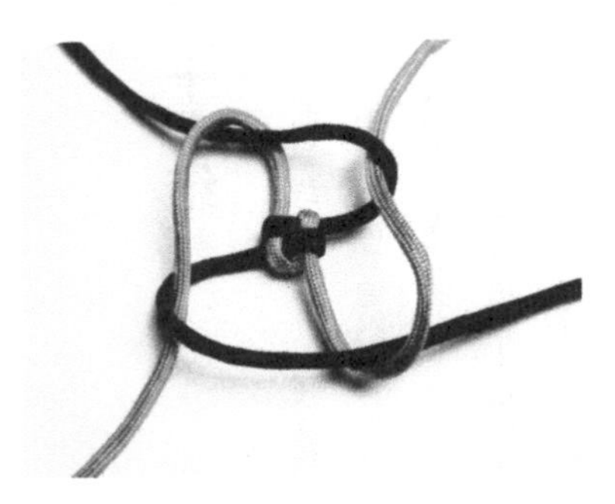

10

收紧后，再逆时针方向压、挑。

11

逆时针后再顺时针。

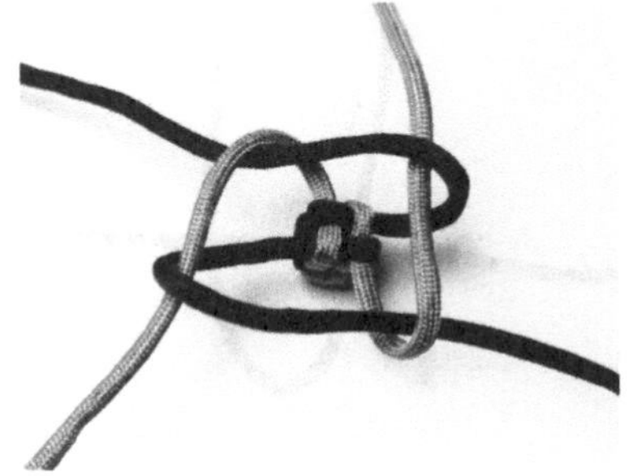

12

顺时针后再逆时针。

13

就这样，两根线按不同方向交替编织，就完成了一段方形十字结。

◆圆形十字结

圆形十字结，由两根线呈十字交叉状编织而成，与方形十字结不同，编织时只按一个方向编织，成形后切面是圆形，结体像玉米，也叫作玉米结。这种结在手链中应用广泛。

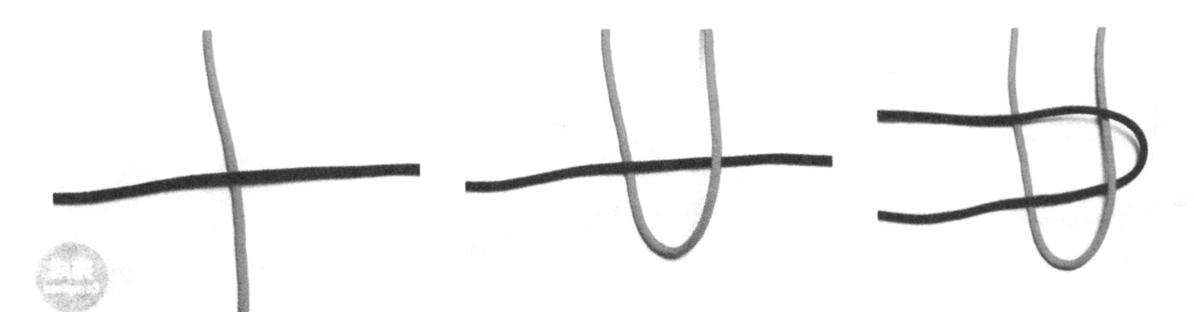

01
将两根线呈十字交叉叠放，黑色线在上。

02
将红色线向上折弯，压住黑色线。

03
将黑色线向左折弯，压住红色线。

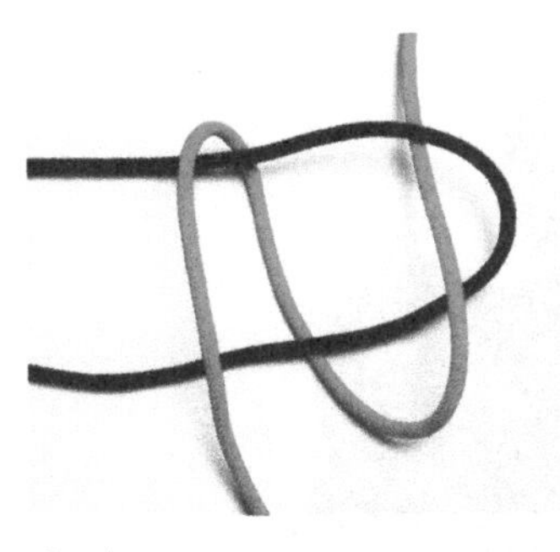

04
将红色线向下折弯，压住黑色线。

05
将黑色线向右折弯，从右边的红色线折弯处穿过。

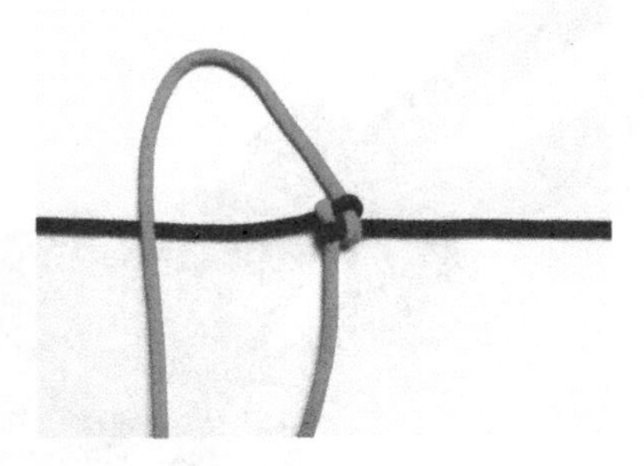

06
收紧第一个结，然后将上方的红色线向下折弯，压住黑色线。

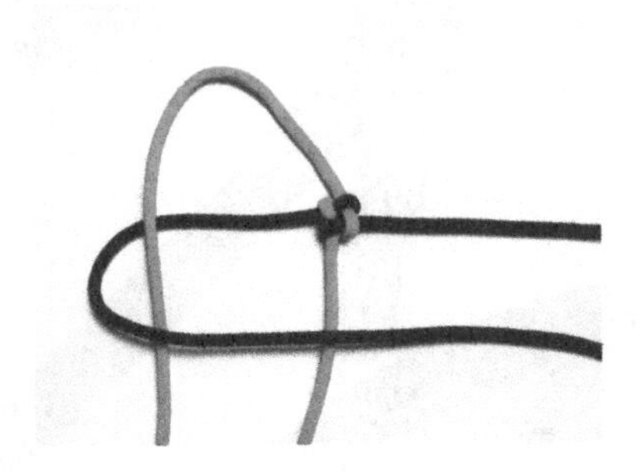

07
将黑色线向右折弯，压住红色线。

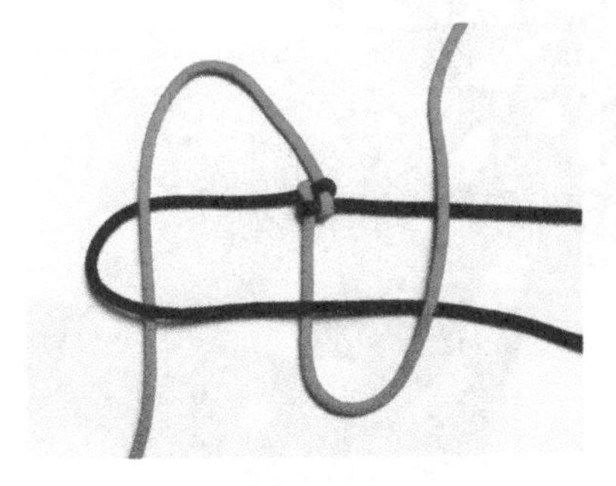

08
将红色线向上折弯，压住黑色线。

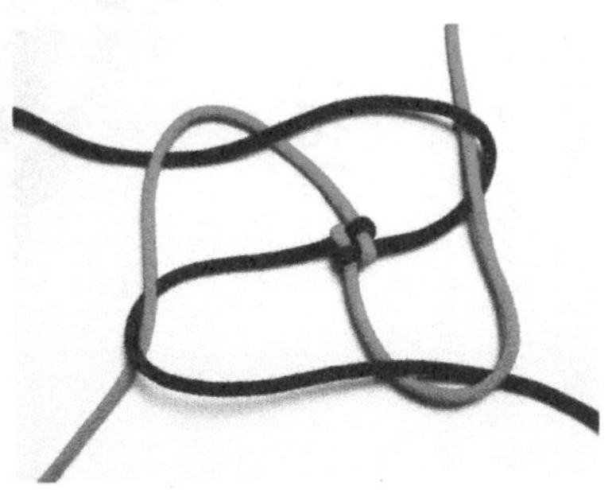

09
将黑色线向左折弯，从左边的红色线折弯处穿过。

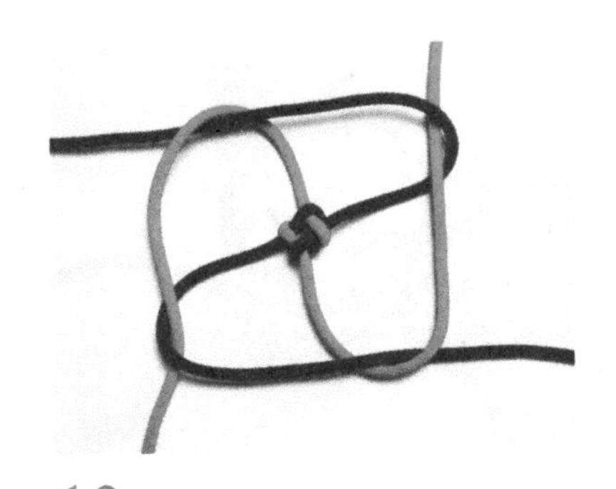

10
逆时针方向压、挑。

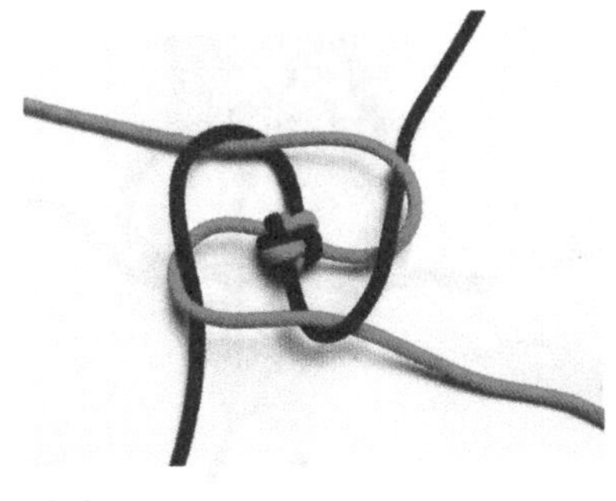

11
逆时针方向压、挑。

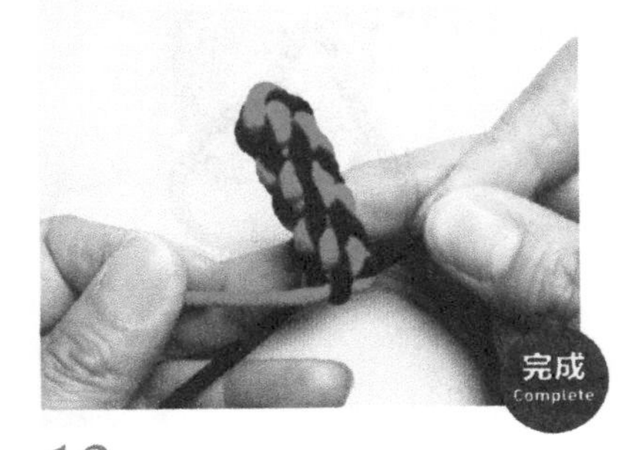

12
就这样，两根线每次都按逆时针方向编织，就完成了一段圆形十字结。

◆桃花结

桃花结，形似桃花，故名为桃花结。这种结常用于点缀手链和挂饰，象征着美好的爱情。

01

将两根黑色线对弯交叉。

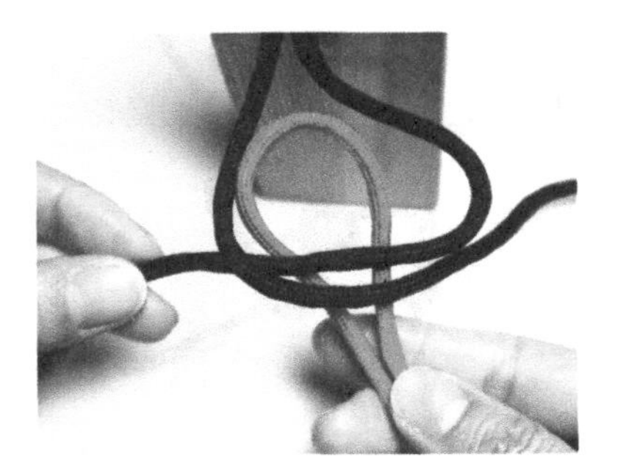

02

把一根折弯后的红色线放在黑色线下方。

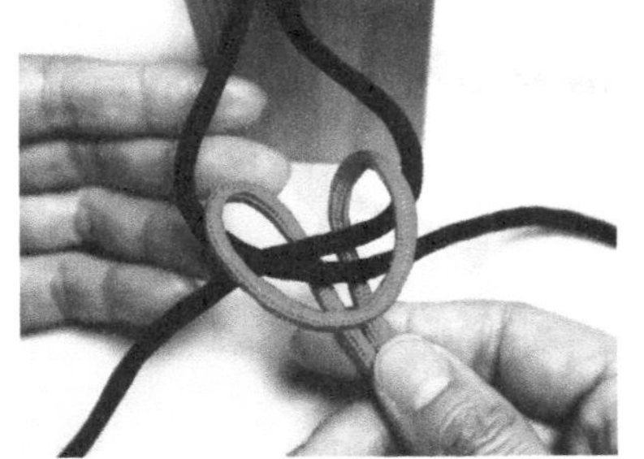

03

将红色线向前折弯。

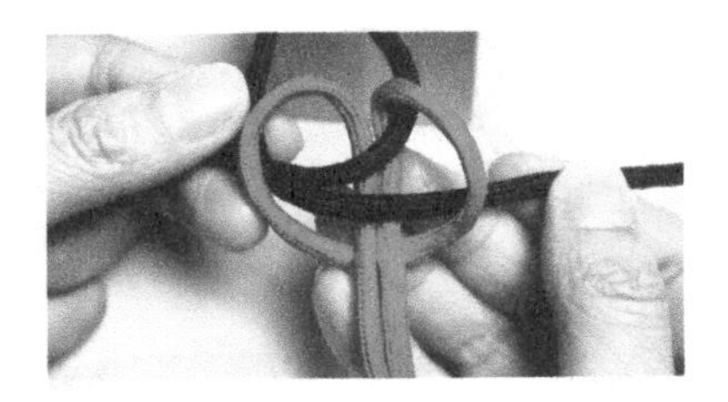

04

把红色线穿进折弯圈里。

05

收紧后，形成一个雀头结，第一片花瓣完成。

06

把左边红色线从黑色线上方向外侧绕圈。

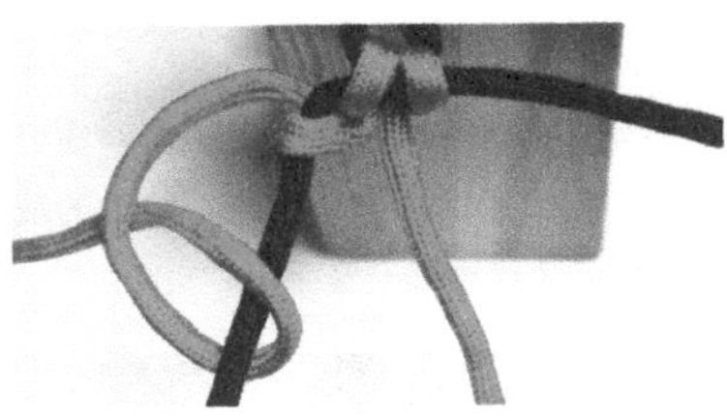

07

把左边红色线从黑色线下方向外侧绕圈。

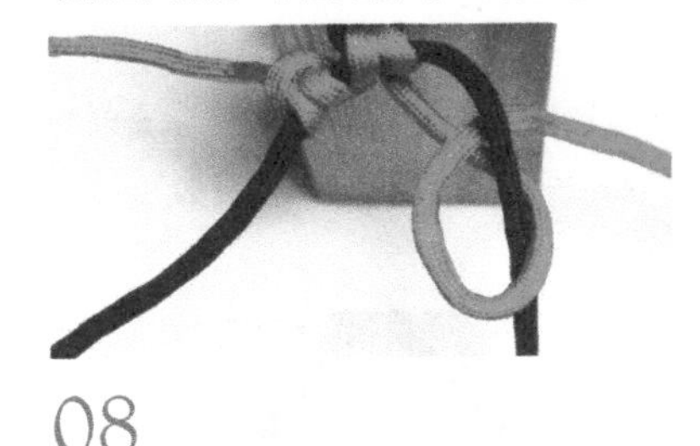

08

编好左边花瓣后，把右边红色线从黑色线上方向外侧绕圈。

09

把右边红色线从黑色线下方向外侧绕圈。

10

把两根黑色线对弯交叉。

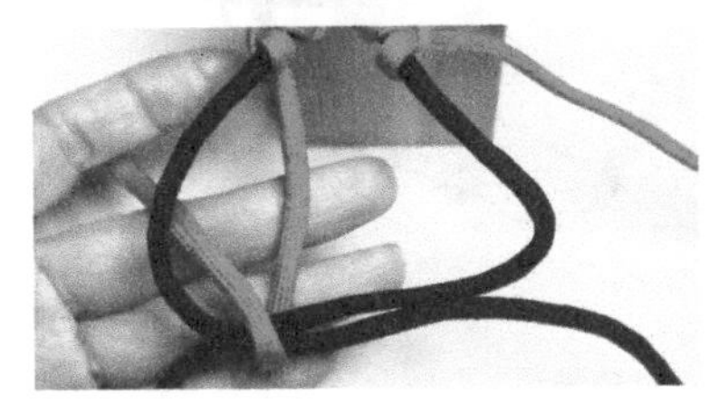

11

把左边红色线从黑色线重叠部分下方向上绕到外侧。

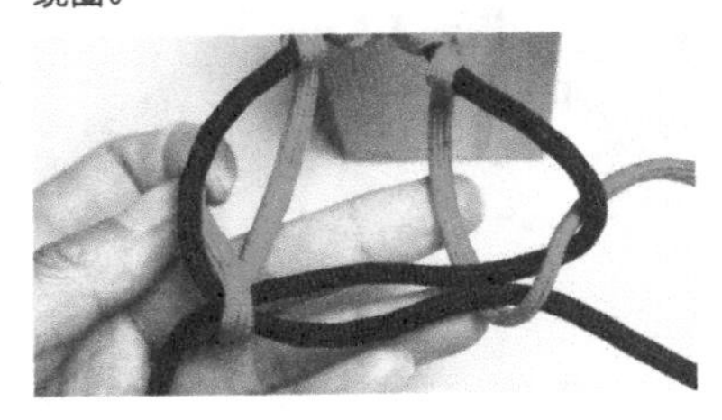

12

把右边红色线从黑色线重叠部分下方向上绕到外侧。

13

慢慢收紧，一朵桃花完成。

14

按之前的步骤，在左边打一个雀头结。

15

在右边打一个雀头结。

16

把两边红色线分别向两侧绕圈。

17

收紧调整后，两朵桃花完成，重复以上步骤，可以编出多个桃花结。

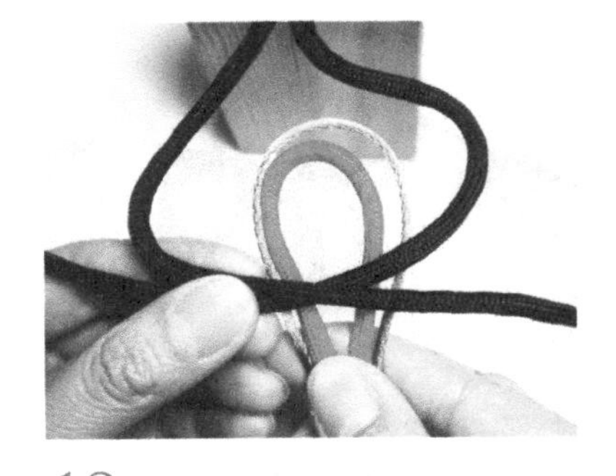

18

下面编一个包边的桃花结。把两根线折弯后放到黑色线下方。注意，包边的灰色线比红色线要细一些。

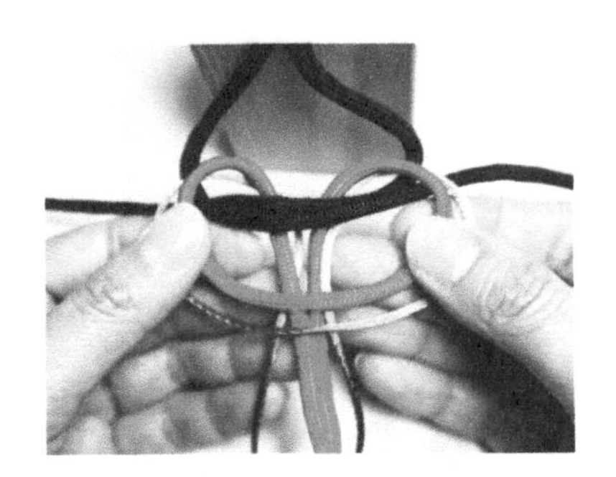

19

把两根线向前折弯。

20

把红色线和灰色线穿进折弯圈里。

21

收紧后，第一片包边的花瓣完成。

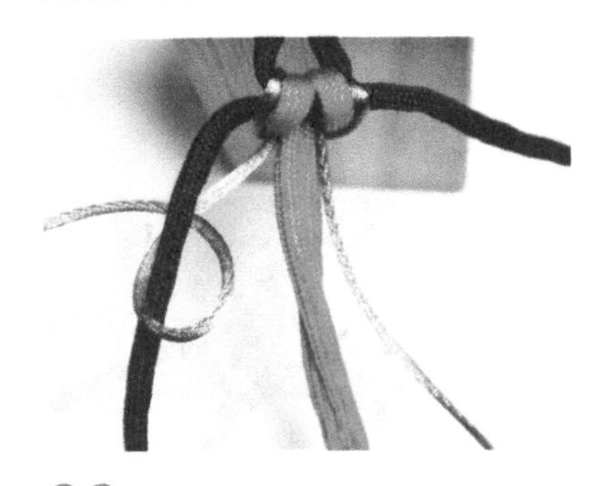

22

把左边灰色线从黑色线上方向外侧绕圈。

23

把左边红色线从黑色线上方向外侧绕圈。

24

把左边红色线从黑色线下方向外侧绕圈。

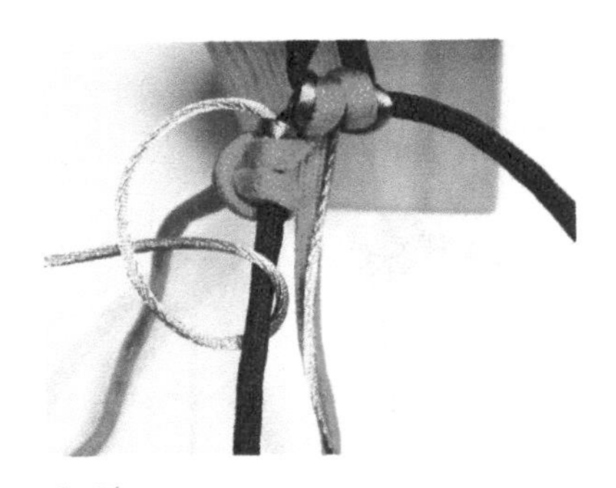

25
把左边灰色线从黑色线下方向外侧绕圈。

26
收紧后，左边的包边花瓣完成。

27
把右边灰色线从黑色线上方向外侧绕圈。

28
把右边红色线从黑色线上方向外侧绕圈。

29
把右边红色线从黑色线下方向外侧绕圈。

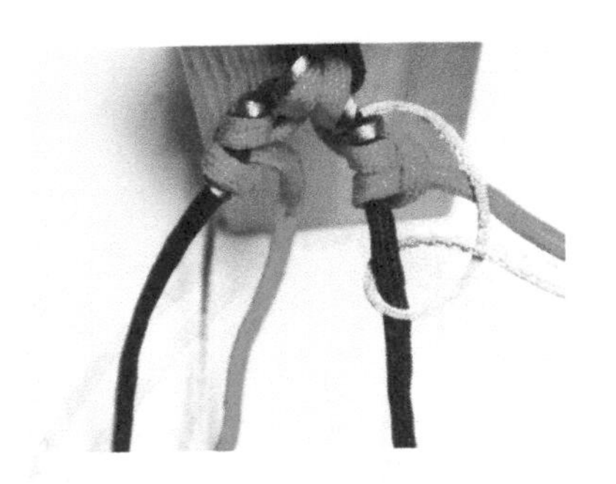

30
把右边灰色线从黑色线上方向外侧绕圈。

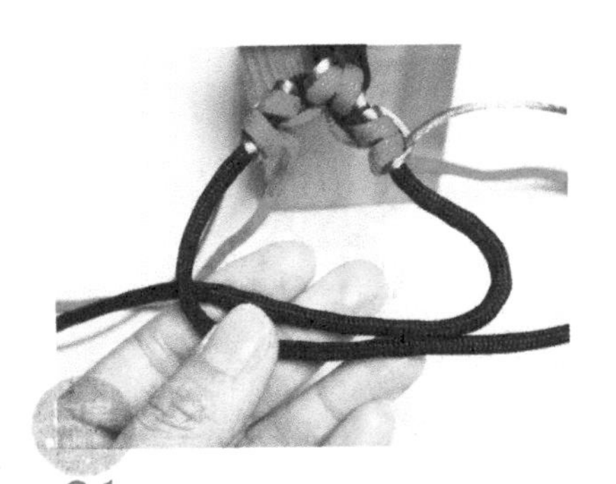

31
把两根黑色线对弯交叉。

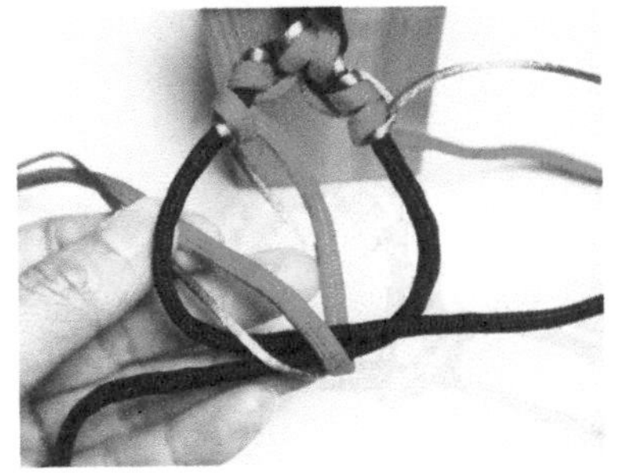

32
把左边红色线和灰色线从黑色线重叠部分下方向上绕到外侧。

33
把右边红色线和灰色线从黑色线重叠部分下方向上绕到外侧。

34
收紧后，一朵包边桃花完成。

35
把左边灰色线从黑色线上方向外侧绕圈。

36
用左边红色线打一个雀头结。

37
把左边灰色线从黑色线下方向外侧绕圈。

38
把右边灰色线从黑色线上方向外侧绕圈。

39
用右边红色线打一个雀头结。

40
把右边灰色线从黑色线下方向外侧绕圈。

41
把两边灰色线和红色线分别从黑色线重叠部分下方向上绕到外侧。

42
收紧后，第二朵包边桃花完成，重复以上步骤，可以编出多个包边桃花结。

第4章

新手编线
手绳制作基础试炼

本章以四股辫、八股辫为主来介绍初级编织手绳的制作，例如比翼双飞、静心等主题手绳。编织时要熟练掌握基础技法，并灵活运用。

比翼双飞

简单的四股辫手绳，用金色的珠子与翅膀联结，寓意相伴永不离。

所用材料与配件

72号玉线 藏蓝色 90cm×4

72号玉线 浅蓝色 50cm×8

5mm直径珠子×1

平结线圈：

72号玉线 浅蓝色 30cm×2

重点结法技巧

四股辫——详见036页

斜卷结——详见030页

蛇结——详见042页

制作翅膀手绳

01

在两根藏蓝色线中间穿一颗珠子。

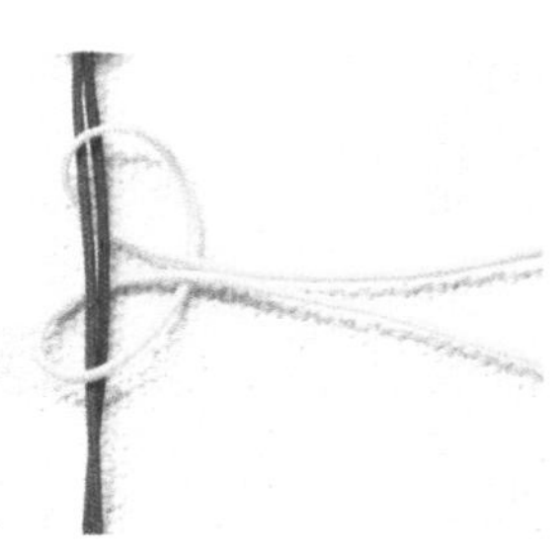

02

在珠子下端，用浅蓝色线绕藏蓝色线一圈并打一个结。

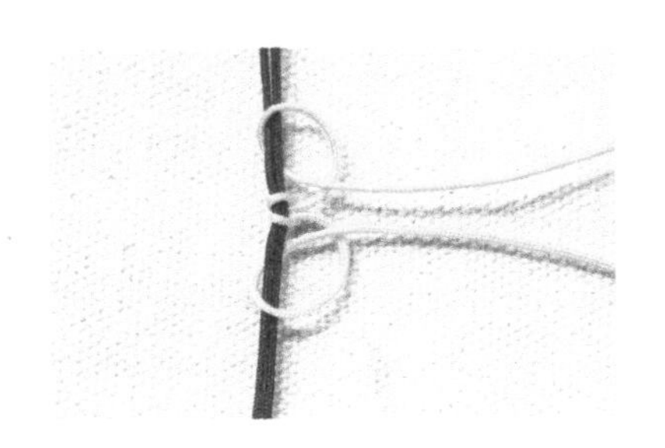

03

将两侧浅蓝色线分别向两侧折弯，绕藏蓝色线一圈打一个结。

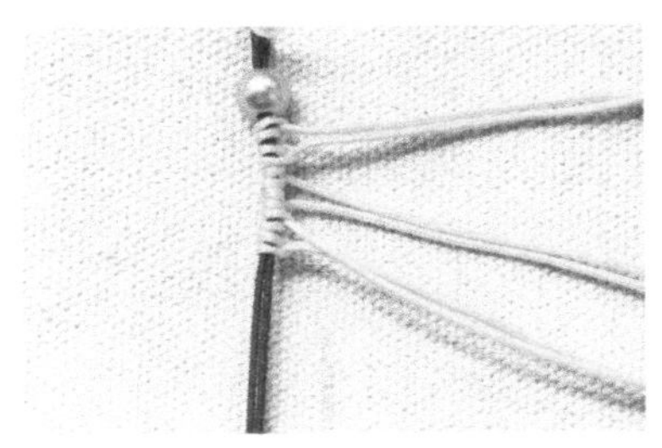

04

收紧后就完成一根挂线了，用同样的方法再挂两根浅蓝色线，把所有结推在一起靠近珠子。

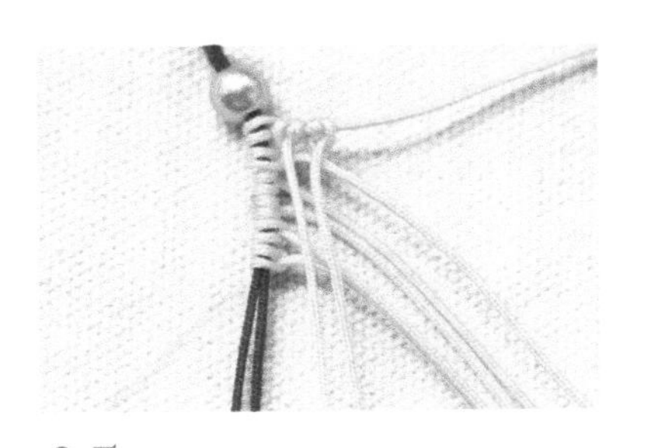

05

在右侧第一根浅蓝色线上，再挂一根浅蓝色线。

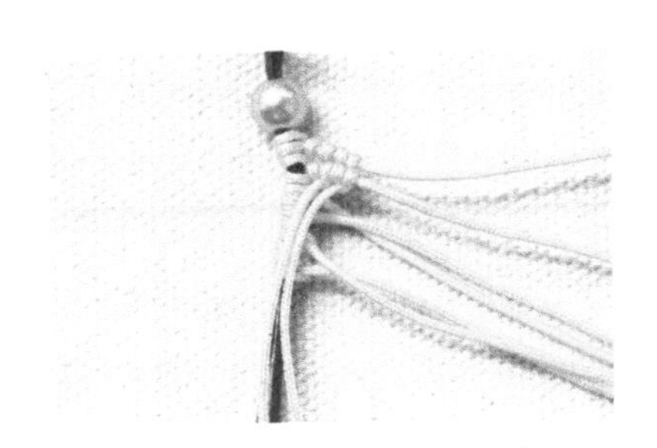

06

用横向第二根浅蓝色线做轴心，用竖向两根线打斜卷结。

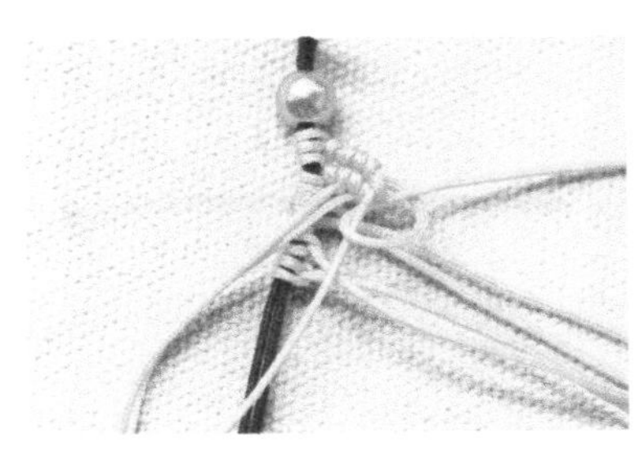

07

将横向第一根浅蓝色线下拉做轴心，用横向第二根线打斜卷结。

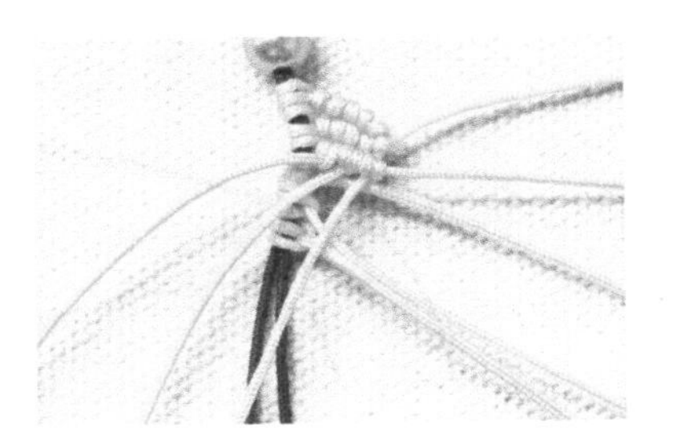

08

用横向第3根浅蓝色线做轴心，用竖向所有浅蓝色线打斜卷结。

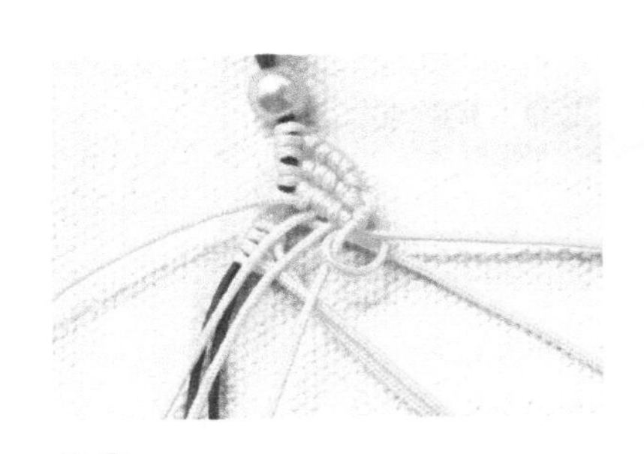

09

把右侧第一根浅蓝色线拉下来做轴心，用第二根浅蓝色线打斜卷结。

10

用同样的方法将第4排和第5排的斜卷结编好。

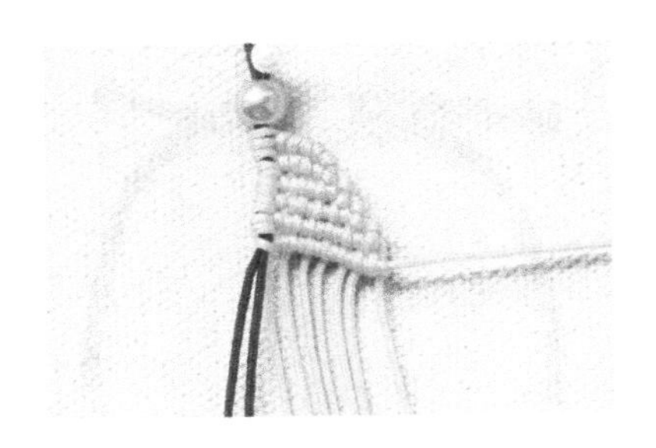

11

用最后一排的横向线做轴心，用其他浅蓝色线绕它打斜卷结，包括最后一根线。

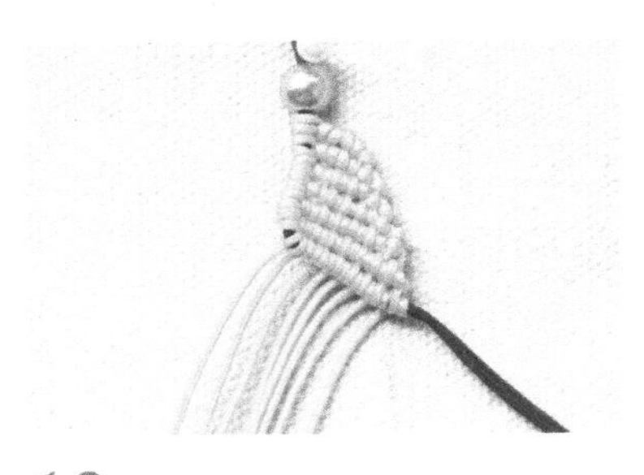

12

用两根藏蓝色线做轴心，用其他所有浅蓝色线打斜卷结。这一侧翅膀就编好了，剪去多余的线，烧熔线头。

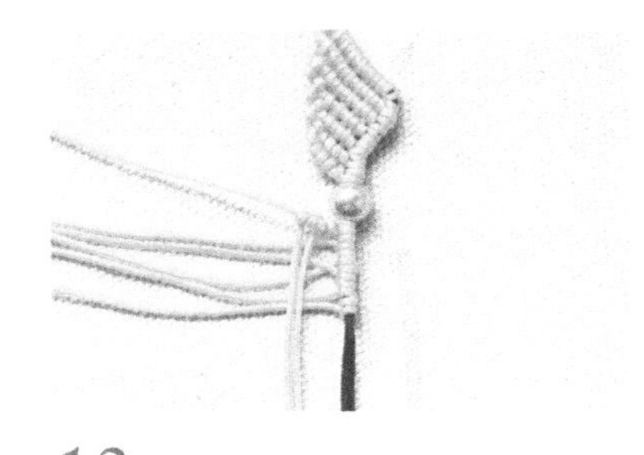

13

将翅膀翻转到另一头，开始编另外一侧翅膀，用同样的方法挂线，方向朝左。

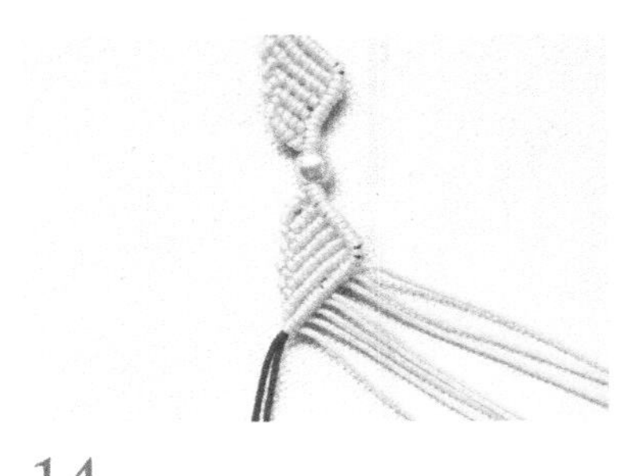

14

用同样的方法编好另外一侧翅膀。

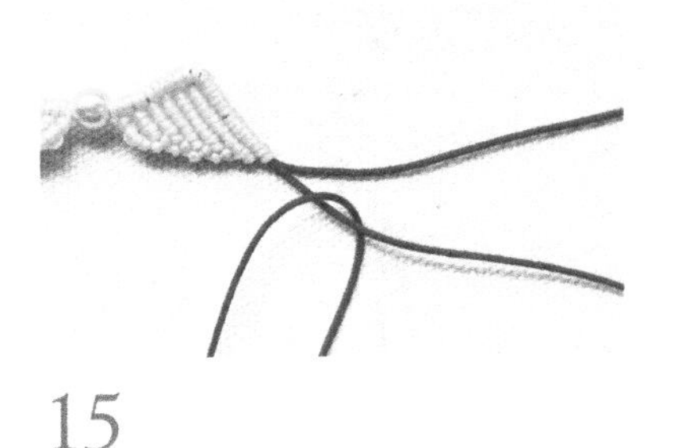

15

将一根藏蓝线对弯后挂到作为轴心的两根藏蓝色线之间，这样就变成4根线了，用这4根线编四股辫。

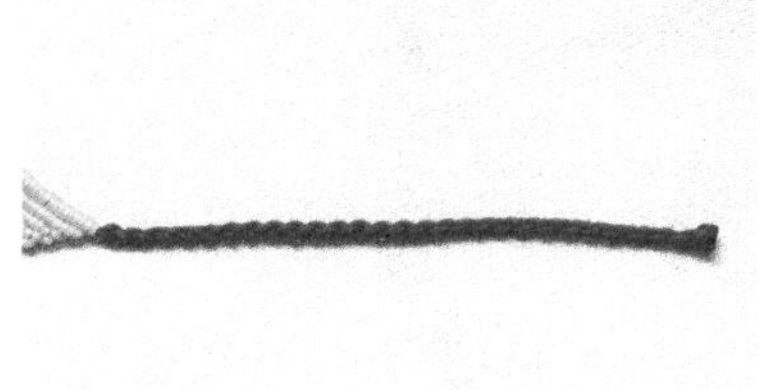

16

编织9cm长的四股辫，打一个蛇结固定，剪去多余的线，烧下线头。

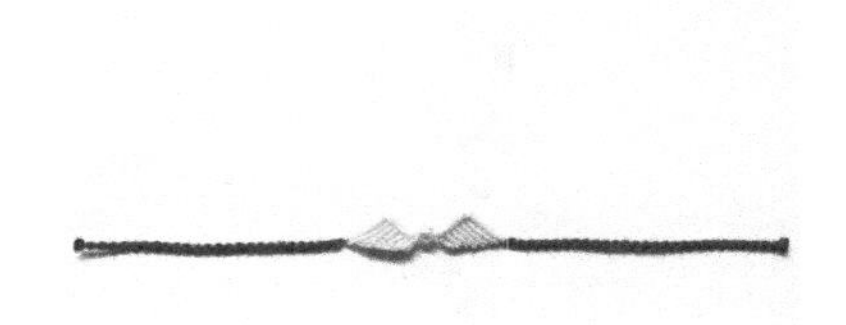

17

两侧四股辫编好，长度一样。

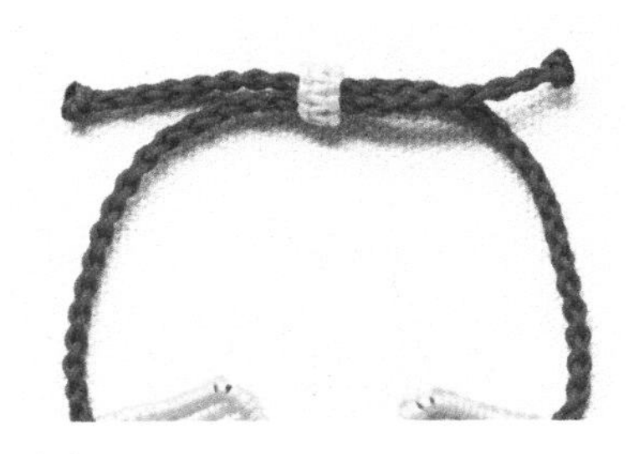

18

用浅蓝色线编一个平结线圈，套在四股辫重叠处。

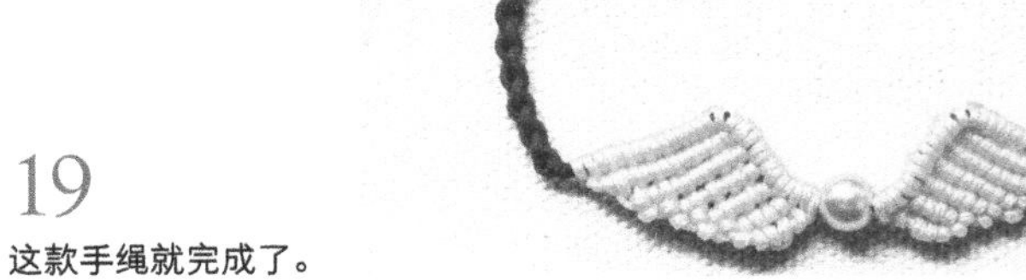

19

这款手绳就完成了。

完成
Complete

春菊

红色、粉色和白色的小花儿，点缀着黄色的花蕊，玲珑精巧，却又灿烂如春。

所用材料与配件

72号玉线 浅粉色 240cm×1

72号玉线 玫红色 240cm×1

72号玉线 白色 240cm×1

72号玉线 黄色 70cm×1

重点结法技巧

雀头结——详见040页

蛇结——详见042页

双向平结——详见052页

单结——详见029页

包芯金刚结——详见046页

制作雀头结花型手绳

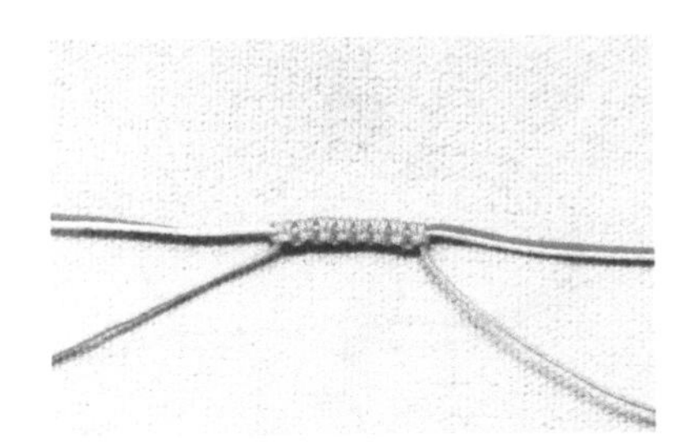

01

将3根颜色不同的72号玉线并在一起，在中间部分用浅粉色线绕另外两根线编雀头结。

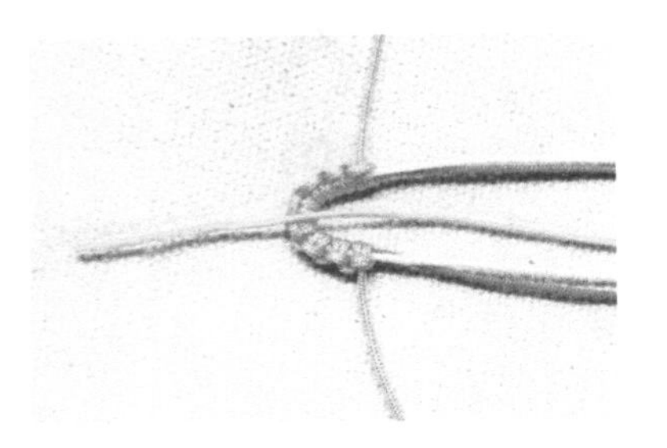

02

将黄色线放在图中的位置，准备加线。

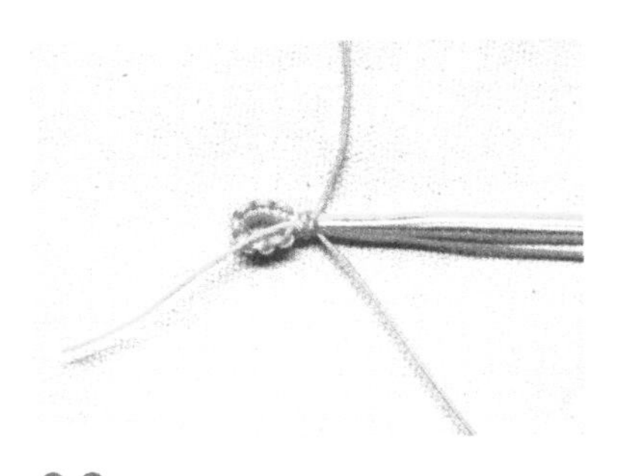

03

用浅粉色线编织包芯金刚结。

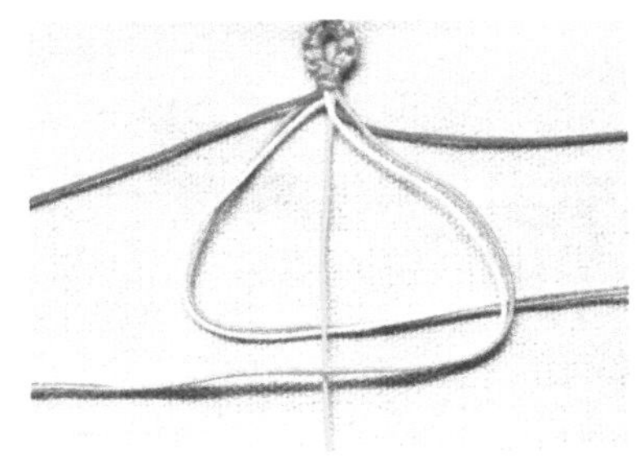

04

把左右两边白色线和浅粉色线交叉叠放，将黄色线夹在中间。

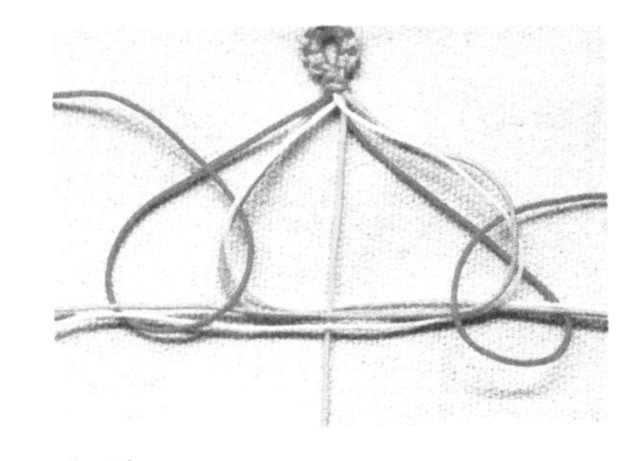

05

把左右两边玫红色线自下而上绕一圈，向外侧拉开。

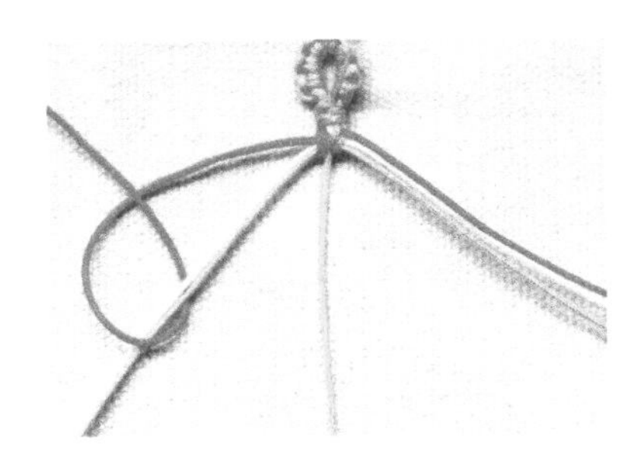

06

收紧后，开始用左边玫红色线编雀头结。

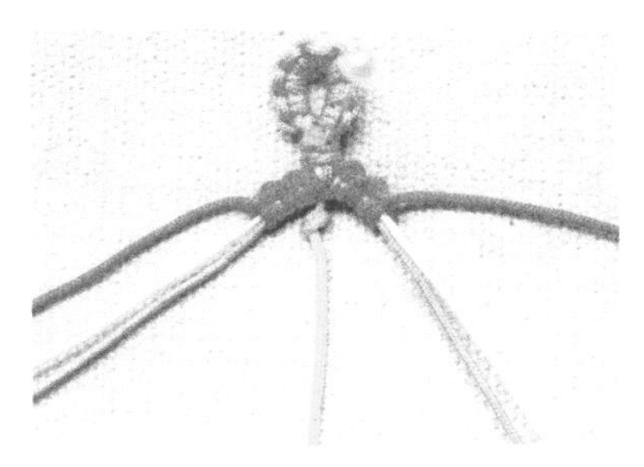

07

用左右两边玫红色线各编两个雀头结，用黄色线打个单结。

08

把白色线和浅粉色线交叉叠放，把黄色线夹在中间，将左右两边玫红色线自下而上，绕到外侧。

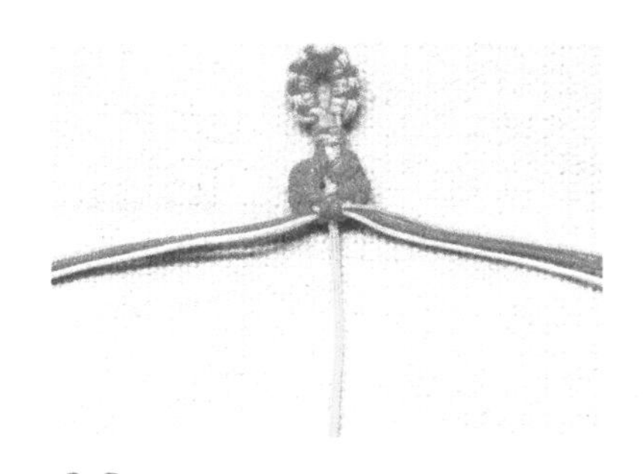

09

收紧后，第一朵小花完成。

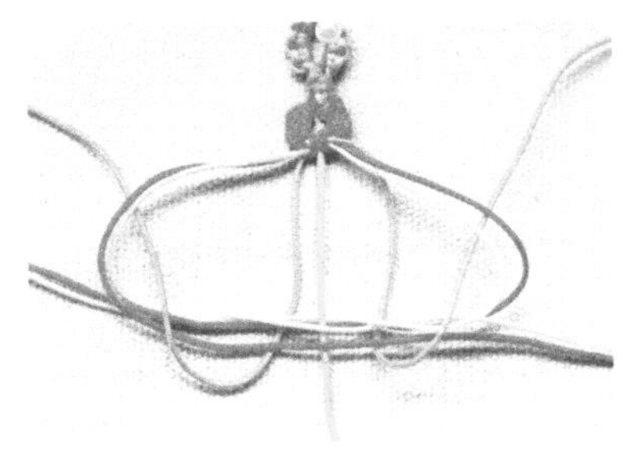

10

把左右两边玫红色线和白色线交叉叠放，把浅粉色线自下而上，绕到外侧。

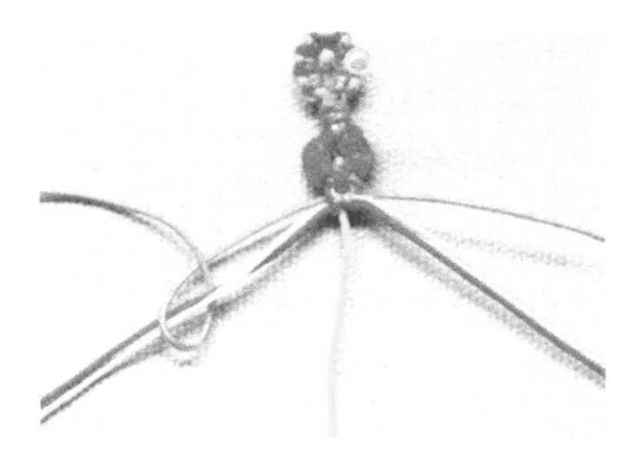

11

收紧后，开始用浅粉色线编雀头结。

12

用左右两边浅粉色线各编织两个雀头结。

13

用黄色线打一个单结，把白色线和玫红色线交叉叠放，将浅粉色线向两侧绕圈。

14

浅粉色小花编好后，开始编织白色小花。

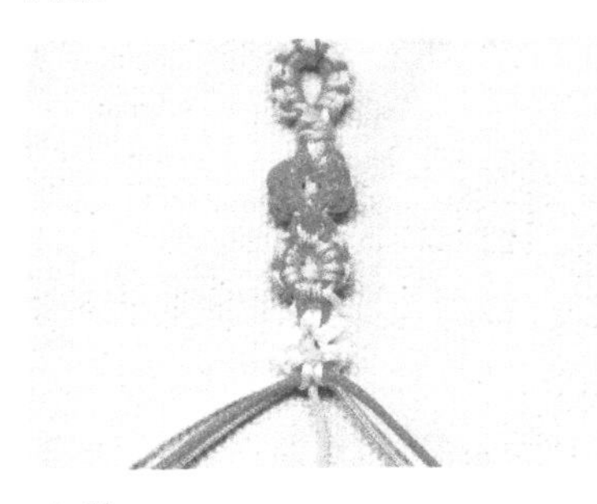

15

白色小花完成后，按之前的颜色顺序重新开始编织，方法一样。

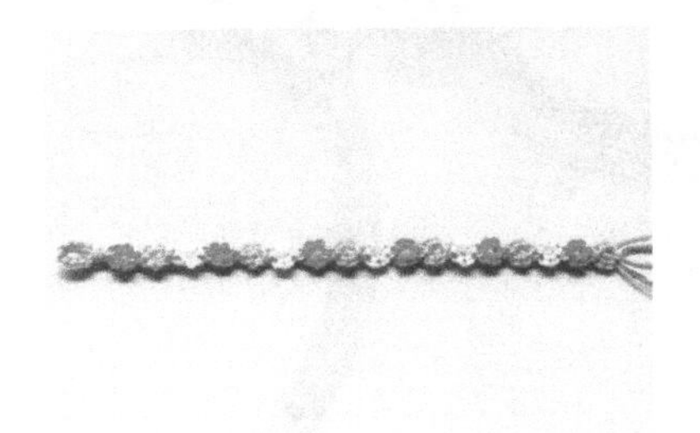

16

总长度编织到净手围长度即可。

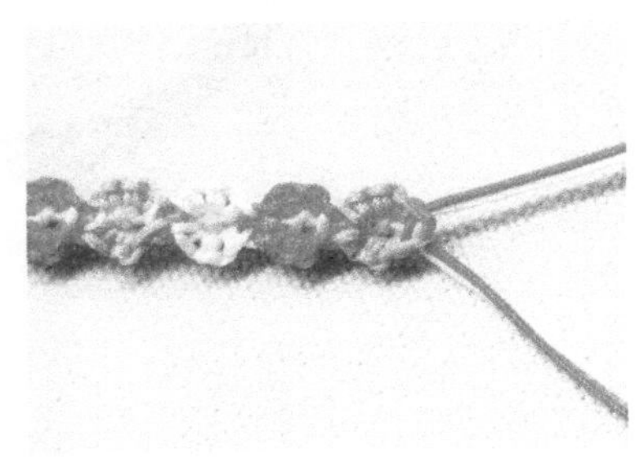

17

结尾处剪去黄色线和浅粉色线，烧熔线头固定。

18

将剩下4根线分成两组，打一个蛇结。

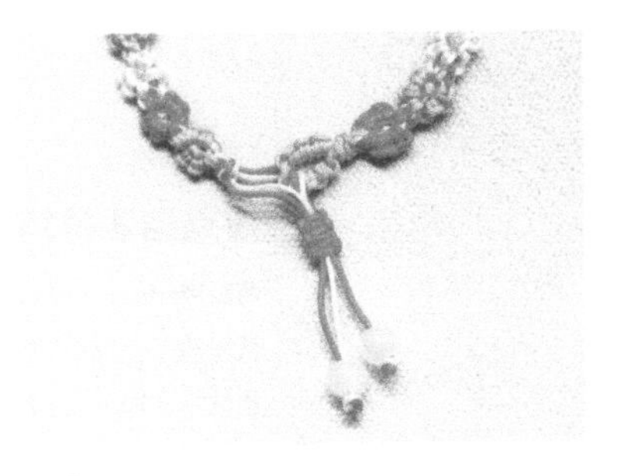

19

把其中一组线穿到开头的雀头结圈里，给两组线末端穿两颗珠子并固定。最后在这两组线上编一小段双向平结做伸缩结。

20

这款手绳就完成了。

静心

简简单单的八股辫编织手绳，金色的线圈点亮宁静的内心。

所用材料与配件

八股辫：

72号玉线 藏蓝色 100cm×4

莲花线圈：

72号玉线 藏蓝色 20cm×4

12股线 金色20cm×2

绕线线圈：

3股线 金色 100cm×2

72号玉线 藏蓝色 20cm×2

重点结法技巧

两股辫——详见035页

八股辫——详见038页

蛇结——详见042页

绕线——详见032页

纽扣结——详见056页

制作莲花线圈手绳

01

在4根藏蓝色线中间部分编两股辫，打一个蛇结固定。

02

开始编织八股辫，结尾部分用金色线做绕线固定，手绳总长度比净手围长1.5cm即可。

03

将结尾部分8根藏蓝色线分成两组，编一个纽扣结，剪去多余的线，烧熔线头固定。

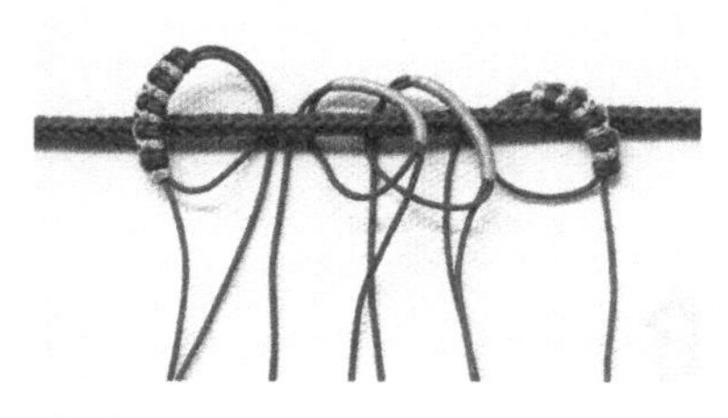

04

做2个莲花线圈半成品，做2个绕线线圈半成品，套在手绳上。

05

收紧所有线圈，剪去多余的线，烧下线头固定。

06

这款手绳就完成了。

第5章

一生所爱 手绳制作中级进阶

本章以八股辫为主来介绍中级编织手绳的制作方法，如初见、邂逅等主题手绳。编织时要注意力度匀称。

三生三世

梦幻的粉色桃花，等待与你情定三生，
在红尘中守候三生三世。

所用材料与配件

72号玉线 藏蓝色 240cm×4

3股线 金色 100cm×1

72号玉线 粉色 70cm×1

6股线 金色70cm×1

平结线圈：

- 72号玉线 藏蓝色 30cm×6
- 12股线 金色30cm×3
- 转运珠×1

重点结法技巧

单结——详见029页

八股辫——详见038页

蛇结——详见042页

绕线——详见032页

桃花结——详见076页

制作八股辫转运珠手绳

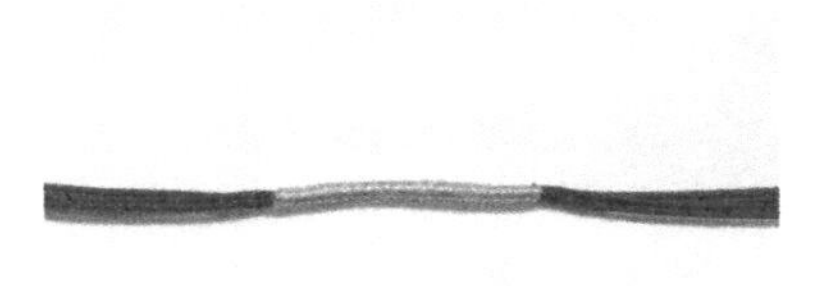

01

将4根藏蓝色线对齐，找出中间部分，用金色线绕线2cm。

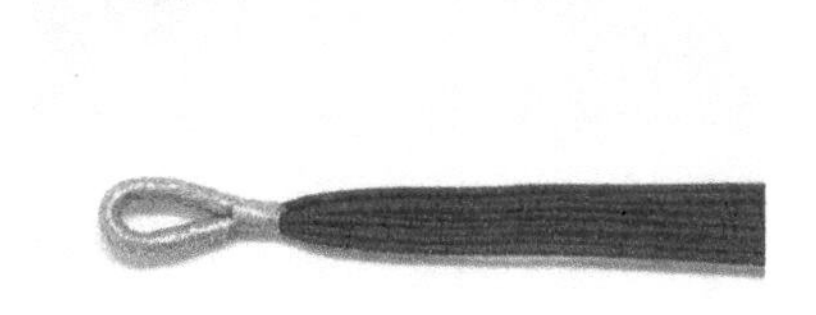

02

绕线后折弯，用金色线在相接处绕线1cm。

03

开始编八股辫，编织3cm长即可。

04

打一个蛇结固定。

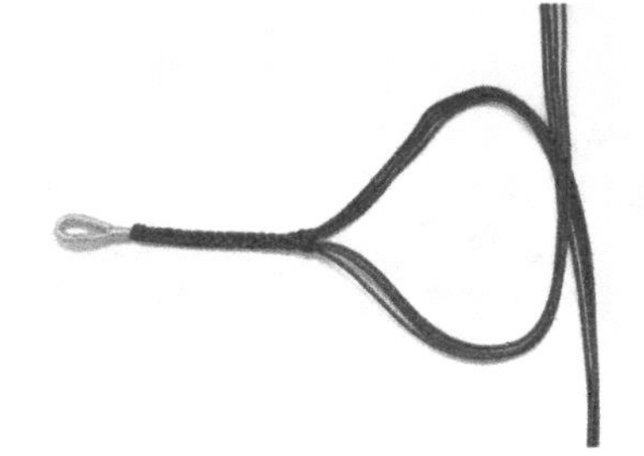

05

把8根线分成两组，对弯交叉，中间部分重叠。

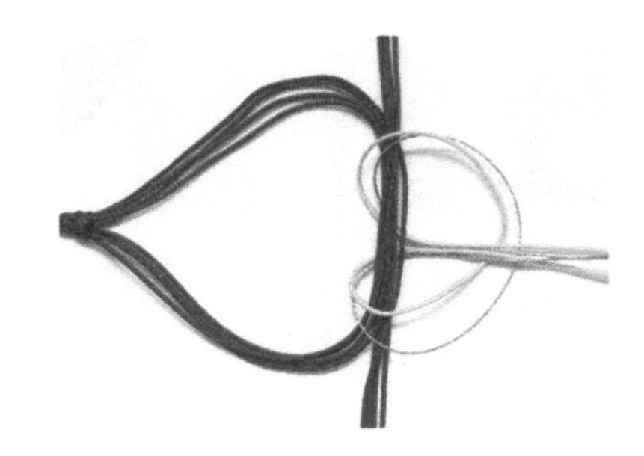

06

把金色6股线和粉色线折弯，从后面绕蓝色线一圈，把粉色线和金色线抽出来。

07

编织包边桃花结5个。

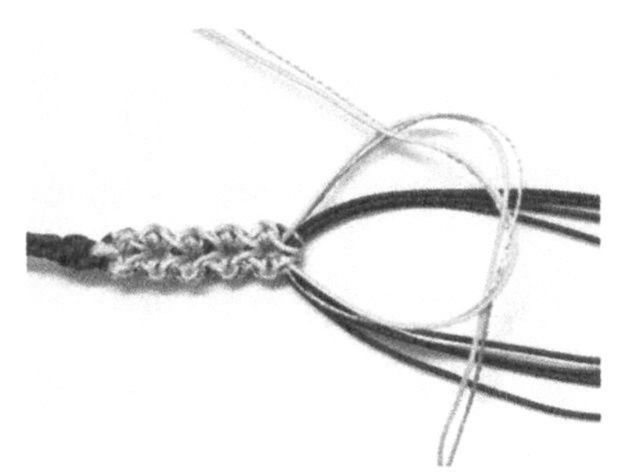

08

把桃花结翻转过来，在背面打一个单结。

09

剪去多余的线，烧熔线头。

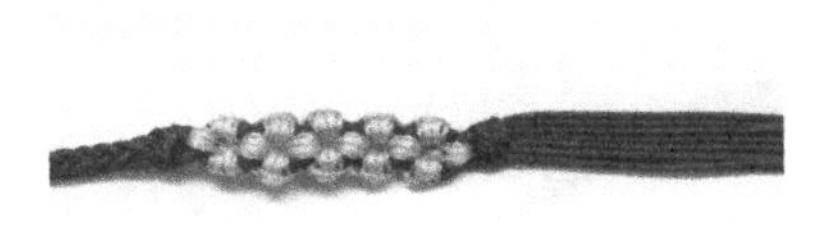

10
打一个蛇结固定。

11
在蛇结后编织八股辫，这一段编织的长度为14cm。

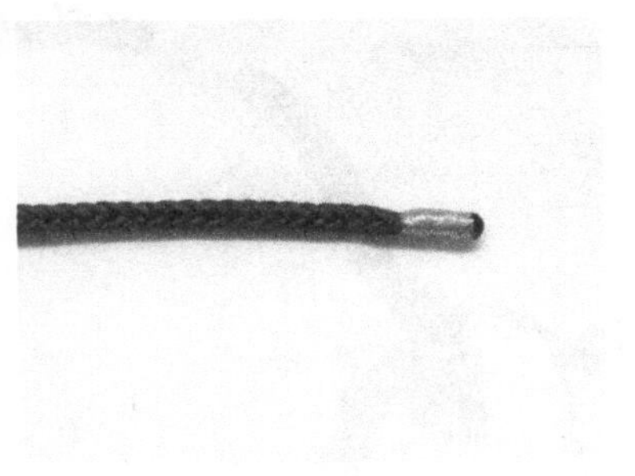

12
在结尾部分用金色3股线绕线固定，剪去多余藏蓝色线，烧熔线头。

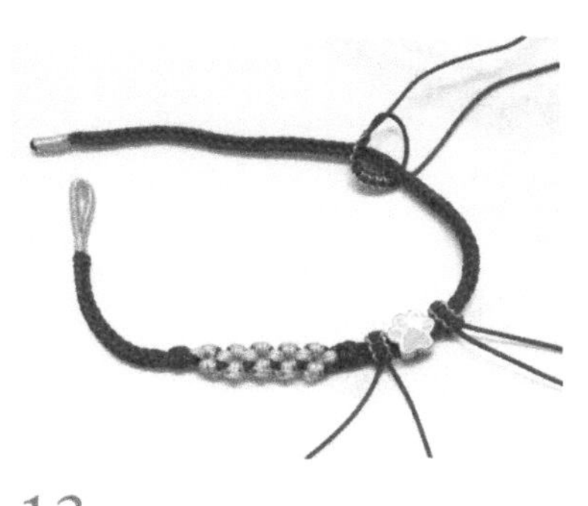

13
把孔径大于3mm的转运珠穿进去，然后做3个平结线圈套在相应位置。

14
将手绳两端接上，把3个平结线圈收紧，剪去多余的线，烧熔线头。

完成
Complete

15
这款手绳就完成了。

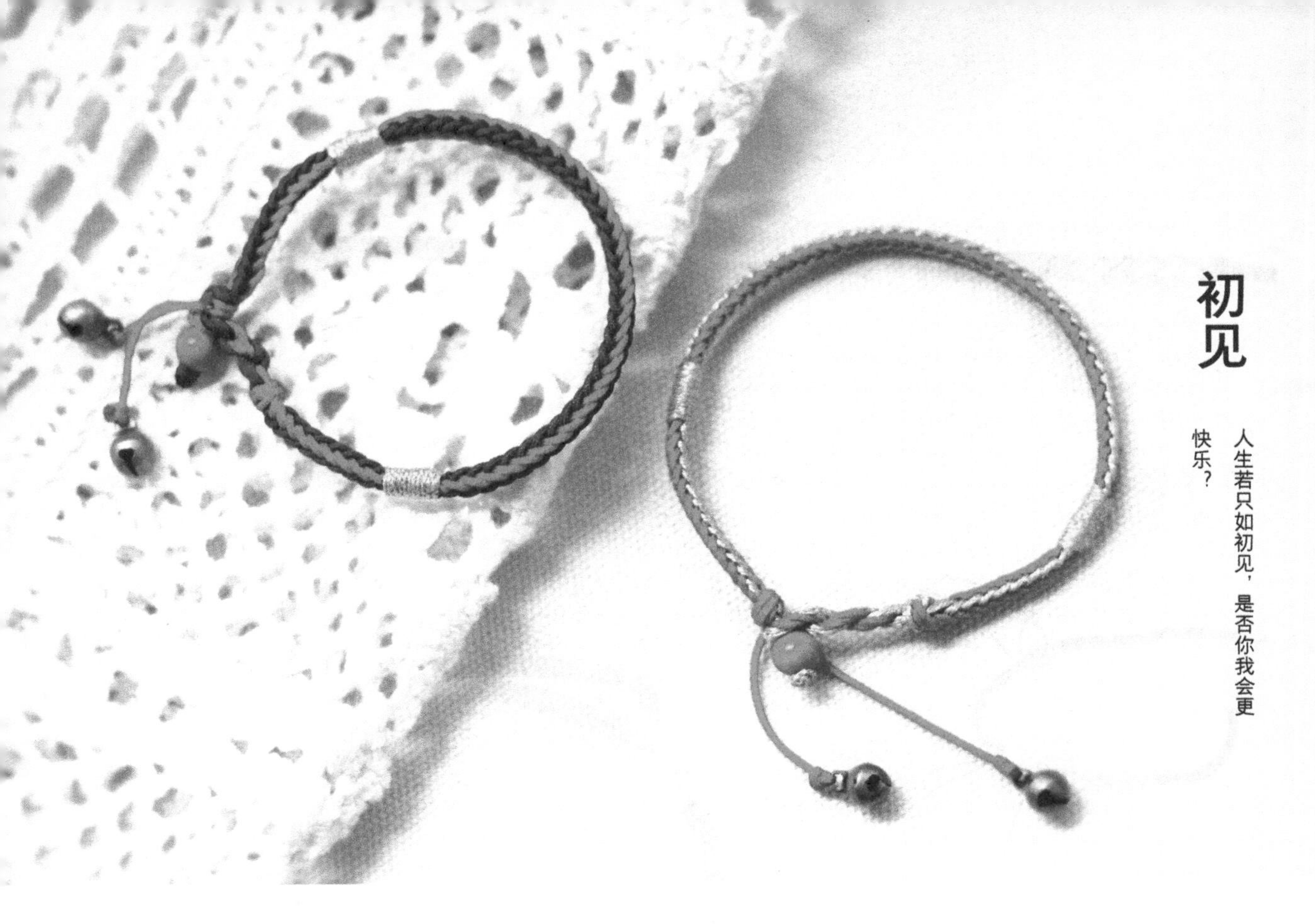

初见

人生若只如初见，是否你我会更快乐？

所用材料与配件

72号玉线 红色 240cm×2

12股线 金色 240cm×2

6股线 金色 60cm×1

6mm直径铜铃铛×2

6mm直径朱砂珠子×1

重点结法技巧

八股辫——详见038页

蛇结——详见042页

两股辫——详见035页

绕线——详见032页

制作八股辫铃铛手绳

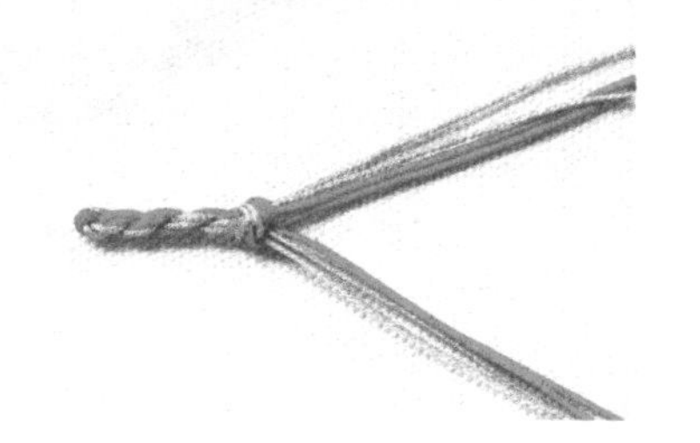

01

将两根金色线和两根红色线对齐后，在中间部分编两股辫，打一个蛇结固定。

02

开始编织八股辫，从手链起始部分到八股辫结束的长度比手围长1.5cm即可。

03

结尾部分打一个蛇结固定。

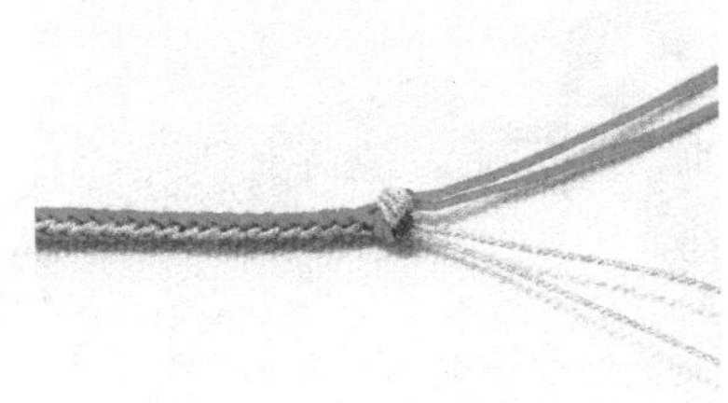

04

剪去两根红色线和两根金色线，烧下线头。

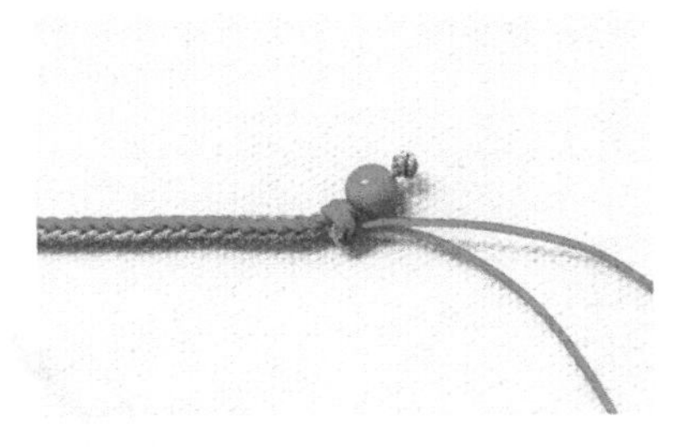

05

用两根金色线穿一颗珠子，打一个单结固定，剪去多余的线，烧熔线头。

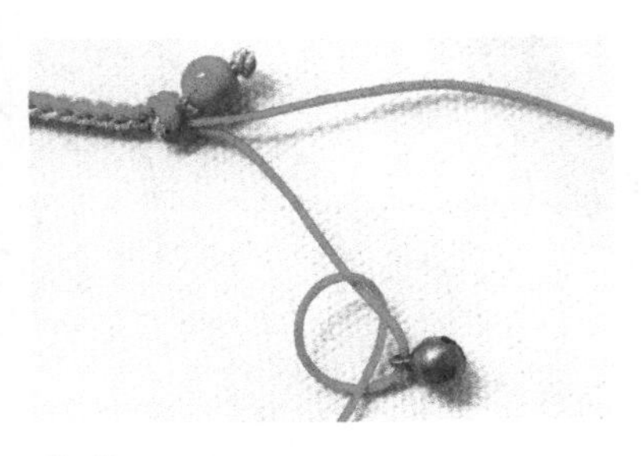

06

将其中一根红色线穿进一个铃铛，将红色线自上而下绕一圈打结。

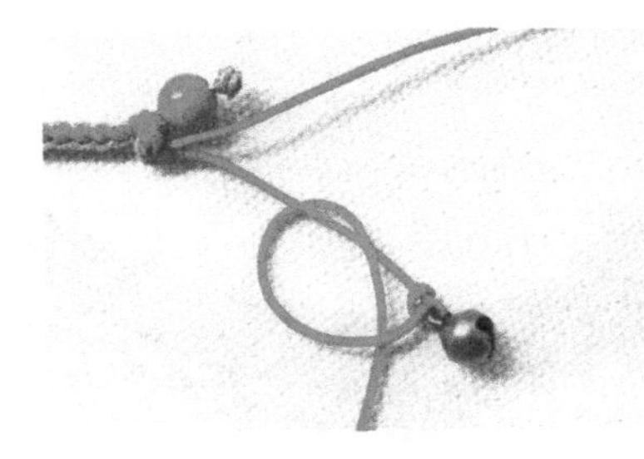

07

将红色线自下而上绕一圈打结。

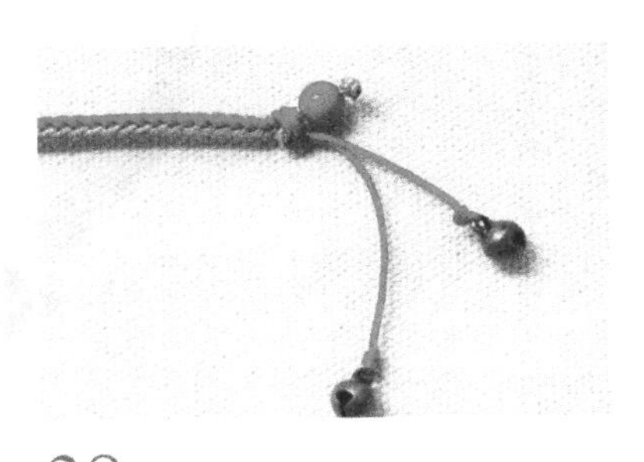

08

将另外一根红色线也用同样的打结法系一个铃铛。

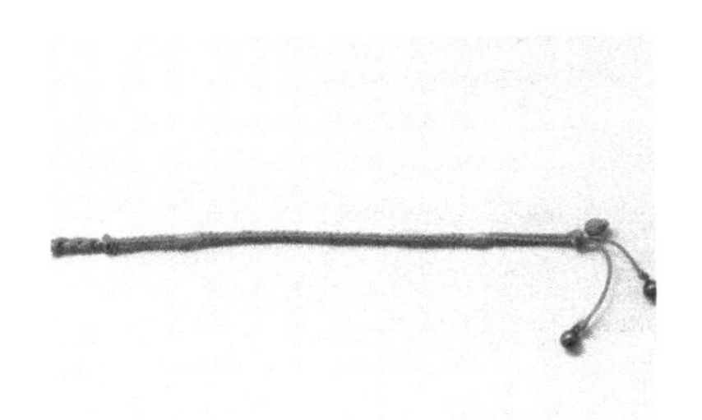

09

用金色线分别在手绳两侧做一小段绕线。

10

这款手绳就完成了。

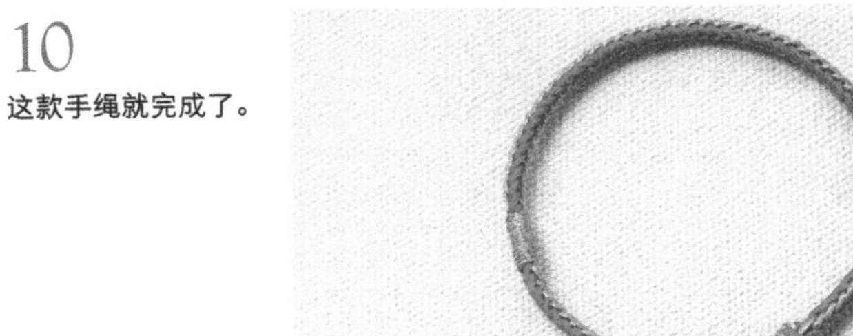

完成
Complete

邂逅

无论世界待你是否温柔，请保持你的善良，好运将与你不期而遇。

所用材料与配件

72号玉线 红色 240cm×2

72号五彩线 240cm×2

平结线圈：

72号玉线 红色 30cm×4

绕线线圈：

72号玉线 红色30cm×2

3股线 金色 100cm×2

重点结法技巧

两股辫——详见035页

八股辫——详见038页

方形十字结——详见072页

蛇结——详见042页

纽扣结——详见056页

制作八股辫彩色手绳

01

取120cm长的红色线和五彩线各两根，在中间部分编两股辫后打蛇结固定，两股辫加蛇结长度是2.5cm。

02

用四根线对折后形成的8根线编4cm长的八股辫。

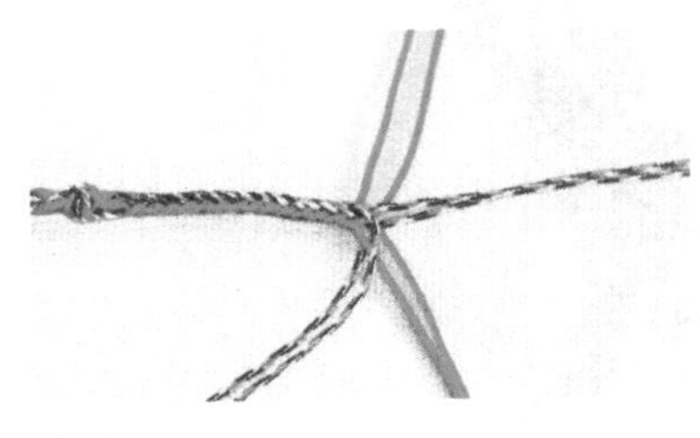

03

把这8根线分成4组，按图摆开，颜色分配参考上图。

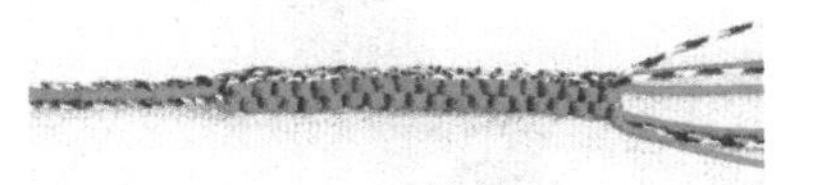

04

开始编织方形十字结，长度为5cm。

05

编织八股辫，长度为6cm。

06

结尾部分做一个纽扣结固定。

07

在方形十字结两端，各套上一个红色平结线圈和一个金色绕线线圈。

08

这款手绳就完成了。

长相思

若问相思甚了期，除非相见时。

所用材料与配件

72号玉线 红色 70cm×6

72号玉线 灰色 70cm×2

3股线 红色 150cm×2

平结线圈：

72号玉线 红色 30cm×6

12股线 金色 30cm×3

重点结法技巧

八股辫——详见038页

蛇结——详见042页

绕线——详见032页

制作八字结相思手绳

01

在三根红色线和一根灰色线上做绕线，绕线长度4cm。

02

将线对弯一下。

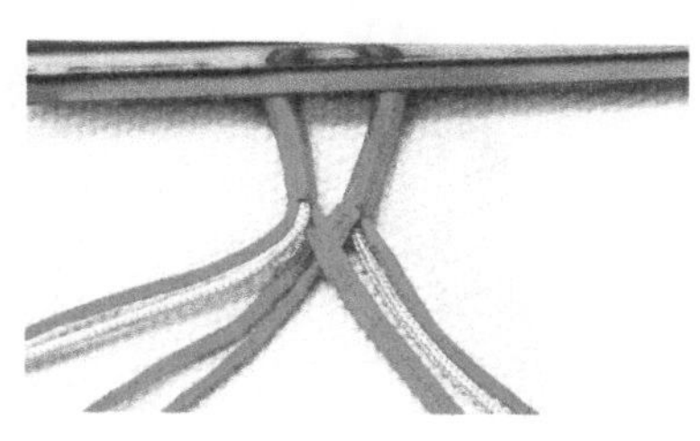

03

用夹子夹住，挑出4根红色线，左右交叉摆放，开始用这8根线编织八股辫。

04

编两条八股辫，其中一条长6cm，另一条长12cm。结尾部分都是打一个蛇结固定。

05

将短的八股辫放左侧，将长的八股辫放右侧。将左侧绳子自上而下穿进右边折弯圈里，将右侧绳子自下而上穿进左边折弯圈里。

06

收紧后是个八字结。

07

在八字结两侧各套一个平结线圈。将长八股辫折弯一下，在重叠处套一个平结线圈。

08

这款手绳就完成了。

爱你一万年

把你我的爱情嵌入爱心手绳，希望我能将这份美好的感情勾勒出你的身影。

所用材料与配件

72号玉线 藏蓝色 240cm×4

3股线 金色 100cm×1

3股线 藏蓝色 200cm×1

莲花线圈：

72号玉线 藏蓝色 20cm×4

12股线 金色 20cm×2

重点结法技巧

八股辫——详见038页

蛇结——详见042页

金刚结——详见043页

两股辫——详见035页

制作八股辫爱心手绳

01

在4根藏蓝色玉线中间部分编两股辫，打一个蛇结固定。

02

开始编织八股辫，从蛇结开头到八股辫结尾位置，这一段长度为净手围的一半即可。

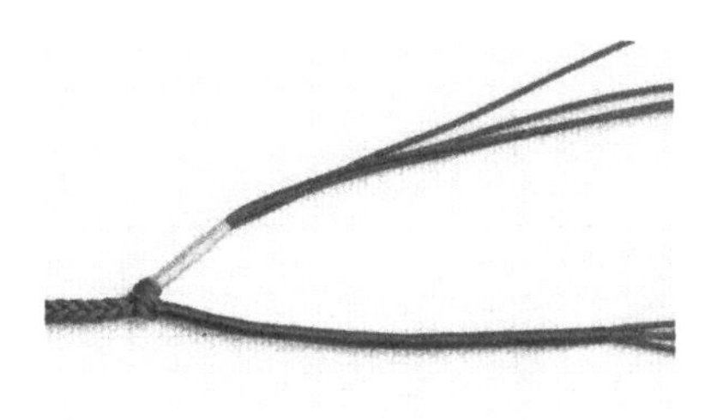

03

用金色线做绕线，长度为1.2cm；用藏蓝色线做绕线，长度为6cm。

04

将藏蓝色线从金色线上面绕到后面，再绕回来。

05

将藏蓝色线从金色线后面绕到前面，然后穿进蓝色线的折弯圈里，做出双环爱心状线圈。

06

打一个蛇结固定。

07

在蛇结后继续编织八股辫，长度为净手围的一半。

08

打一个金刚结固定。

09

编两个莲花线圈，分别套到藏蓝色线蛇结的两侧。

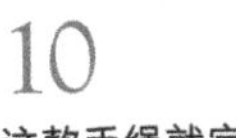

这款手绳就完成了。

长长久久

牵起所爱之人的手，愿我们都能长长久久。

所用材料与配件

12股线 五彩 120cm × 4

3股线 金色 200cm × 1

3股线 粉色 200cm × 1

平结线圈：

12股线 五彩 30cm × 2

重点结法技巧

四股辫——详见036页

八股辫——详见038页

蛇结——详见042页

绕线——详见032页

斜卷结——详见030页

制作五彩牵手手绳

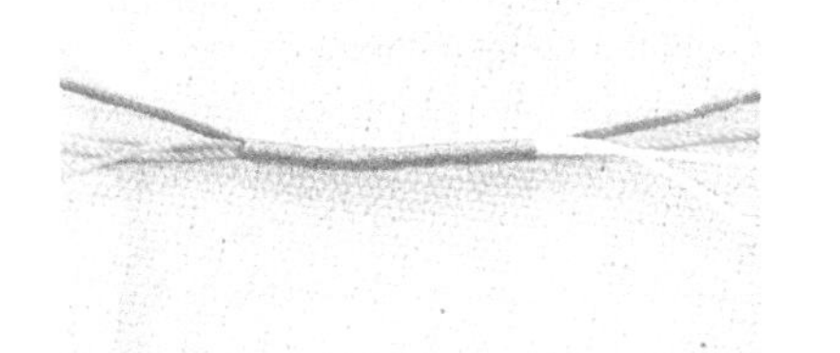

01

将4根五彩线对齐后，在中间位置用金色3股线绕线3cm。

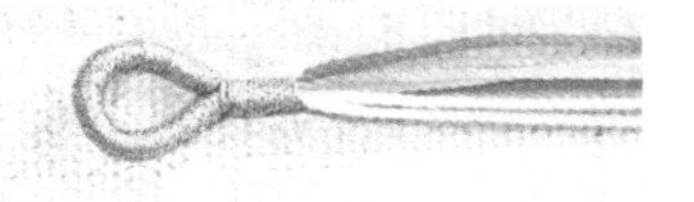

02

对弯绕线这一段，再绕线1cm，用来固定扣圈。

03

编一段6cm长的四股辫。

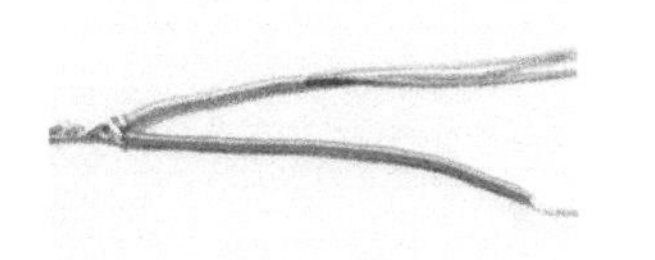

04

打一个蛇结固定。

05

用金色线绕线3cm，用粉色线绕线7cm。

06

把金色线向下折弯压住粉色部分。

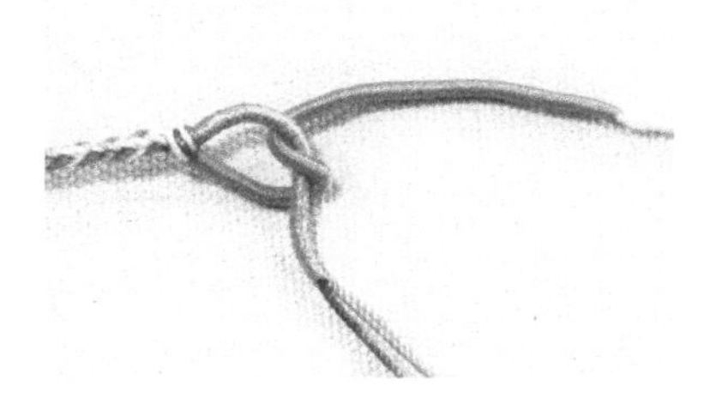

07

将粉色线绕金色线一圈。

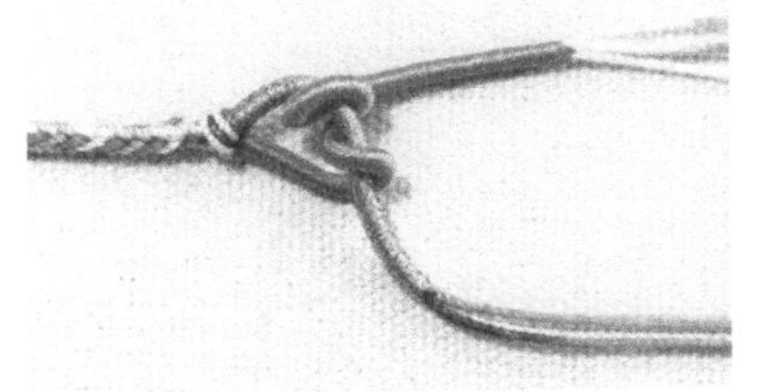

08

将粉色线绕金色线第二圈。

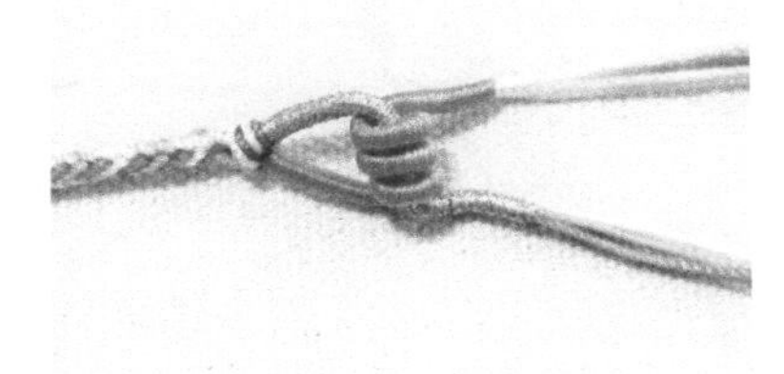

09

将粉色线绕金色线第3圈。

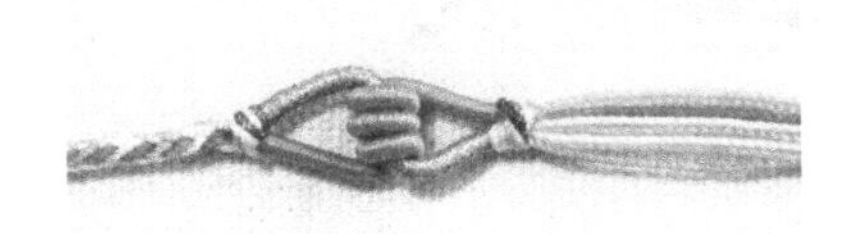

10

打一个蛇结固定。整体呈现出两手相扣的视觉效果。

11

在蛇结后编12cm长的八股辫，在结尾部分做一小段绕线固定。

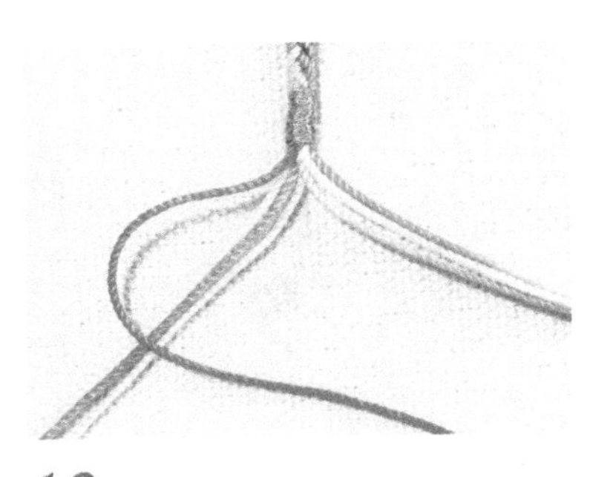

12

将左边第一根线折弯做轴心。

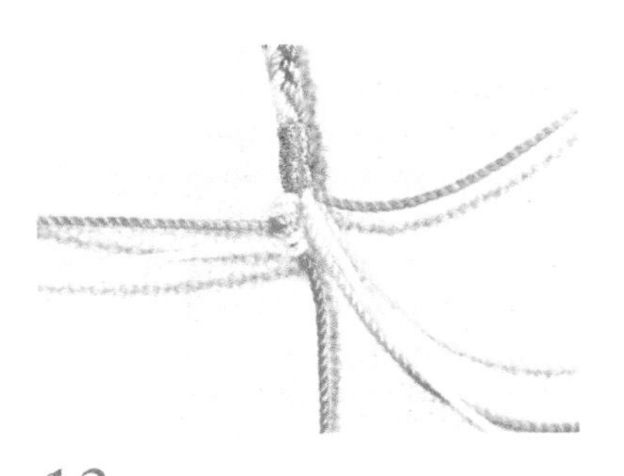

13

用左边3根线编斜卷结。

14

在右边对称编好斜卷结。

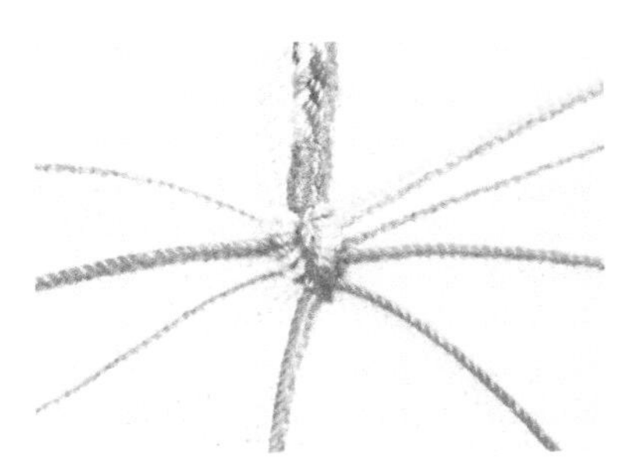

15

用两根轴心线交叉编斜卷结。

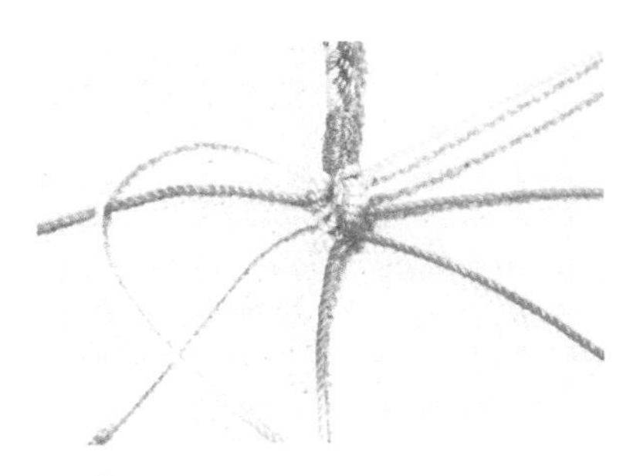

16

把左边最上面一根线折弯做轴心。

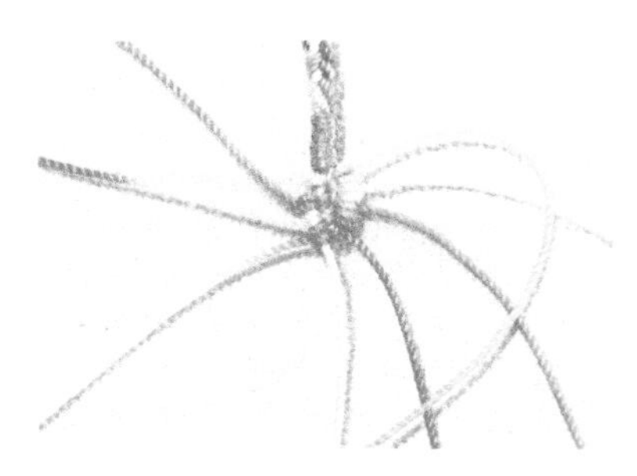

17

用左边其他线绕轴心编斜卷结。把右边最上面一根线折弯做轴心。

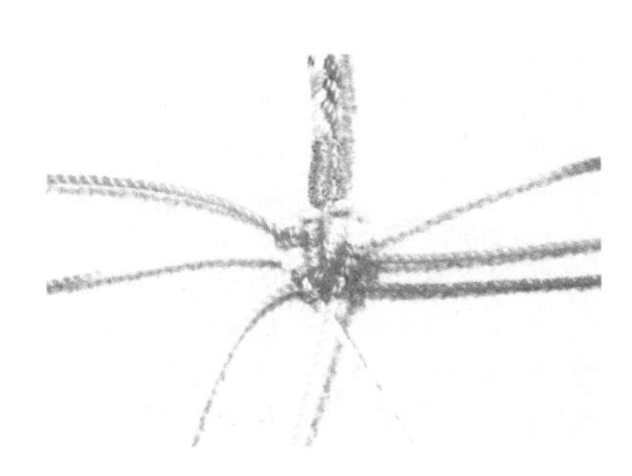

18

在右边同样绕轴心编好斜卷结，将两根轴心线交叉编斜卷结固定。

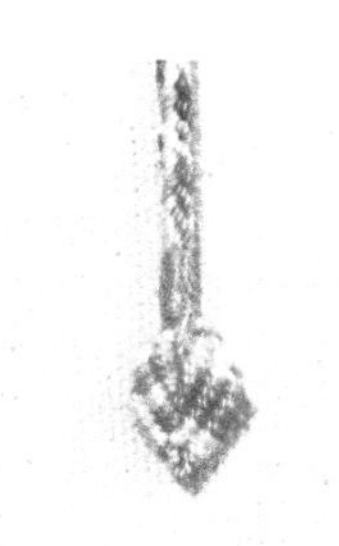

19

用同样的方法在外侧再编一圈斜卷结，剪去多余的线，烧下线头。

20

把结尾这一头穿进开头制作的扣圈里，套上平结线圈固定。这款手绳就完成了。

完成
Complete

所用材料与配件

72号玉线 蓝色 200cm×1

12股线 金色 200cm×1

3股线 浅粉色 100cm×1

3股线 浅橘色 100cm×1

桃花线圈：

72号玉线 粉色70cm×3

6股线 金色70cm

珠子×1

重点结法技巧

单结——详见029页

两股辫——详见035页

圆形十字结——详见074页

蛇结——详见042页

绕线——详见032页

曼陀罗结——详见060页

制作曼陀罗结手绳

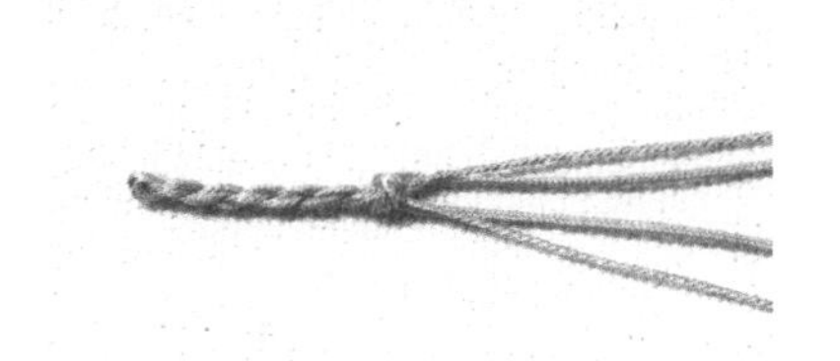

01

将金色线和蓝色线对齐后在中间编两股辫，打一个蛇结固定。

02

编圆形十字结，长度为净手围的一半即可。

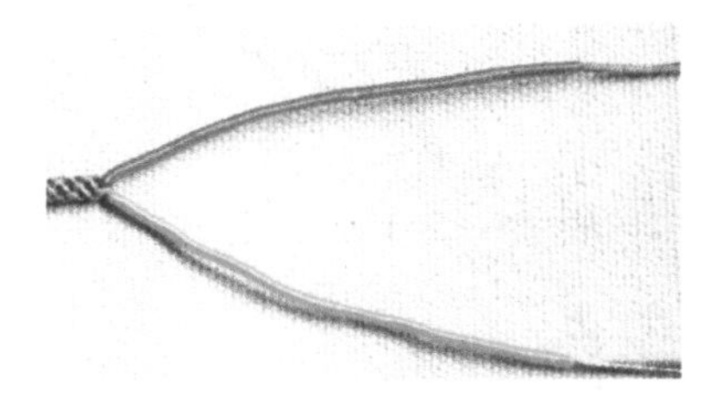

03

用两个颜色的线各绕线7cm。

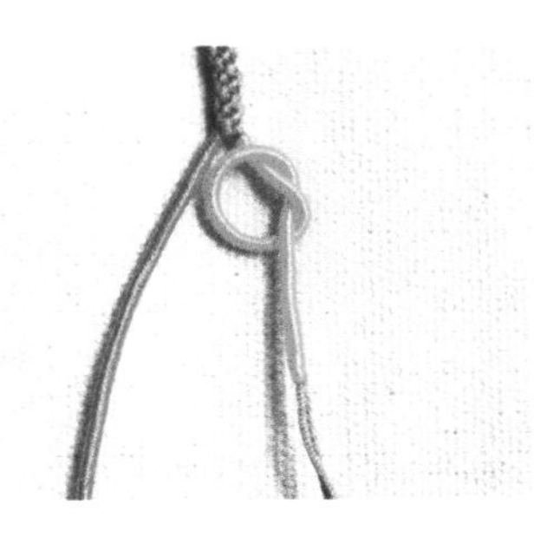

04

将右侧线顺时针方向打结，线从结里穿出来。

05

从第一个结的上方顺时针打结，线从两个结里穿出来。

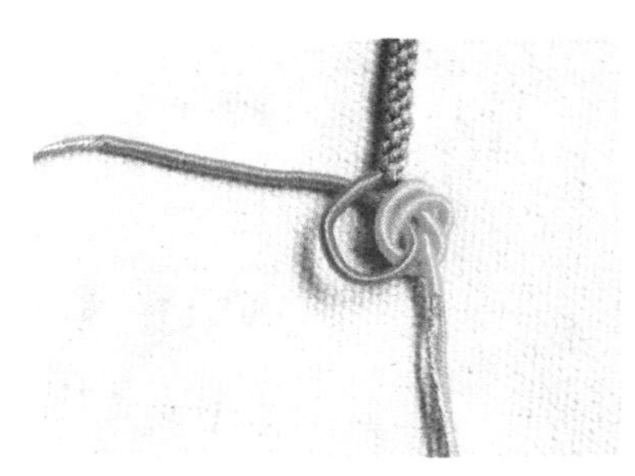

06

将左侧线从右侧线的两个结中穿过。

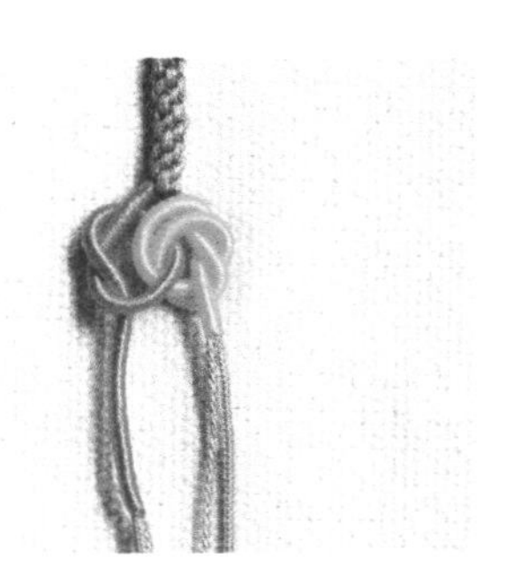

07

将左侧线从其折弯圈中穿出来。

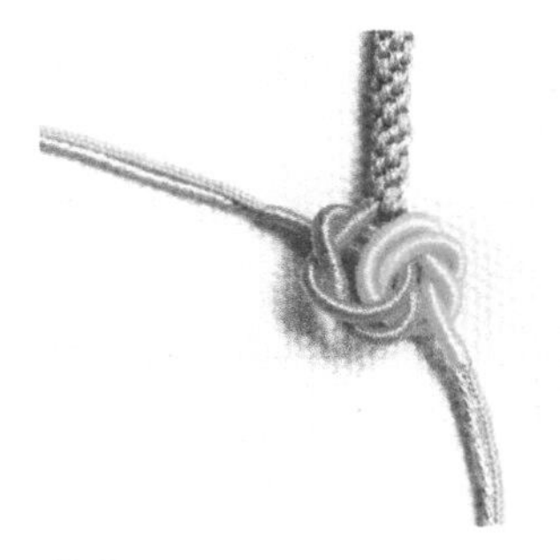

08

将左侧线再从右侧线的两个结中穿过。

09

将左侧线从后面拉到前面来，从其两个折弯圈里穿过。

10
稍微调整，一个曼陀罗结就编好了。

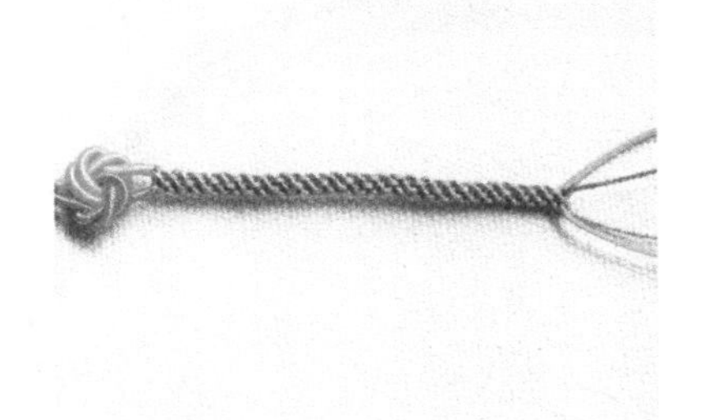

11
编织圆形十字结，长度为净手围一半再减去1cm。

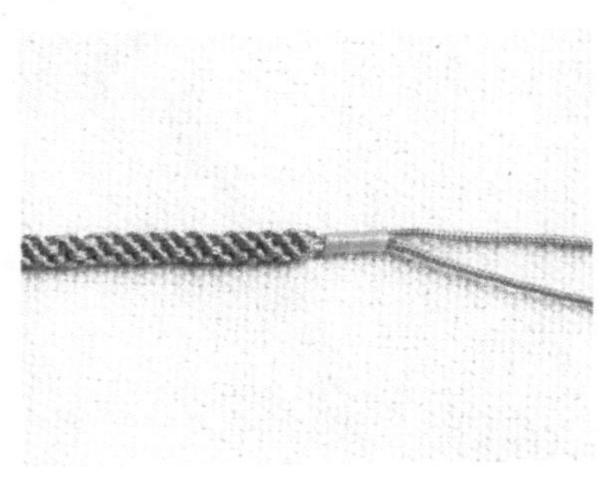

12
绕线1cm，固定结尾部分，然后剪去两根金色线，烧下线头。

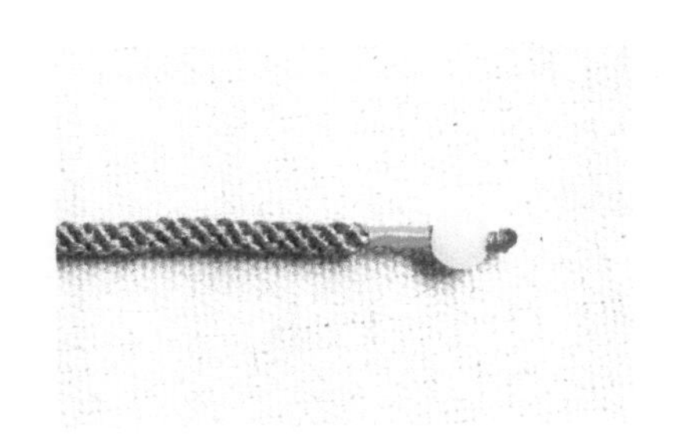

13
穿上珠子后打一个单结，剪去多余的线，烧下线头。

14
做两个桃花线圈套在两侧。

完成
Complete

15
这款手绳就完成了。

一起幸福

幸福其实很简单，就是让你爱的人幸福，让爱你的人知道你很幸福。

所用材料与配件

12股线 绿色 120cm×4

3股线 金色 200cm×1

3股线 白色 200cm×1

吊坠×1

扁珠×1

重点结法技巧

四股辫——详见036页

两股辫——详见035页

蛇结——详见042页

单结——详见029页

雀头结——详见040页

制作花型吊坠手绳

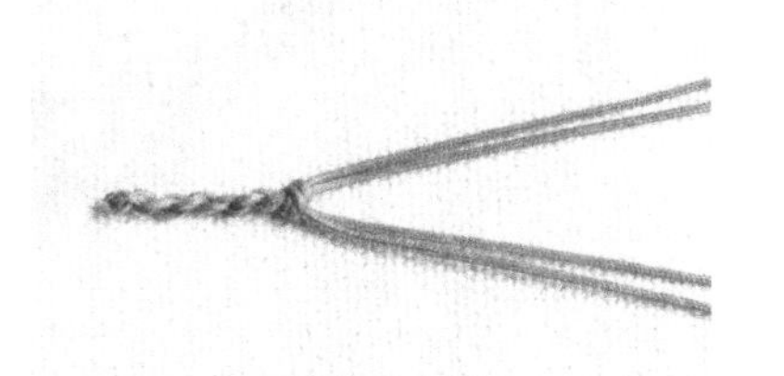

01

将两根绿色线对齐后在中间位置编两股辫，打一个蛇结固定。

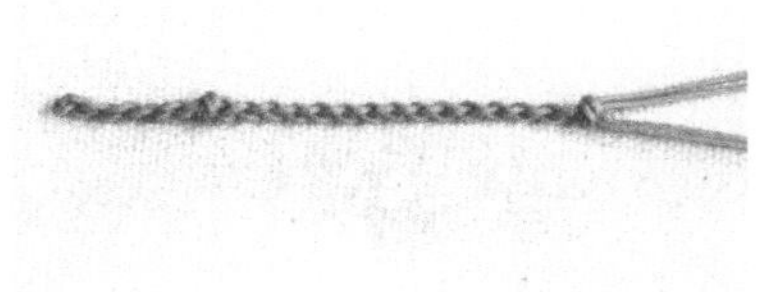

02

编4cm长的四股辫（此款长度适合15cm手围），打一个蛇结固定。

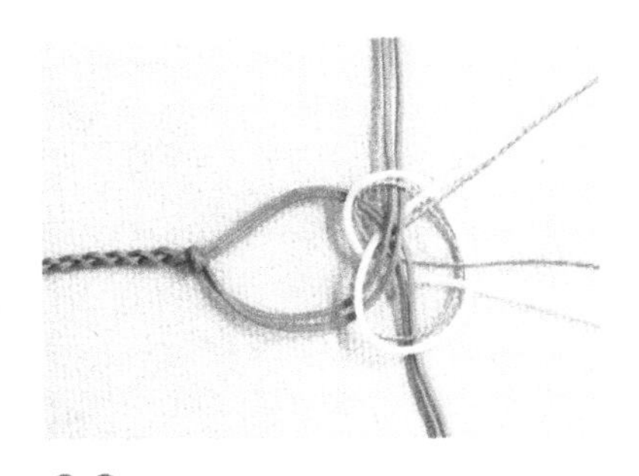

03

将两组绿色线对弯交叉，把金色线和白色线折弯后，按图中所示，打个结。

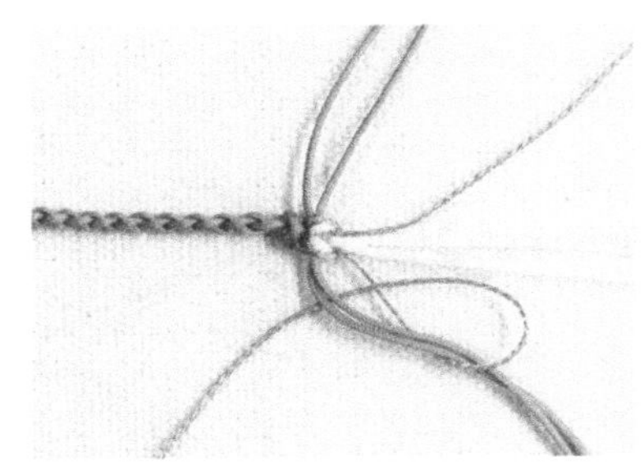

04

将一侧金色线绕绿色线一圈。

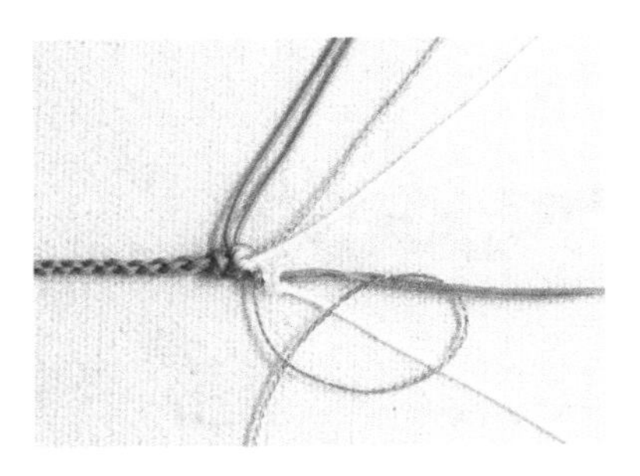

05

用一侧白色线打一个雀头结，将金色线从绿色线下面绕绿色线一圈。

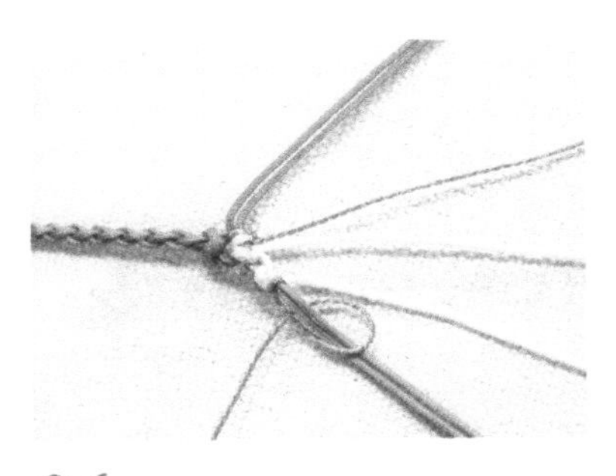

06

将金色线再从绿色线上方绕绿色线一圈。

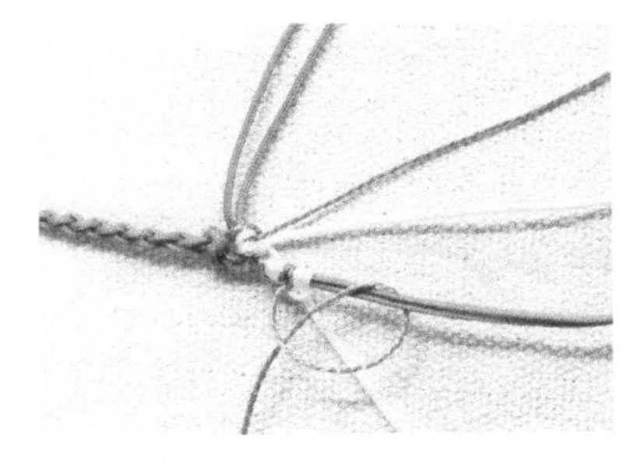

07

用白色线打一个雀头结，将金色线从绿色线下面绕绿色线一圈。

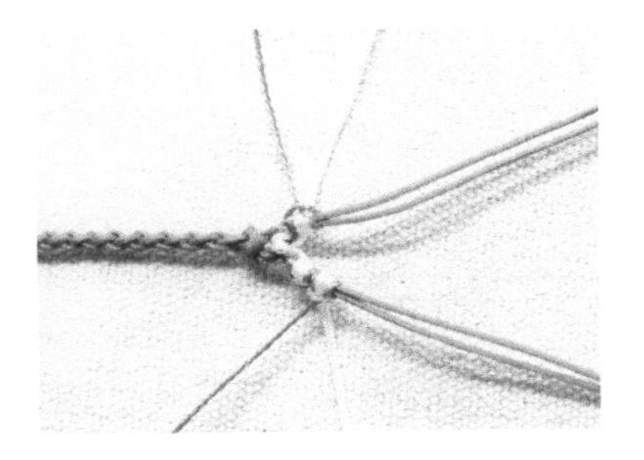

08

在另外一侧用同样的方法编花瓣。

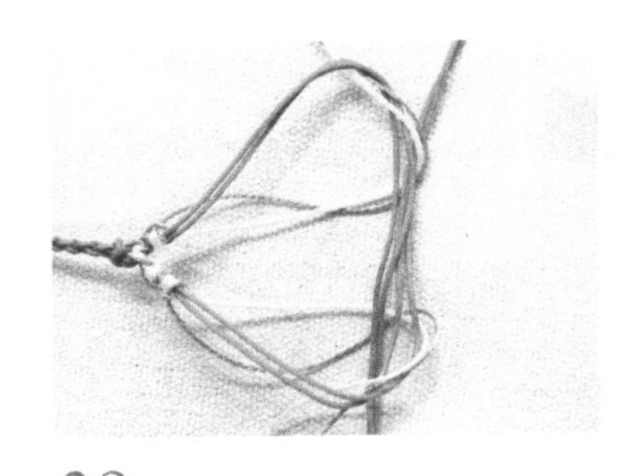

09

将绿色线对弯交叉，将两侧白色线和金色线分别自下而上绕到外侧。

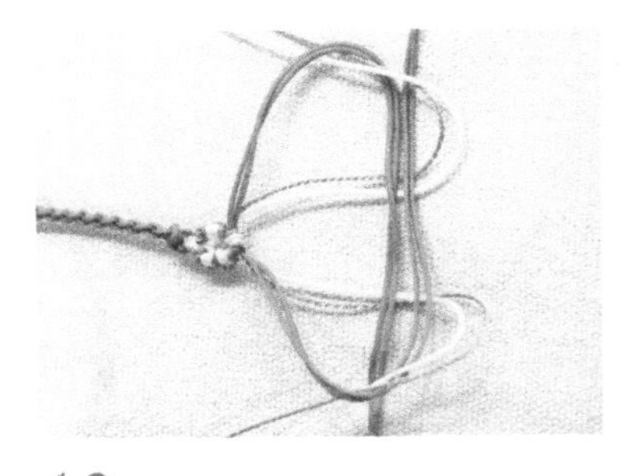

10

将白色线和金色线再次分别自下而上绕到外侧。

11

用相同方法再编一朵花。下方编一片花瓣，上方编2片花瓣。

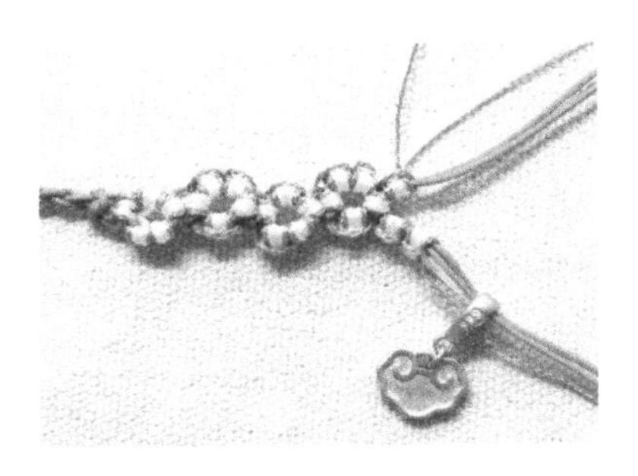

12

用相同方法一共编5朵，注意上面2片花瓣的2朵，下面2片花瓣的3朵，交错编织。在第五朵快编好时先把吊坠穿进去。

13

花朵全部编好。

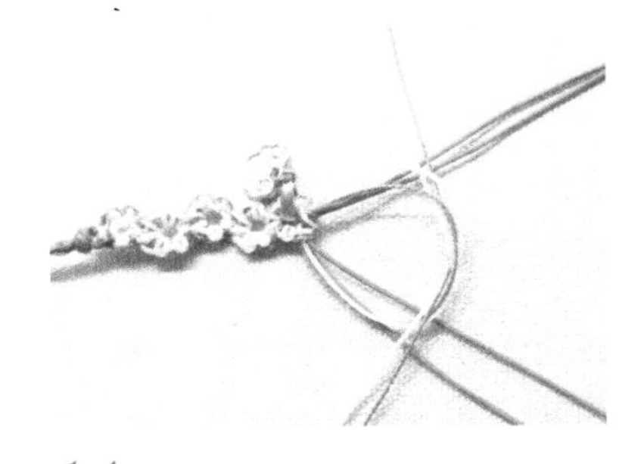

14

用金色线和白色线在花朵背面打一个单结。

15

剪去多余的线，烧下线头固定。

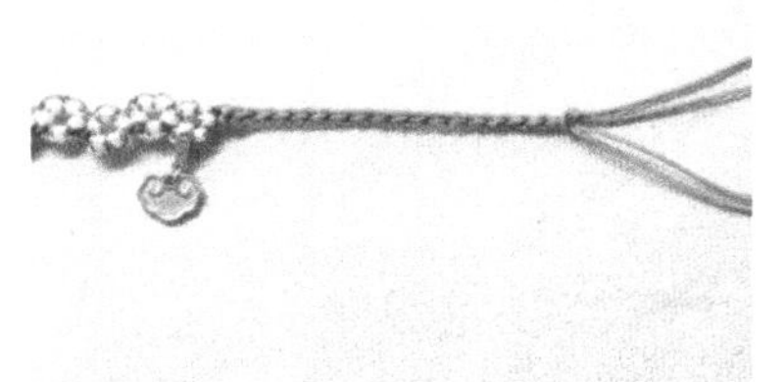

16

编织5.5cm长的四股辫，打一个蛇结固定。

17

剪去两根绿色线，烧下线头。穿进扁珠，打一个单结固定，剪去多余的线，烧下线头。

18

这款手绳就完成了。

第6章

时来运转
手绳制作高级提升

本章以绳与结的组合运用为主来介绍高级编织手绳的制作方法，通过小幸运、圆满、吉祥如意、财运亨通、五彩长命锁等案例的讲解，诠释绳结的丰富多彩与美好的寓意。

小幸运

世界如此之大，吉祥康泰的释迦结手绳

带给你幸运，去遇见美好的人。

所用材料与配件

72号玉线 红色 70cm×4

3股线 金色 200cm×1

莲花线圈：

72号玉线 红色 30cm×4

12股线 金色 30cm×2

平结线圈：

72号玉线 红色 30cm×4

12股线 金色 30cm×2

重点结法技巧

四股辫——详见036页

释迦结——详见068页

蛇结——详见042页

绕线——详见032页

制作释迦结手绳

01

取70cm长的红色线4根，在中间部分用金色3股线绕线15cm。

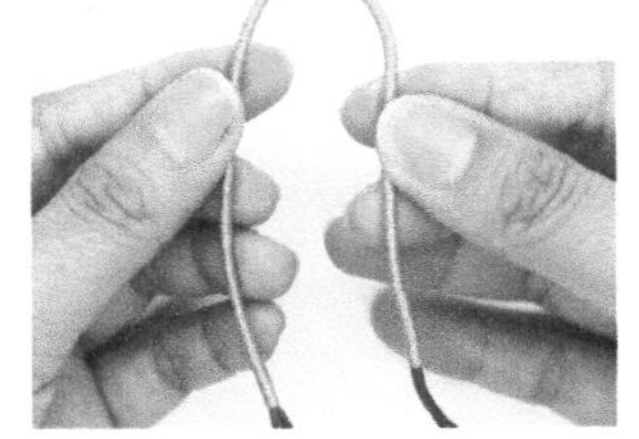

02

将金色部分折弯。

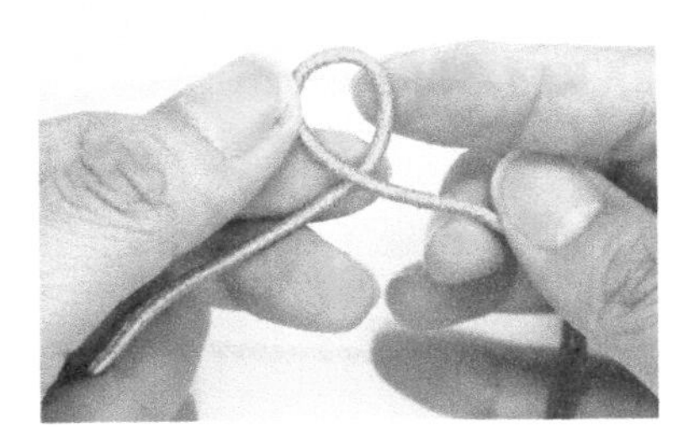

03

交叉后捏住左上右下。

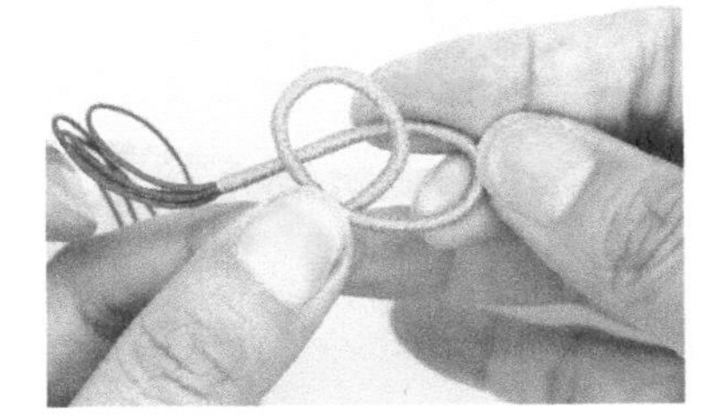

04

将右侧线向左折弯到第一个折弯圈的后面。

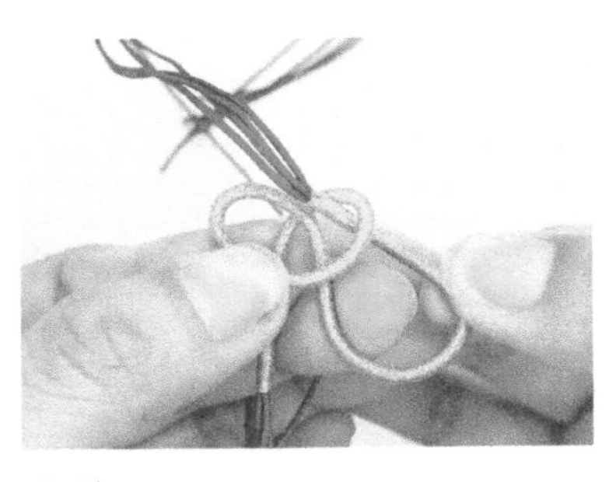

05

将左侧线穿进右边的折弯圈里。

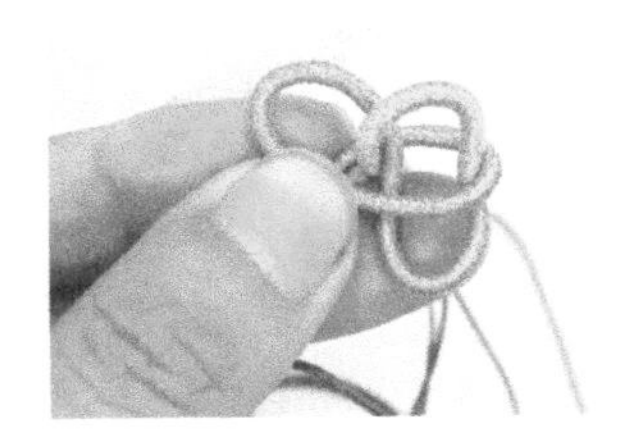

06

将其穿进中间的三角形孔。

07

再将其自下而上穿进最左边的折弯圈里。

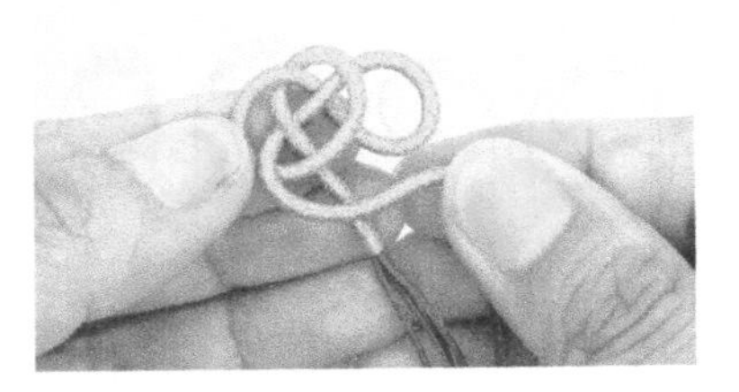

08

将其折弯过来压在右侧线的上面。

09

将其自下而上穿进最右边的折弯圈里。

10

再将其穿进三角形孔里。

11

一个释迦结就完成了，整理一下。

12

编四股辫，长度为11cm。

13

把结尾部分4根红色线分成两组，打一个蛇结固定。

14

另外一边也是一样编11cm长的四股辫，打一个蛇结固定，剪去结尾部分多余的线，烧下线头。

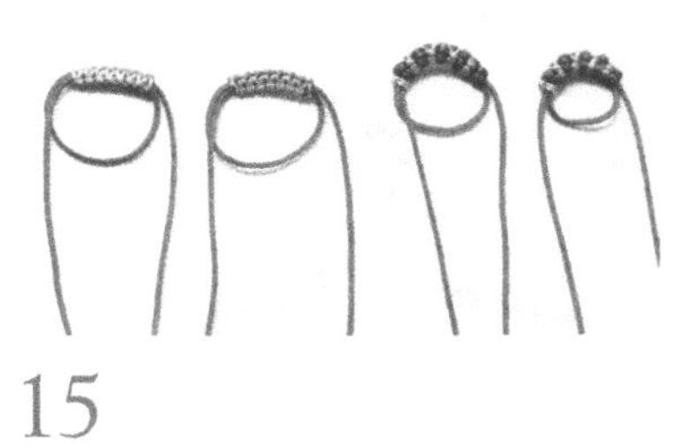

15

做两个金色平结线圈半成品，做两个莲花线圈半成品。

16

把莲花线圈套在释迦结的两侧。

17

把平结线圈套在四股辫对弯后重叠的部分。

18

这款手绳就编好了。

完成
Complete

圆满

象征爱情的同心结两结相连，祝愿有情人都能团圆美满、幸福快乐。

所用材料与配件

72号玉线 粉色 120cm×2

72号玉线 绿色 120cm×2

3股线 绿色 100cm×1

3股线 粉色 100cm×1

绕线线圈：

- 72号玉线 红色 30cm×2
- 3股线 红色 100cm×2
- 72号玉线 绿色 30cm×2
- 3股线 绿色 100cm×2
- 72号玉线 浅橘色 30cm×2
- 3股线 浅橘色 100cm×2

重点结法技巧

两股辫——详见035页

八股辫——详见038页

四股辫——详见036页

同心结——详见062页

蛇结——详见042页

绕线——详见032页

制作同心结手绳

01

将两根粉色线和两根绿色线对齐后，在中间位置编两股辫，打一个蛇结固定。

02

用粉色线和绿色线分别编四股辫，长度均为6cm（此长度适合手围15cm）。

03

打一个蛇结固定。

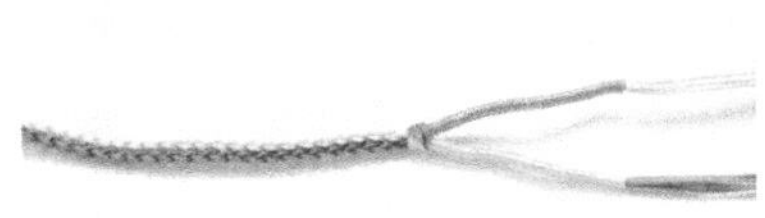

04

用绿色线和粉色线分别绕线，绕线长度为4cm。

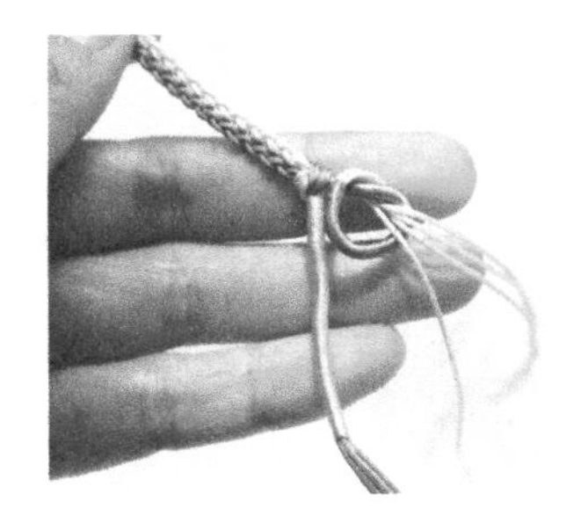

05

将右侧线顺时针折弯，穿到折弯圈里。

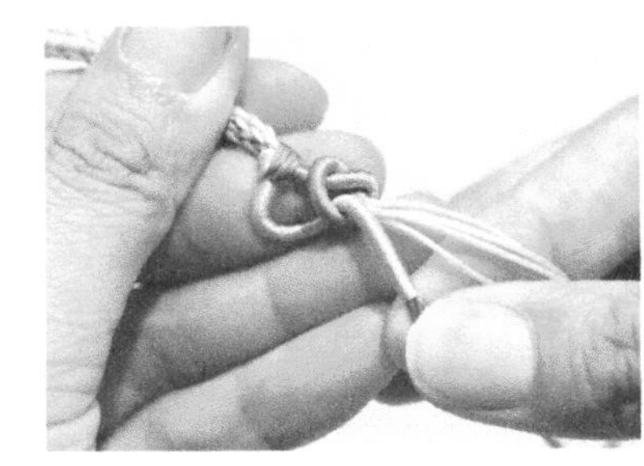

06

将左侧线从后面穿进绿色折弯圈里。

07

将左侧线逆时针折弯。

08

将左侧线从后面穿进粉色折弯圈里，拉到前面来。

09

调整后同心结完成。

10

打一个蛇结固定。

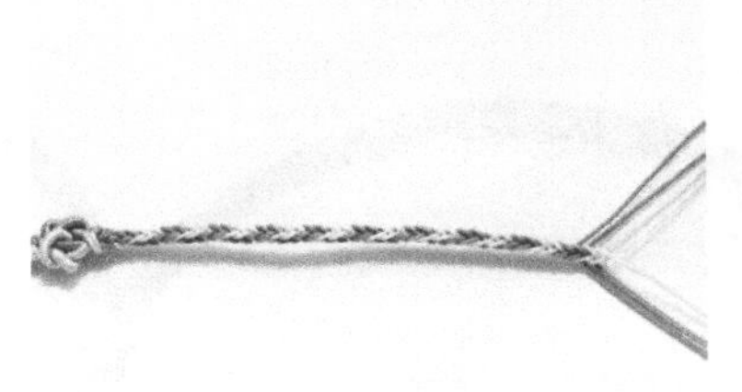

11

编织长8cm的八股辫。

12

打一个金刚结收尾。

13

在同心结两侧各套上3个绕线线圈做装饰。

14

这款手绳就完成了。

吉祥如意

四股吉祥结手绳，配金色吊坠，编法简易，结形美观，寓意吉利祥瑞。

所用材料与配件

72号玉线 红色 150cm×2

3股线 金色 300cm×1

6mm直径朱砂珠子

平结线圈：

- 72号玉线 金色 30cm×3
- 72号玉线 红色 30cm×6
- 吊坠×1

重点结法技巧

吉祥结——详见070页

四股辫——详见036页

绕线——详见032页

单结——详见029页

制作吉祥结手绳

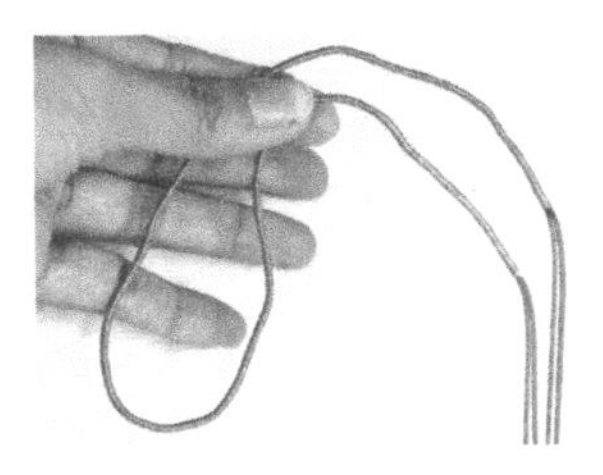

01

用金色线在两根红色线上做绕线，长度为35cm。

02

用金色部分编一个吉祥结。

03

用红色线编四股辫，长度为23cm。

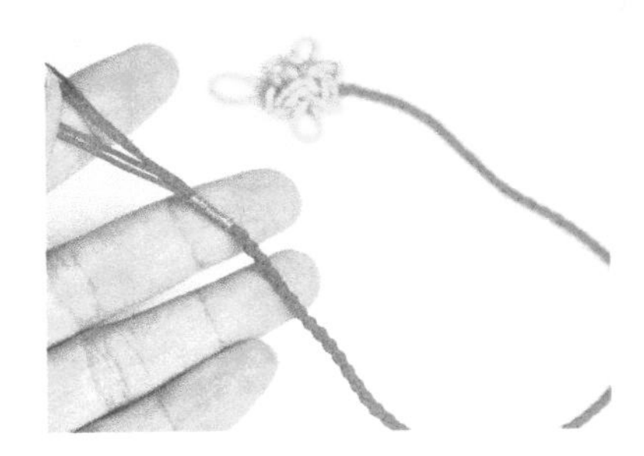

04

用金色线在结尾处做绕线，长度为1cm。

05

将吊坠穿进红绳。

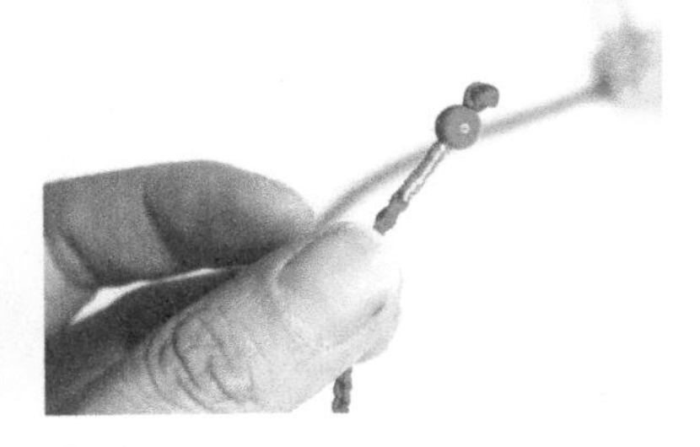

06

将朱砂珠子穿在红色线上，打一个单结固定，剪去多余的线，烧下线头。

07

把做好的3个平结线圈套在红绳上，位置如图所示，剪去多余的线烧下线头。

08

这款手绳就编好了。

完成
Complete

财运亨通

双钱结手绳为你送上源源不断的财运祝福，无论是自己戴还是送礼都很合适。

所用材料与配件

72号玉线 灰色 120cm×2

72号玉线 酒红色 120cm×2

3股线 酒红色 100cm×1

3股线 灰色 100cm×1

6股线 金色 50cm×1

平结线圈：

72号玉线 酒红色 30cm×2

12股线 金色 30cm×1

重点结法技巧

双钱结——详见055页

单向平结——详见050页

四股辫——详见036页

绕线——详见032页

凤尾结——详见058页

蛇结——详见042页

制作双钱结手绳

01

在两根酒红色线上，用灰色线绕线4.5cm。两根灰色线上，用酒红色线绕线4.5cm。

02

编一个双钱结。

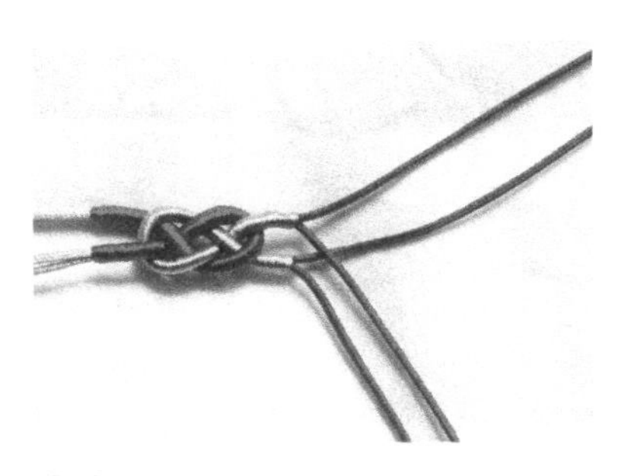

03

把4根红色线如图所示交叉一下。

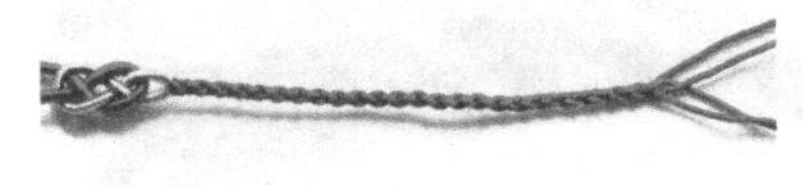

04

用红色线编织四股辫，长度为6.5cm。

05

在两侧都编织6.5cm长的四股辫，在结尾部分打蛇结固定。

06

用金色线绕酒红色线编单向平结，长度为2cm。

07

在灰色四股辫上套一个平结线圈。

08

把手绳对弯后，在蛇结下面的8根线上打一小段平结。

09

用8根线留长5cm，再在末端各编一个凤尾结。

10

这款手绳就完成了。

五彩长命锁

长命锁是由五色丝线发展而来，象征吉祥富贵。精致的玉石吊坠让手绳更加丰富多彩。

所用材料与配件

72号玉线 红色 150cm×1

72号玉线 橙色 150cm×1

72号玉线 蓝色 150cm×1

72号玉线 藏蓝色 150cm×1

12股线 金色 150cm×1

玉石吊坠×1

重点结法技巧

斜卷结——详见030页

四股辫——详见036页

金刚结——详见043页

双向平结——详见052页

制作斜卷结吊坠手绳

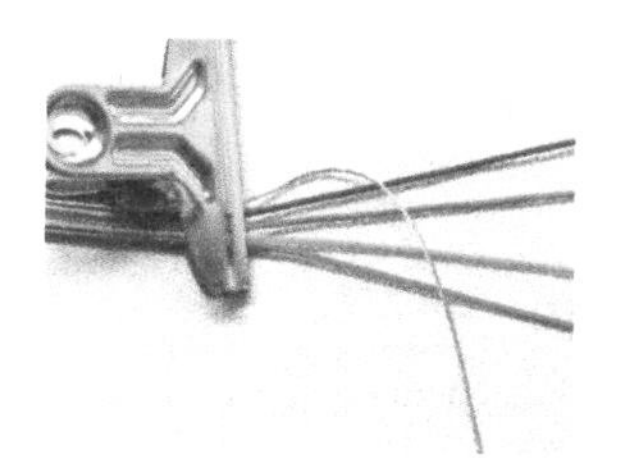

01

将5根线对齐，用夹子夹住开头15cm长的位置，把金色线折弯下来做斜卷结的轴心。

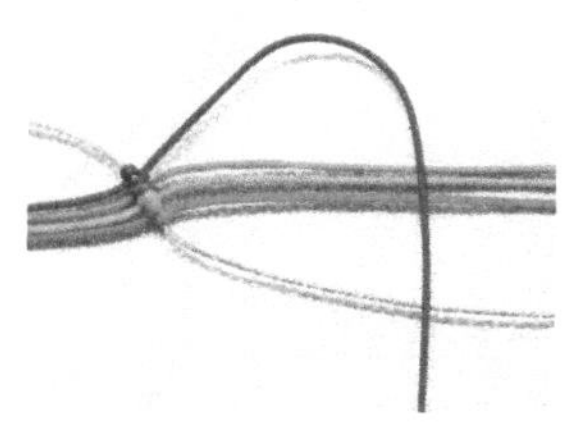

02

用其他颜色的线绕金色线打斜卷结。把藏蓝色线折弯下来做轴心。

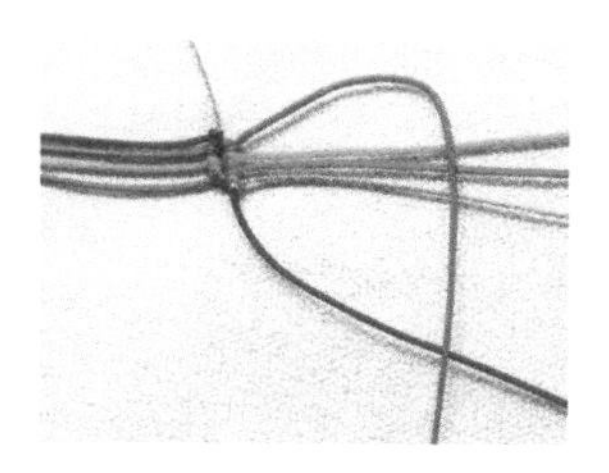

03

用其他颜色的线绕藏蓝色线打斜卷结。把蓝色线折弯下来做轴心。

04

按图中颜色顺序打斜卷结，编织长度为7cm。

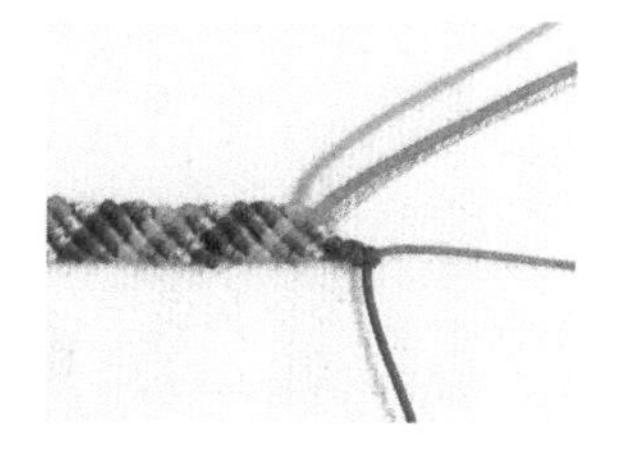

05

以蓝色线为轴心，用藏蓝色线绕其向外侧打一个斜卷结。

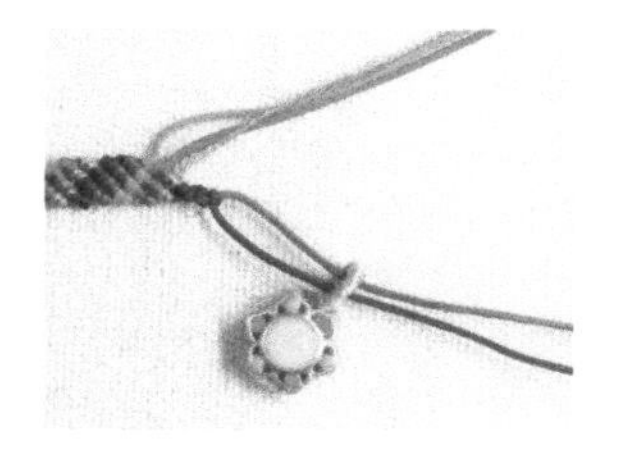

06

将玉石吊坠穿进藏蓝色线和藏蓝色线里。

07

用蓝色线做轴心，用其他线绕蓝色线打斜卷结。

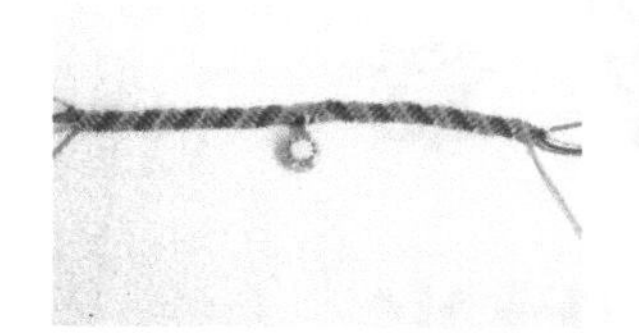

08

按图中颜色顺序打斜卷结，编织长度为7cm。

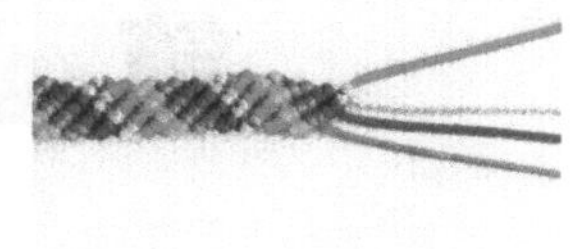

09

结尾部分剪去橙色线，烧下线头，还剩4根线。

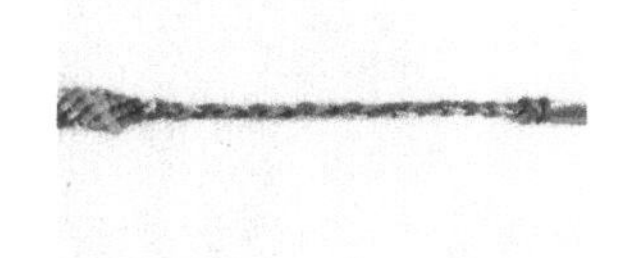

10

用这4根线编四股辫，编织长度为4cm，末端打一个金刚结固定。

11

将结尾部分交叉。

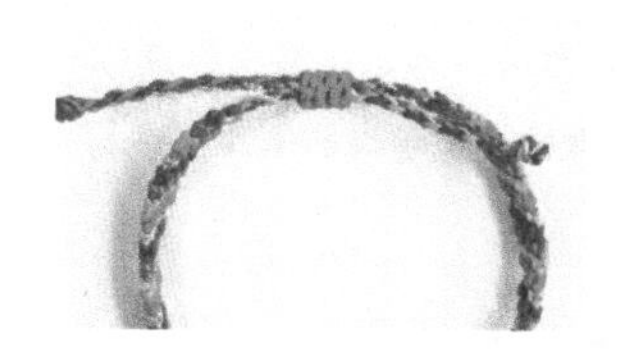

12

在四股辫交叉重叠位置编一小段平结。

13

这款手绳就完成了。

第7章

梦幻时光
潮流创作创意手绳制作

很多朋友可能想要在前几章的基础上加一些创意，让手绳款式紧跟时尚潮流，却又不知道怎么做。本章就通过流年、小时光、送你一朵小红花、梦幻公主等案例的具体讲解，介绍创意手绳的制作方法。

流年

如水的光阴里，总会有一些心心念念，就像窗前桃花树的花香，摇曳着风月情长，美丽了心情，温柔了时光。

所用材料与配件

叶子部分：

72号玉线 蓝色 60cm×10

手绳部分：

72号玉线 蓝色 120cm×2

6mm直径白玉珠子×1

桃花转运珠×1

重点结法技巧

斜卷结——详见030页

两股辫——详见035页

四股辫——详见036页

蛇结——详见042页

单结——详见029页

制作桃花树叶手绳

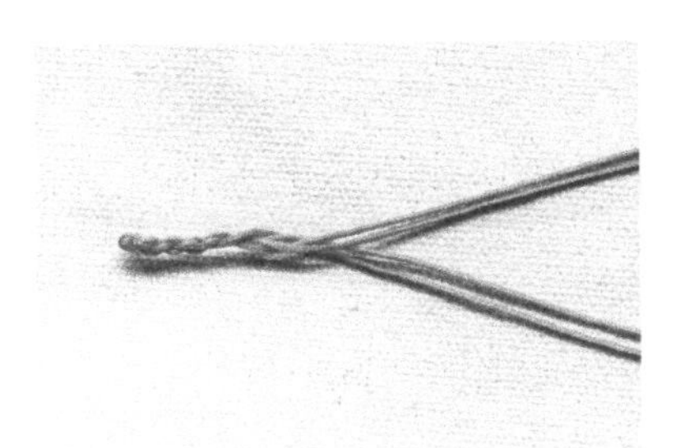

01

在两根1m长的线的中间编两股辫并对折。

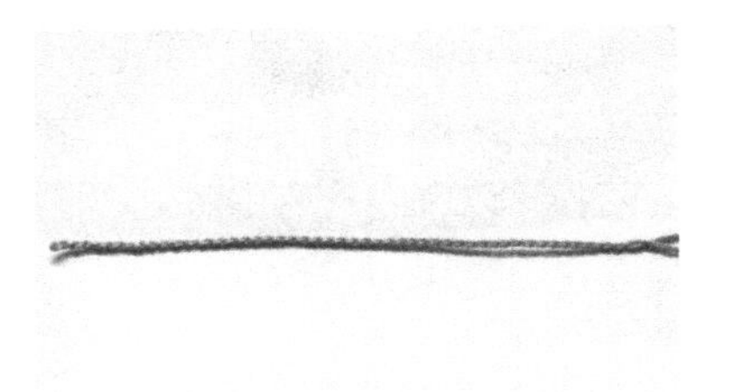

02

编织四股辫，长度为手围。

03

将4根线分两组，打一个蛇结固定。

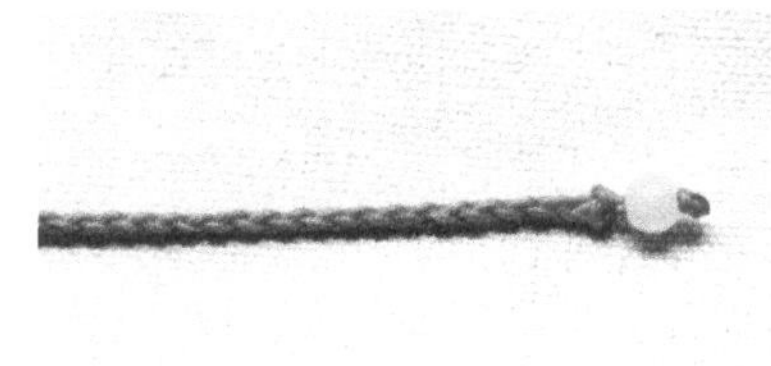

04

剪去其中两根线烧下线头，将白玉珠子穿进剩下的两根线里，打个单结固定，剪去多余的线，烧下线头。

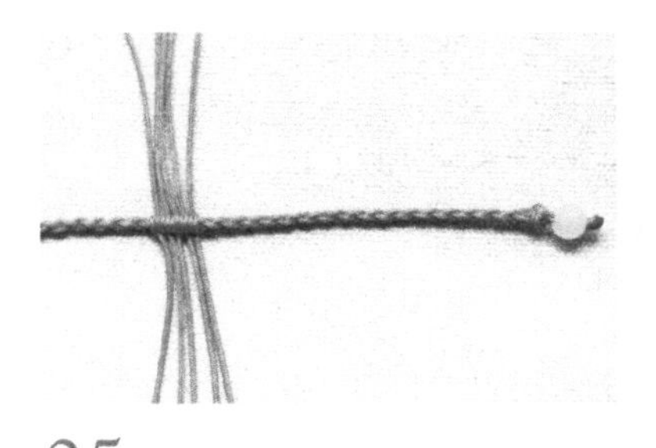

05

取5根40cm长的线，以四股辫为轴心打斜卷结。

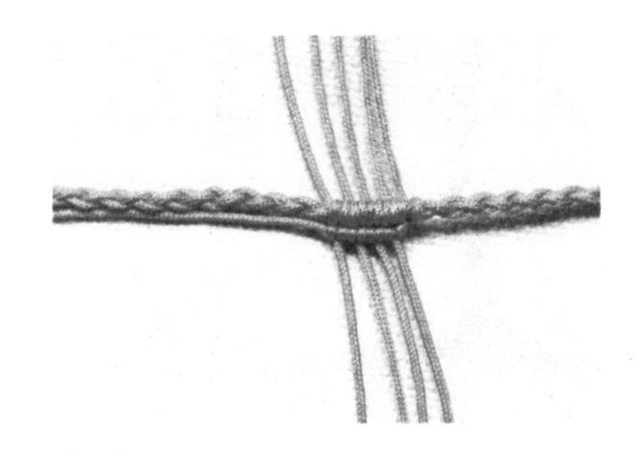

06

用朝下一侧右边第一根线做轴心，用其他4根线打斜卷结。

07

把轴心线自上而下绕四股辫一圈收紧。

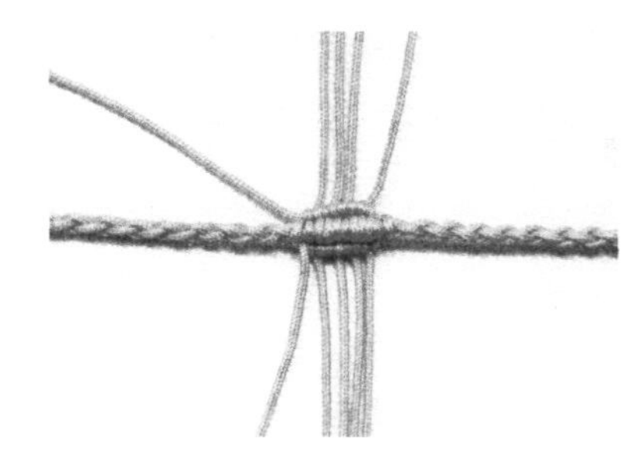

08

朝上一侧也同样用右边第一根线做轴心，用其他4根线打斜卷结。

09

把轴心线自上而下绕四股辫一圈收紧。

10

朝下一侧依然用右边第一根线做轴心，用其他线打斜卷结，最后自上而下绕四股辫一圈收紧。

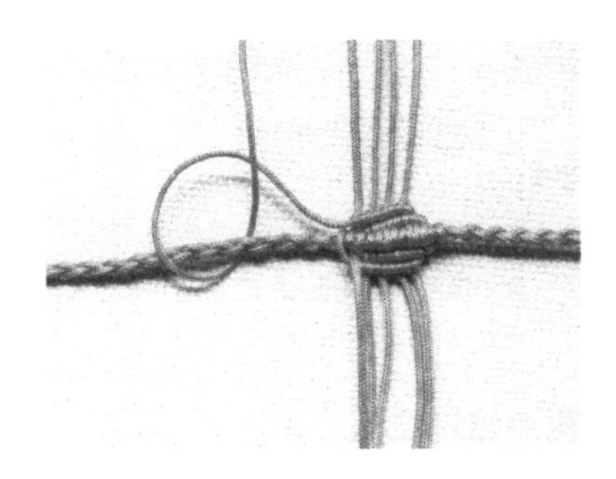

11

朝上一侧依然用右边第一根线做轴心，用其他线打斜卷结，最后自上而下绕四股辫一圈收紧。

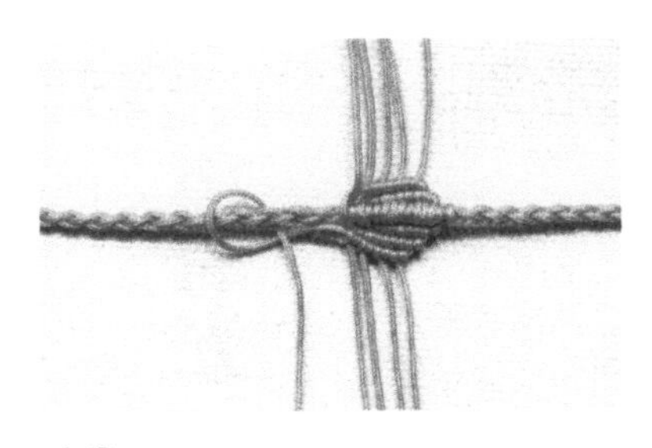

12
朝下一侧用右边第一根线做轴心，把其他线打斜卷结，最后自上而下绕四股辫一圈收紧。

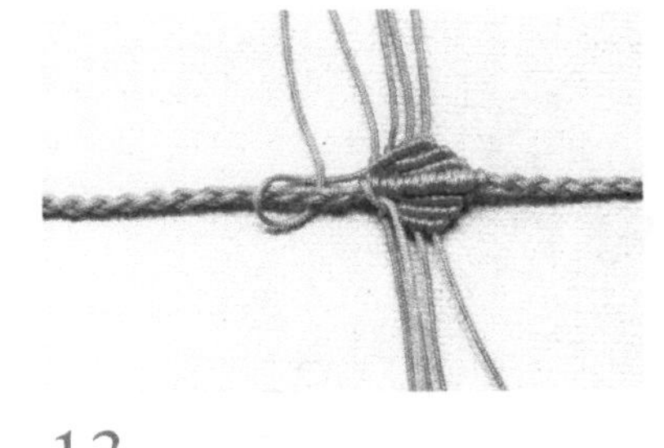

13
朝上一侧用右边第一根线做轴心，把其他线打斜卷结，最后自上而下绕四股辫一圈收紧。

14
斜卷结部分就做完了，把上下两侧最靠左的两根线挑出来。

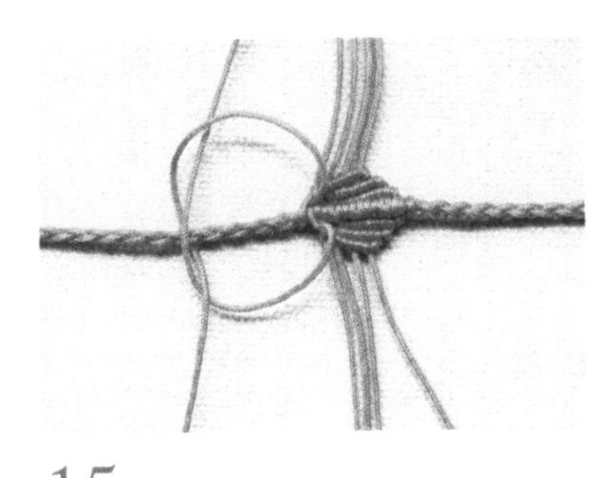

15
按照图中方式交叉系一下。

16
收紧后叶子部分完成。

17
剪去多余的线，烧下线头，把桃花转运珠穿进四股辫里。

18
在桃花转运珠的左侧挂5根40cm长的线。

19
用同样的方法编好另一片叶子，把编好的叶子移动到紧贴桃花转运珠的位置。

20
这款手绳就完成了。

小时光

忙里偷闲地编织冰花结手绳，开启属于自己温暖小时光。愿大家永远奔走在自己热爱的生活里。

所用材料与配件

72号玉线 粉色 240cm×2

72号玉线 绿色 240cm×2

3股线 浅橘色 150cm×1

3股线 绿色 150cm×1

线圈：

72号玉线 绿色 30cm×4

72号玉线 粉色 30cm×4

珠子×2

重点结法技巧

冰花结——详见064页

圆形十字结——详见074页

双向平结——详见052页

单结——详见029页

蛇结——详见042页

制作冰花结手绳

01

准备两根240cm长的线，在中间部分打9个蛇结。

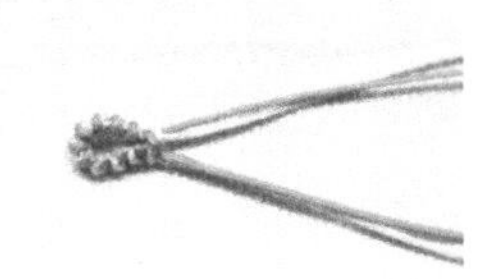

02

将线对弯并在一起，打个蛇结固定。

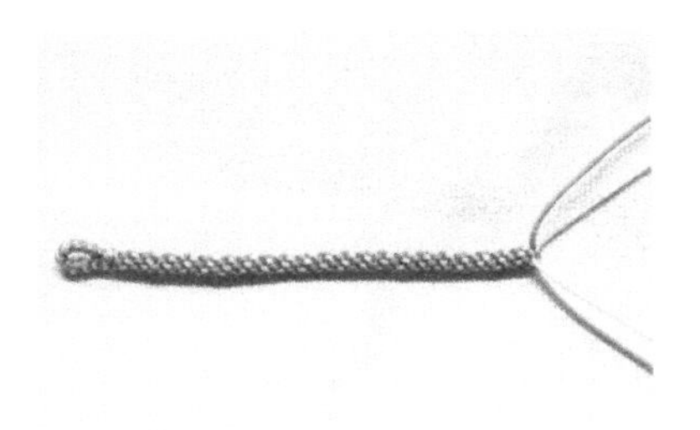

03

编织7cm长的圆形十字结。此长度适合15cm手围，可根据自己的需求加减长度。

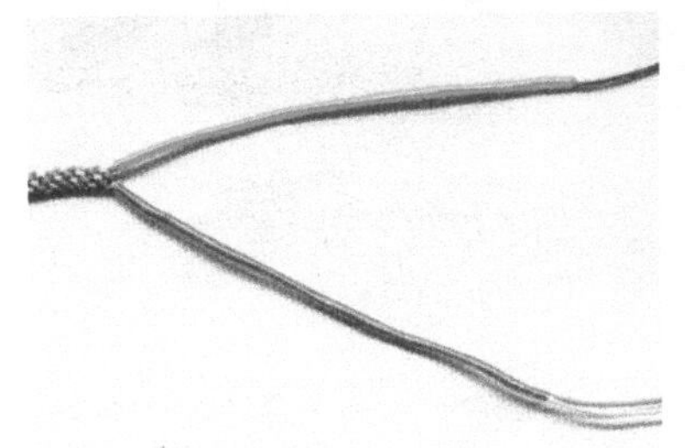

04

将线分为两根一组，分别绕线，长8cm。

05

用绕线部分打一个冰花结。

06

在冰花结后编7cm长的圆形十字结。

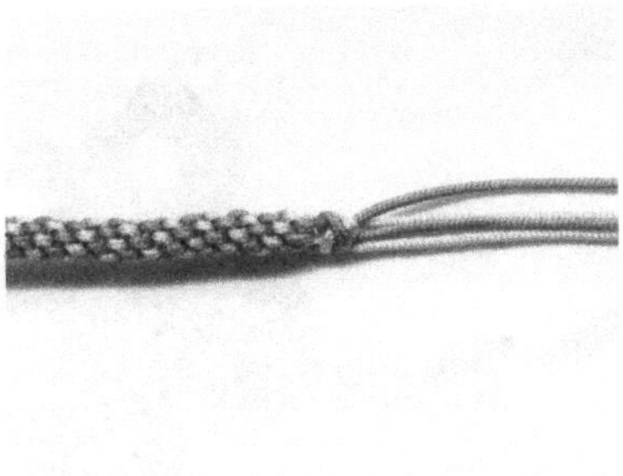

07

打一个蛇结固定。

08

做4个平结线圈分别套在冰花结两侧。

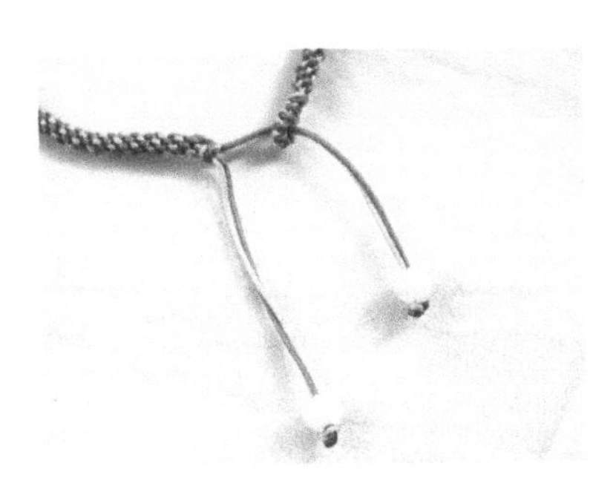

09

把其中两根线穿到开头的蛇结扣圈里。把两颗珠子分别穿进两根线里，打单结固定，剪去多余的线，烧熔线头。

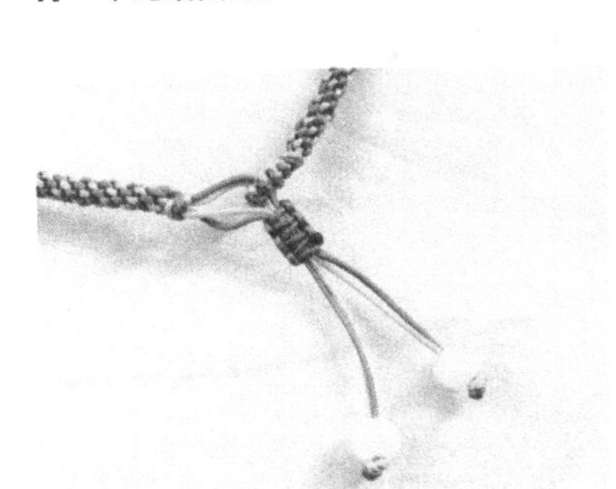

10

在图中所示位置编一小段双向平结。

11

这款手绳就完成了。

送你一朵小红花

小红花这样的奖励，不只幼儿园小朋友想要，成年人也很喜欢。

所用材料与配件

72号玉线 蓝色 100cm×1

12股线 金色 100cm×1

72号玉线 红色 90cm×3

3mm直径小金珠×1

6mm直径白玉珠子×1

重点结法技巧

两股辫——详见035页

四股辫——详见036页

蛇结——详见042页

斜卷结——详见030页

雀头结——详见040页

单结——详见029页

制作红花手绳

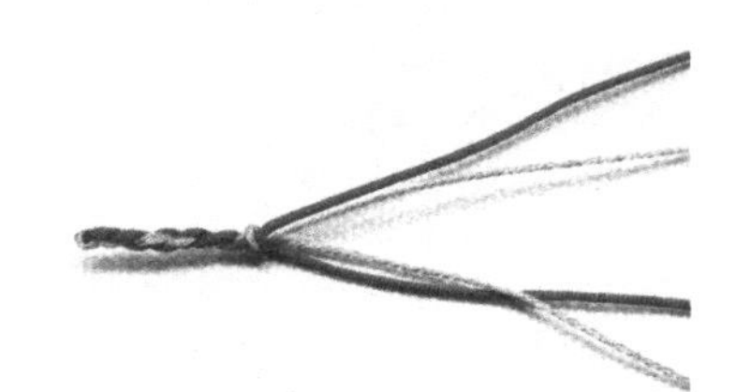

01

在两根100cm长的金色线和蓝色线的中间部分编两股辫后打个蛇结固定，扣圈部分完成。

02

编四股辫，四股辫长度比净手围多出1cm即可。

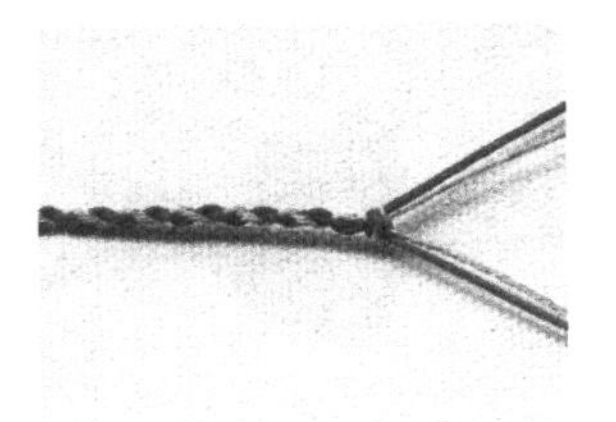

03

把4根线分成两组，打一个蛇结固定。

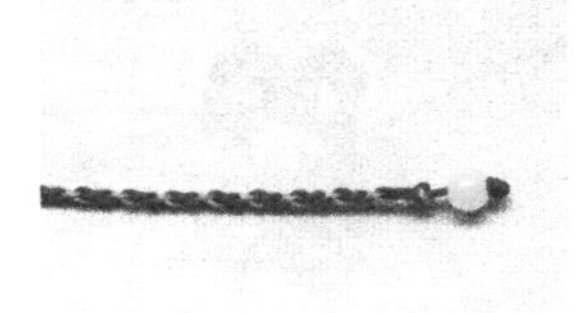

04

剪去金色线，烧下线头，然后将白玉珠子穿进蓝色线里，打一个单结固定。

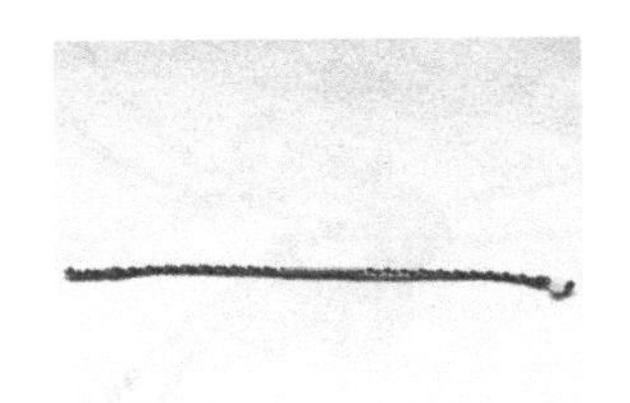

05

用金色线在中间部分做3.5cm长的绕线。

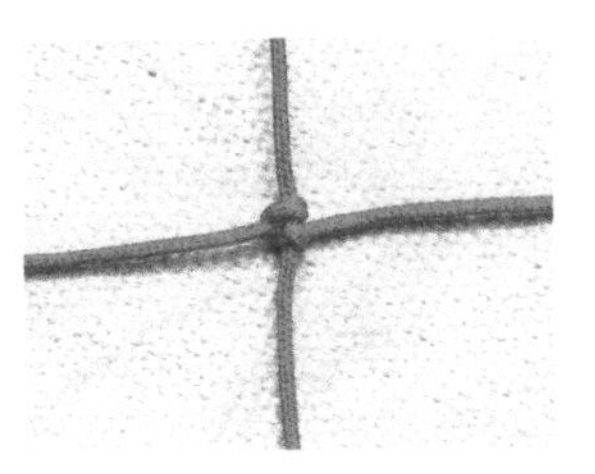

06

取两根90cm长的红色线，在其20cm处将两根红色线交叉做斜卷结挂线。

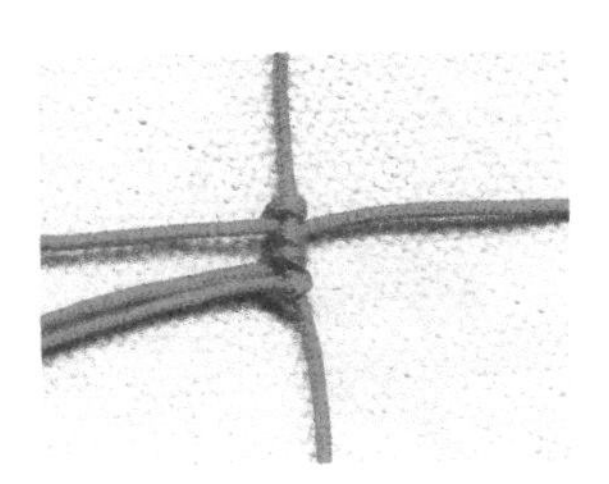

07

再取一根90cm长的红色线，在20cm处折弯做雀头结挂线。

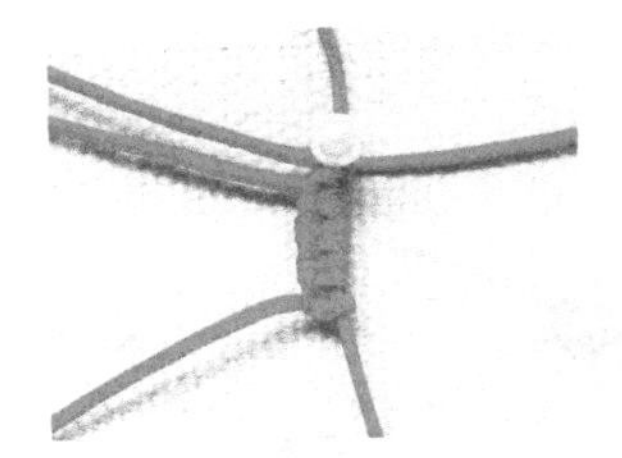

08

用珠针固定上端，方便后续编绳。按照下图，一共做3个半雀头结。

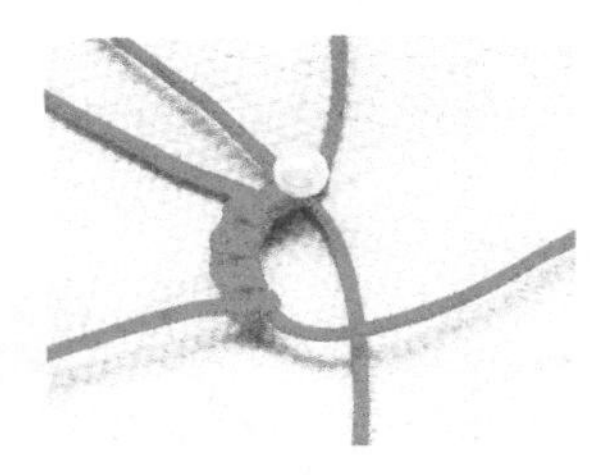

09

用下端的红色线压住上端的红色线。

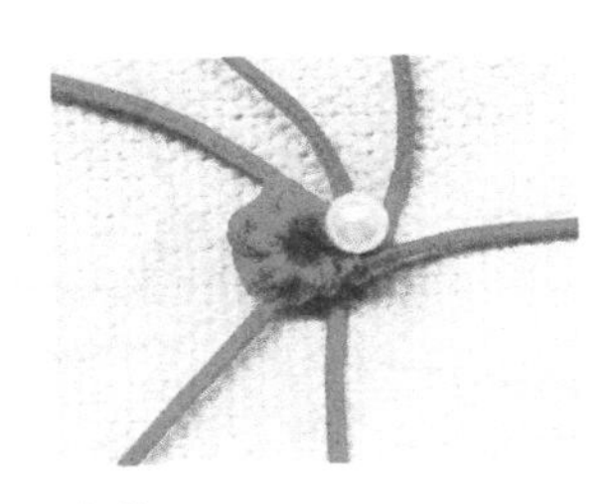

10

如图，以横向红色线为轴心，打一组斜卷结收紧，第一片花瓣就完成了。

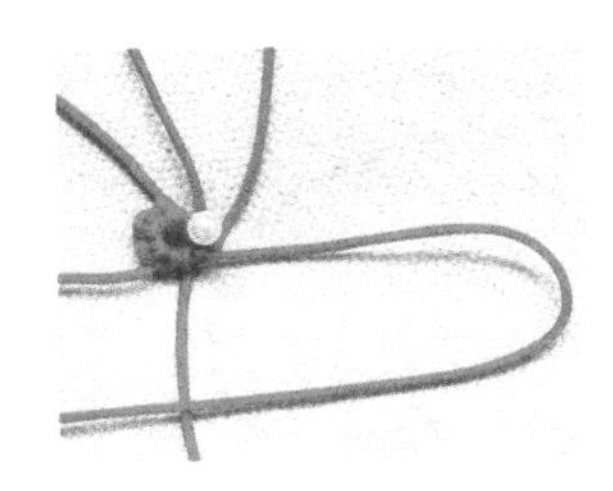

11

把这根轴心线向左折弯做轴心。

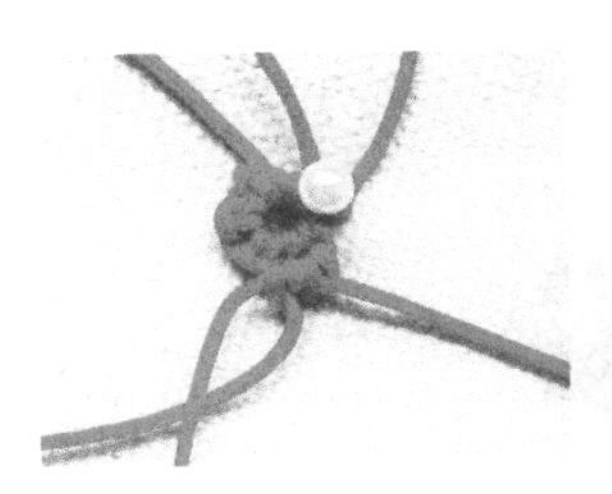

12

打一个斜卷结收紧。然后用这个做轴心，准备打雀头结。

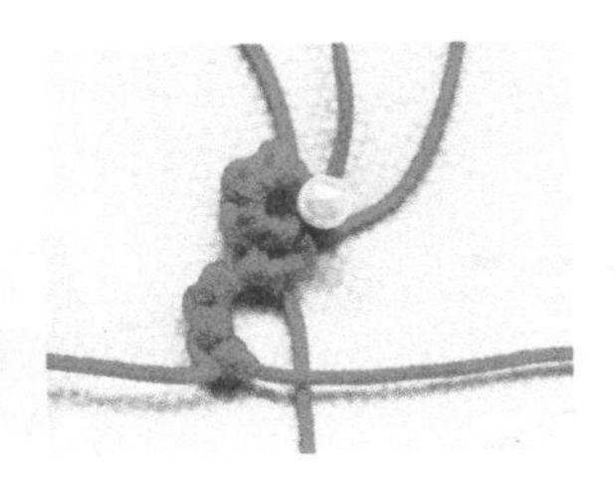

13

打3个雀头结。把轴心线拉到右侧。

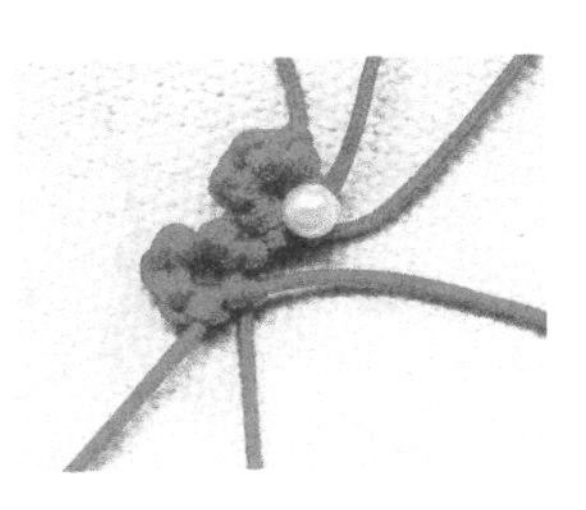

14

打一个斜卷结收紧，固定第2片花瓣。

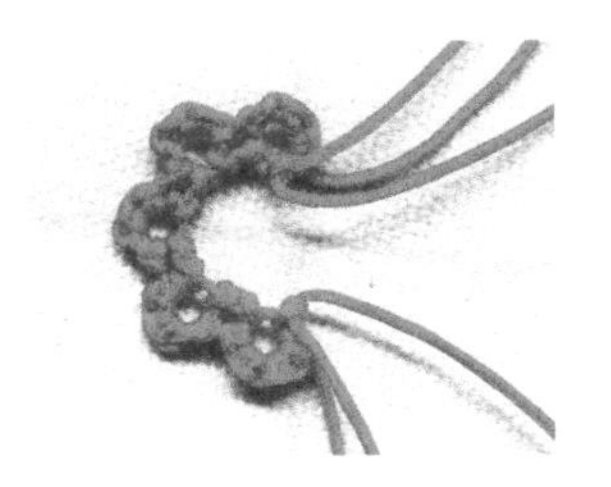

15

一共做5片花瓣。把花瓣折弯一下形成图中弧度，注意，此刻花瓣背面向上摆放。

16

将小金珠穿进中间两根线里，拉到对侧。

17

如图，用钩针挑线，分别穿过左侧花瓣连接处的两根线里。

18

慢慢收紧线让花瓣闭合，调整花朵，把小金珠调到花朵中心。

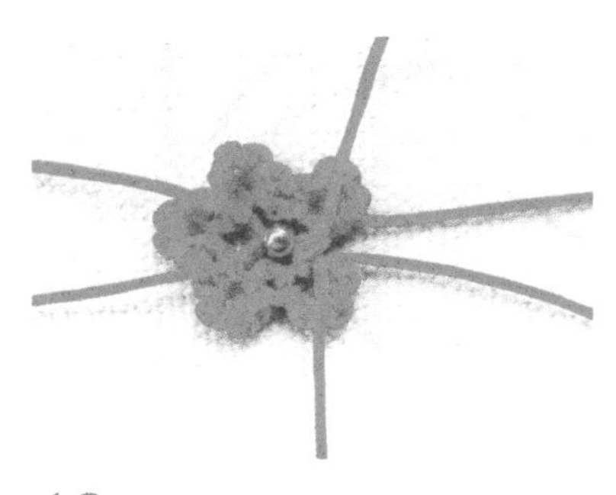

19

用图中这两根红色线打一个斜卷结固定。

20

剪去花瓣上多余的两根线，烧下线头，拿出刚才编好的四股辫手绳与编好的小红花居中对齐。

21

在四股辫一侧用红色线连续打两个交叉单结，固定红花。

22

在另一侧用同样的方法固定好红花。

23

剪去多余的线，烧下线头并固定。

24

这款手绳就完成了。

梦幻公主

甜蜜梦幻的蝴蝶结手绳，搭配白玉珠子，有创意又酷炫。

所用材料与配件

72号玉线 蓝色 100cm×1

12股线 金色 100cm×1

72号玉线 红色 90cm×4

6mm直径白玉珠子×1

重点结法技巧

斜卷结——详见030页

雀头结——详见040页

圆形十字结——详见074页

蛇结——详见042页

两股辫——详见035页

金刚结——详见043页

单结——详见029页

制作蝴蝶结手绳

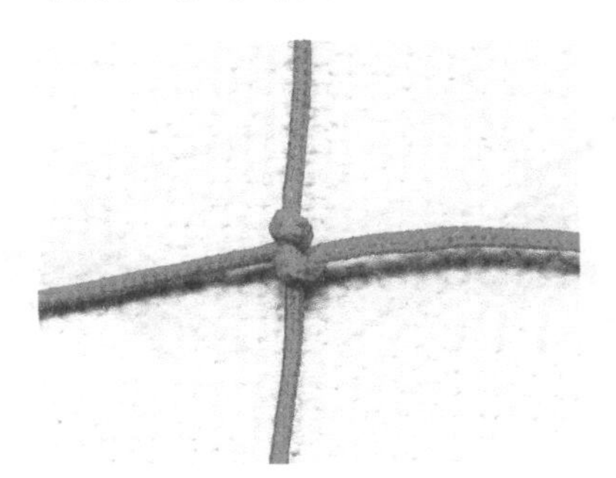

01

在两根红色线中间部分做斜卷结挂线。

02

用珠针固定红色线。用金色线在红色线上做斜卷结挂线。

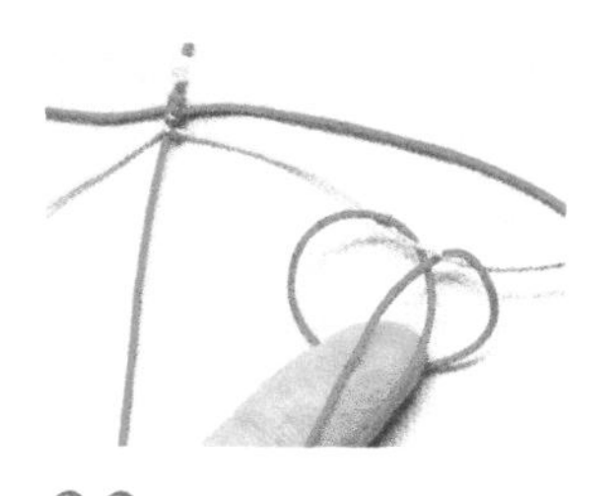

03

再取一根红线在金色线上做雀头结挂线。

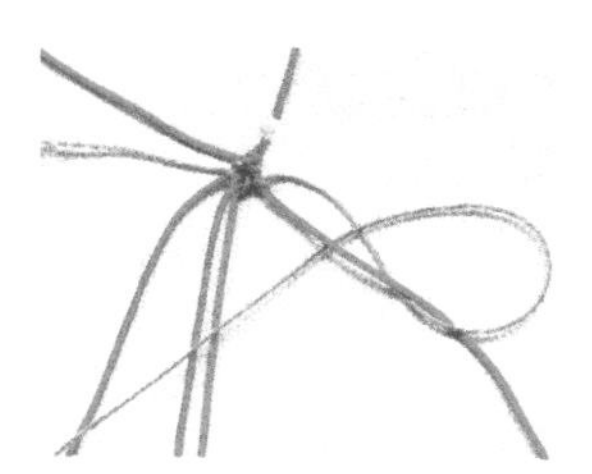

04

用金色在右侧红色线上打一个斜卷结，然后折回绕图中红色线一圈收紧。

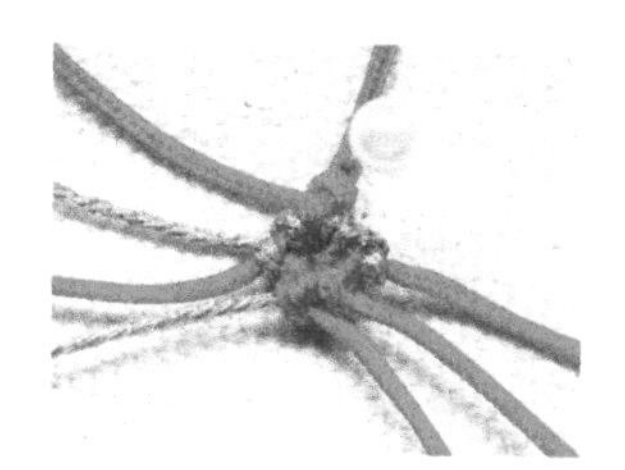

05

用金色线做轴心，用步骤03中的红色线打斜卷结。

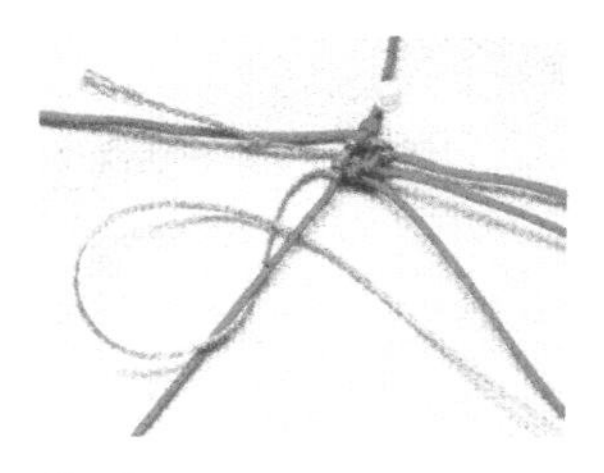

06

用金色线打一个斜卷结后，再折回，如图，绕红色线一圈收紧。

07

用图中红色线打一组斜卷结。

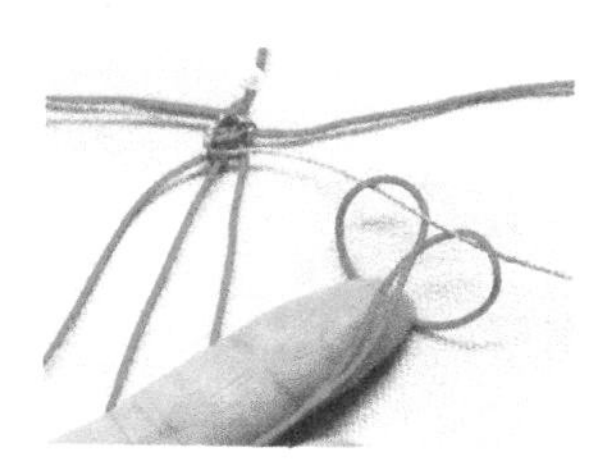

08

再取一根红色线做雀头结挂线。

09

用右侧第2根红色线打斜卷结，用金色线打斜卷结。

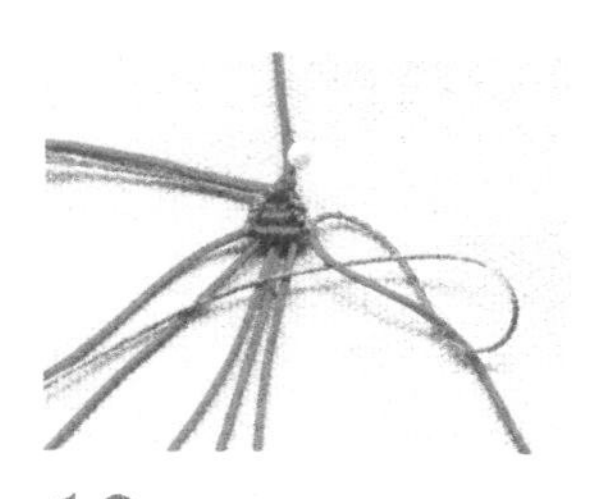

10

把金色线折回绕图中红色线一圈并收紧。

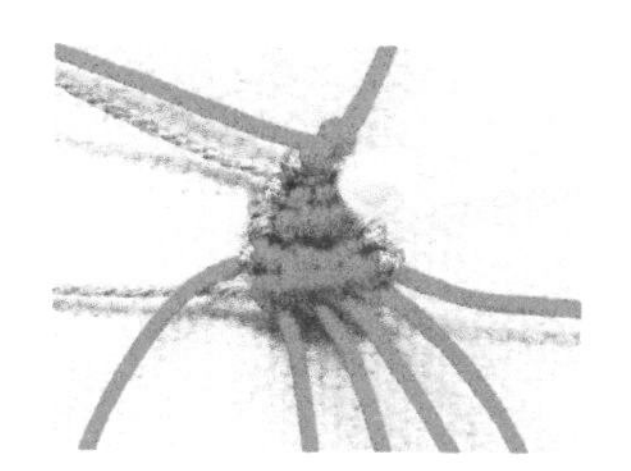

11

用中间的4根红色线。

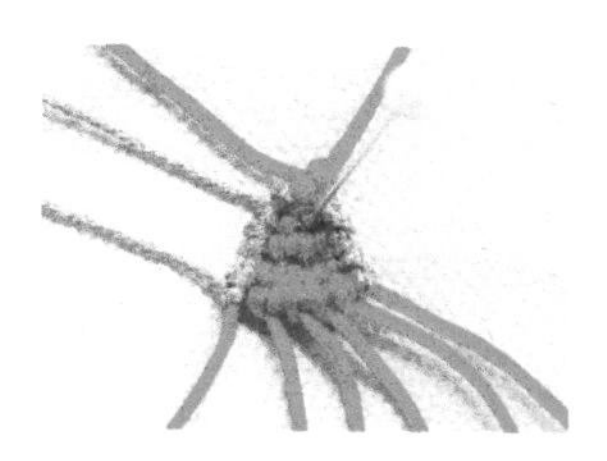

12

用金色线打一个斜卷结。

13

把金色线折回后继续打斜卷结，用左侧两根红色线打斜卷结。

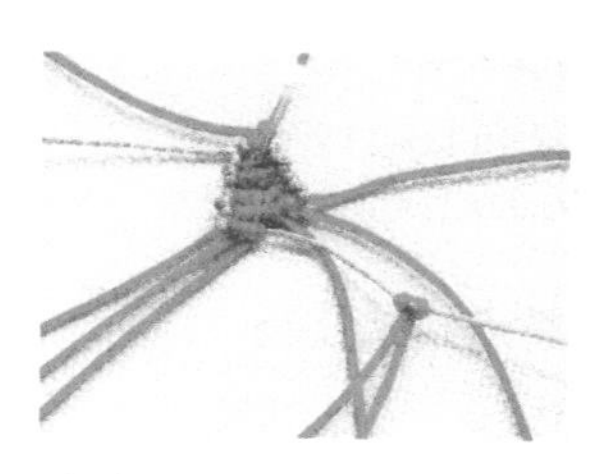

14

再取一根红色线做雀头结挂线。

15

将步骤14中的红色线移至左侧雀头结旁，并用其右侧2根红色线打斜卷结。

16

用金色线打完斜卷结后，折回并用红色线打斜卷结。

17

最后以金色斜卷结收尾，蝴蝶结的一侧就完成了。

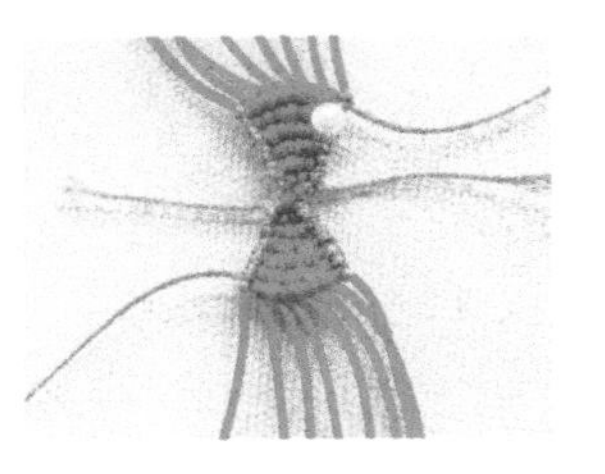

18

蝴蝶结的另外一侧用同样的方法编好。

19

烧下线头，蝴蝶结就完成了。

20

在蓝色线和金色线中间位置编两股辫，打一个蛇结固定。

21

编圆形十字结，长度大概比手围短1cm。

22

用金色线编2cm长的金刚结，剪去多余的金色线，烧下线头，将白玉珠子穿进蓝色线，用蓝色线打个单结固定。

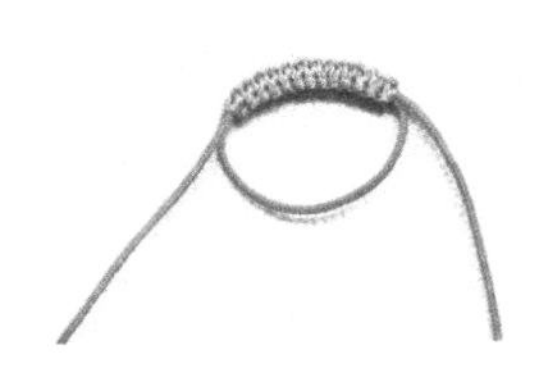

23

将蓝色线折弯，在重叠处用金色线编2.5cm长的平结。

24

用做好的平结线圈把蝴蝶结固定在手绳中间，剪去多余的线熔线头固定。

25

这款手绳就完成了。

完成
Complete

第8章

菩提禅心
手工编绳禅意饰品制作

本章主要介绍半山听雨、故梦、归去来兮等富有禅意的主题手工编绳饰品的制作方法，为生活带来一些情趣。

半山听雨

住在山中，听着细雨拍打着树叶，微风拂面，美景如画，让你忘却俗世的烦恼和喧嚣。心中安然又宁静，宛如一只蝴蝶轻轻停在心上，自由又自在。

所用材料与配件

72号玉线 红色 30cm×4

72号玉线 橙色 30cm×4

12股线 金色 30cm×2

72号玉线 蓝色 80cm×4

重点结法技巧

斜卷结——详见030页

雀头结——详见040页

四股辫——详见036页

蛇结——详见042页

制作蝴蝶手绳

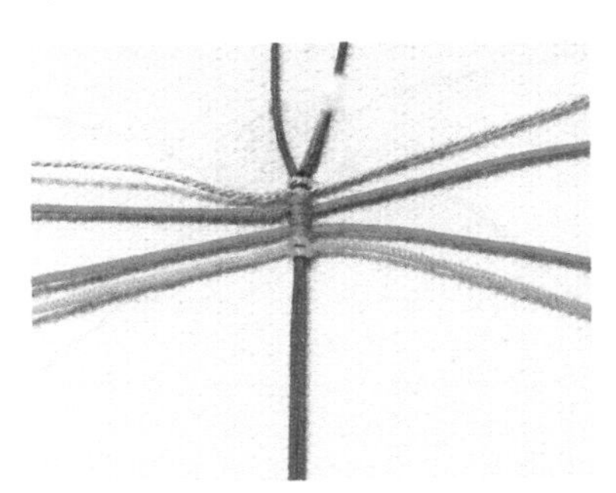

01

依次在两根80cm长的蓝色玉线中间用1根金色线、2根红色线和1根橙色线挂线。

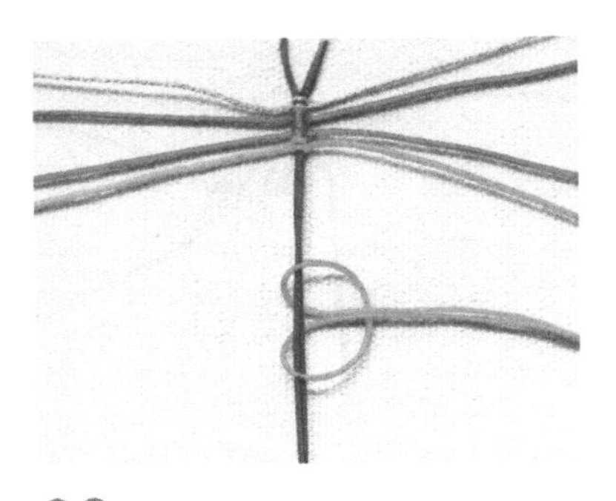

02

在蓝色线上用1根橙色线挂线打雀头结。

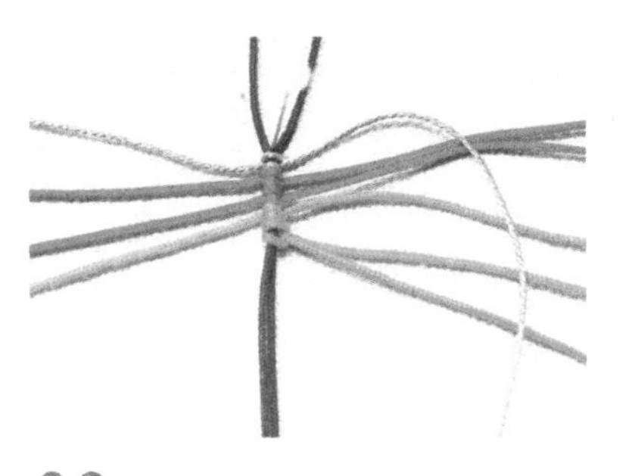

03

把右侧金色线拉下来做轴心。

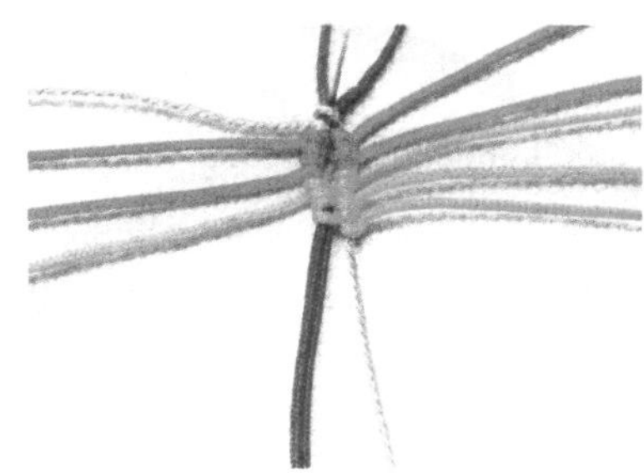

04

用右侧其他线绕右侧金色线打斜卷结。

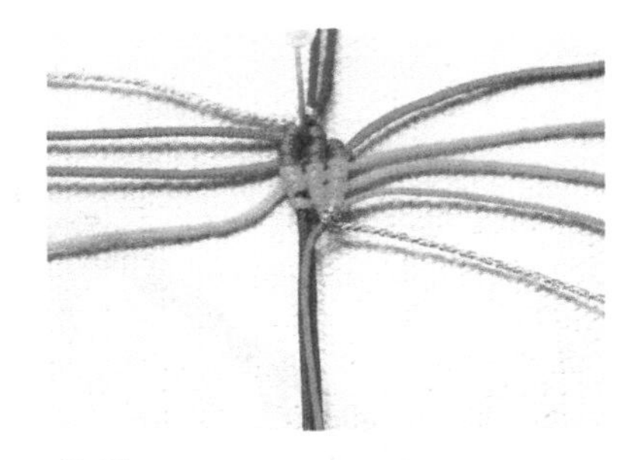

05

把右侧最上面一根红色线拉下来做轴心，用右侧其他线打斜卷结。

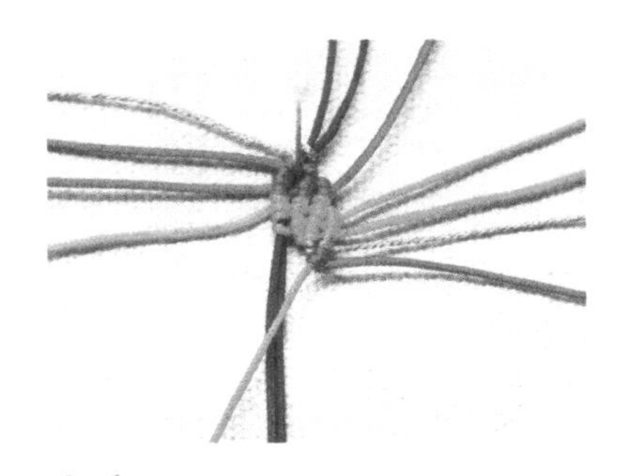

06

右侧第一根红色线不用，用右侧第一根橙色线做轴心，用右侧其他线打斜卷结。

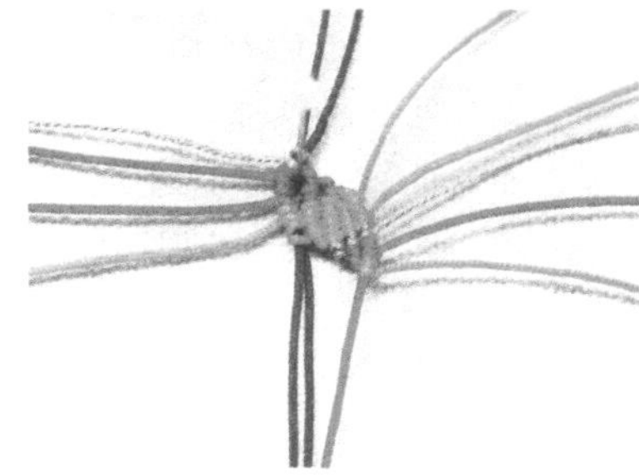

07

用右侧第一根红色线做轴心，用其他线打斜卷结。

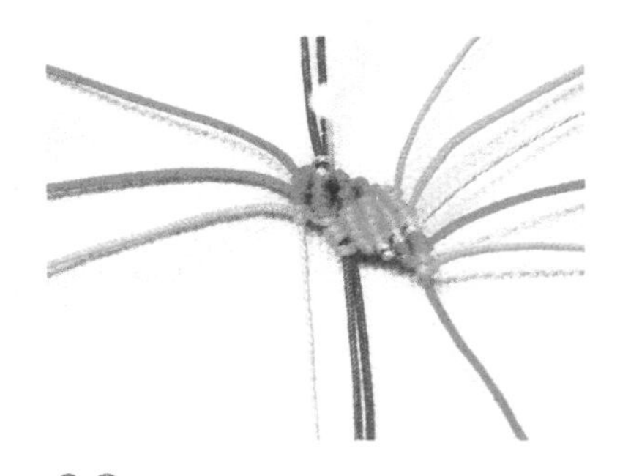

08

用左侧金色线做轴心，用左侧其他线打斜卷结。

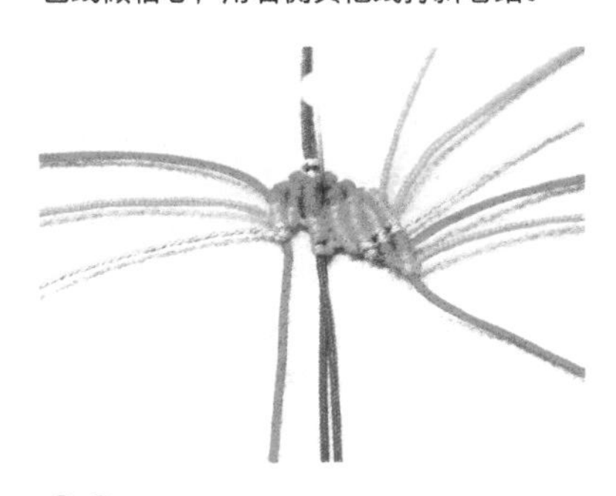

09

用左侧最上面的红色线做轴心，用左侧其他线打斜卷结。

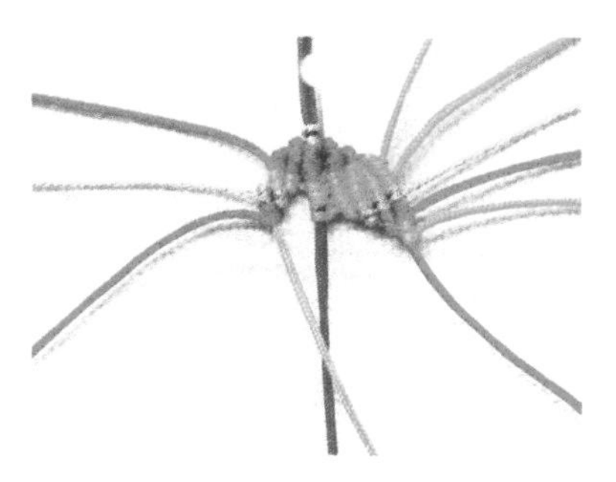

10

左侧第一根红色线先不用，用左侧橙色线做轴心，用左侧其他线打斜卷结。

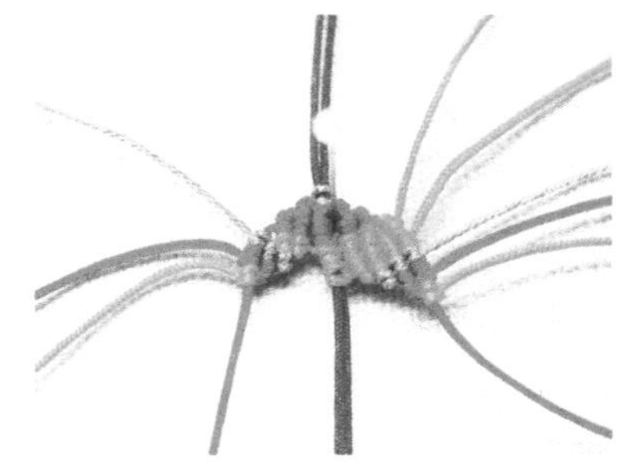

11

用左侧第一根红色线做轴心，用左侧其他线打斜卷结。

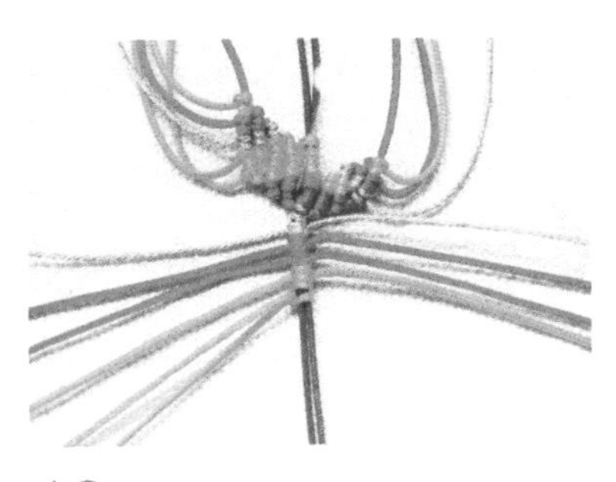

12

这样，蝴蝶的一半就做好了，然后用同样的方法挂线，做另一半。

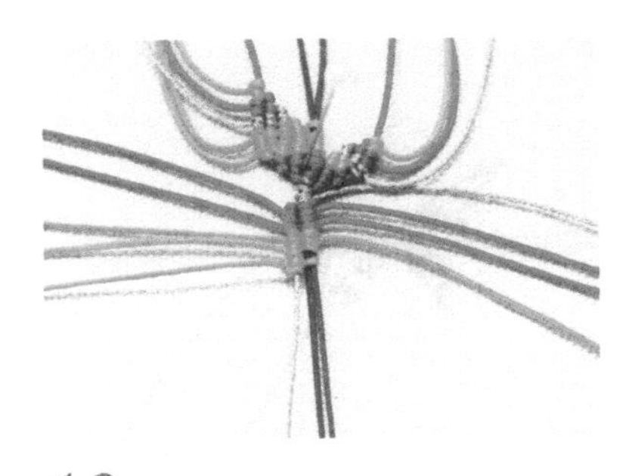

13

在左侧打第一列斜卷结。

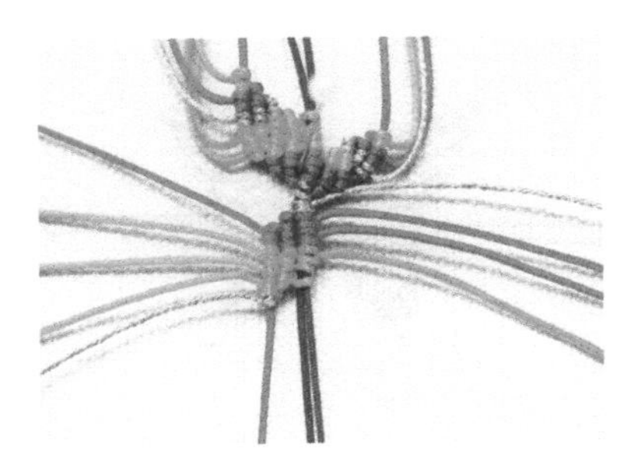

14

在左侧打第二列斜卷结。

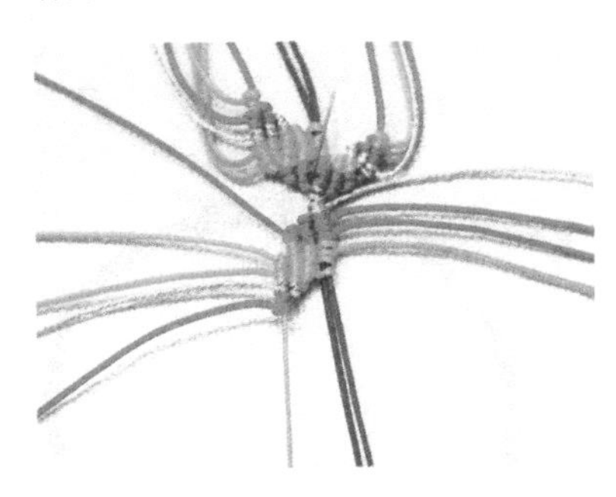

15

左侧第一根红色线不用，用左侧第一根橙色线做轴心，用左侧其他线打斜卷结。

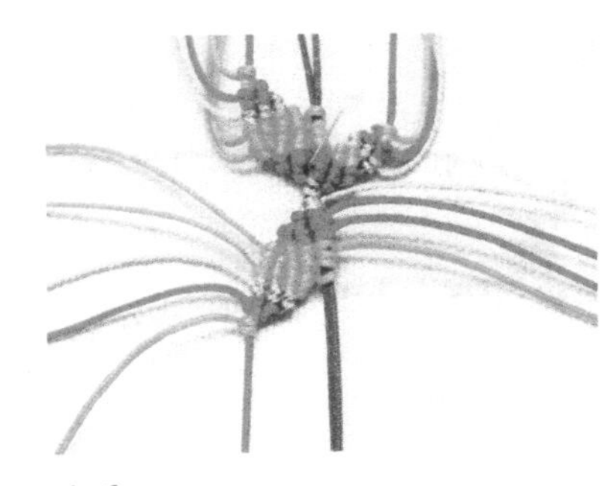

16

用左侧第一根红色线做轴心，用其他线打斜卷结。

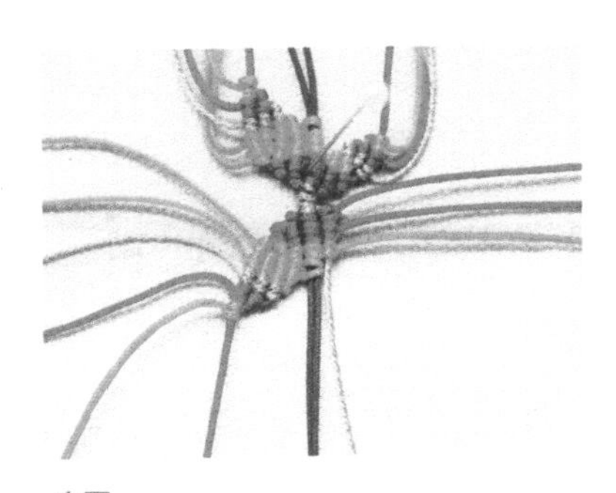

17

在右侧打第一列斜卷结。

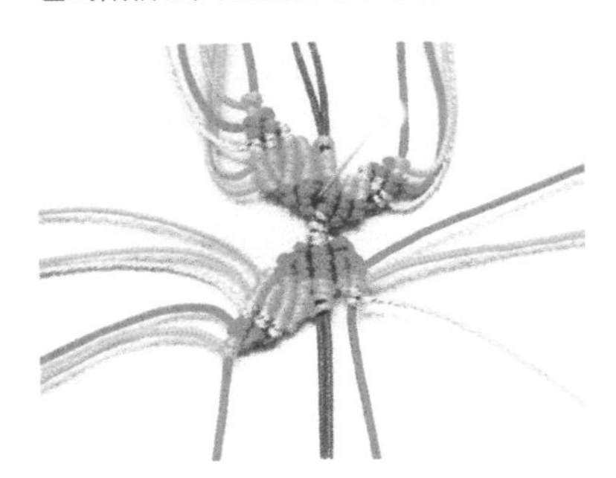

18

在右侧打第二列斜卷结。

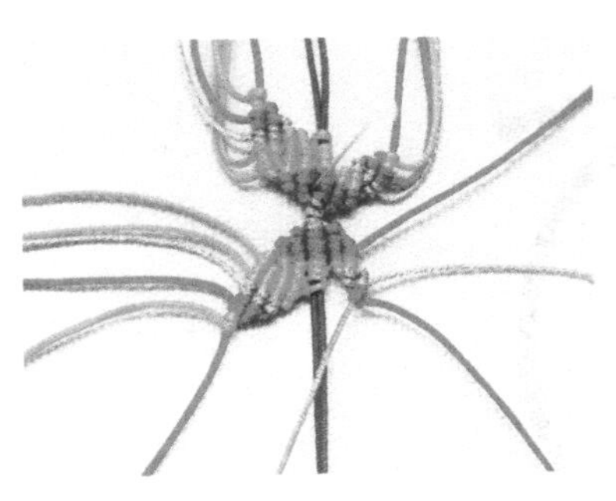

19

右侧第一根红色线不用，用右侧橙色线做轴心，用其他线打斜卷结。

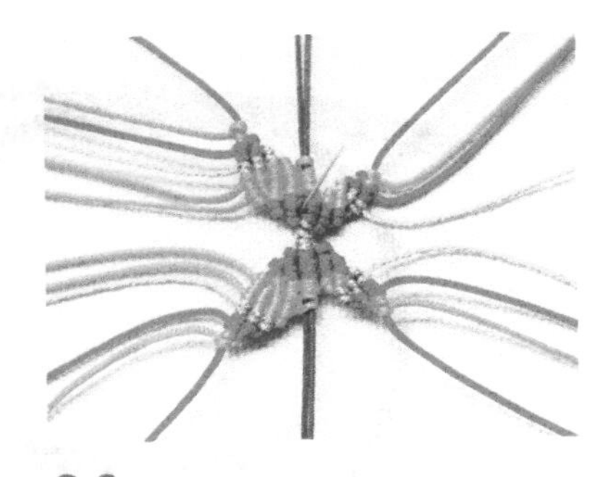

20

用右侧第一根红色线做轴心，用右侧其他线打斜卷结。

21
剪去多余的线，烧下线头，蝴蝶部分做好。

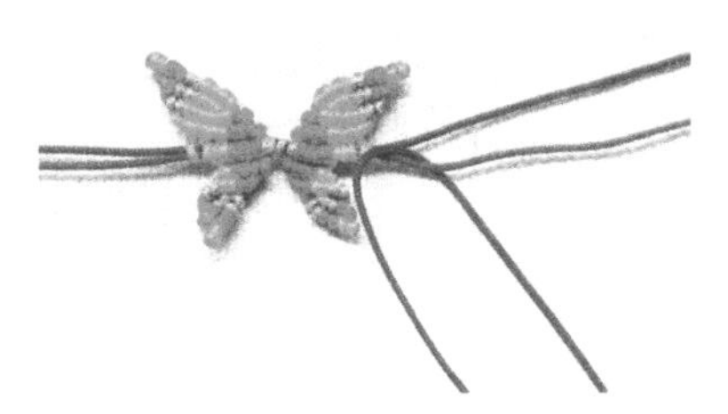

22
在蝴蝶一侧加一根蓝色线，这样这一侧就可以编四股辫了。

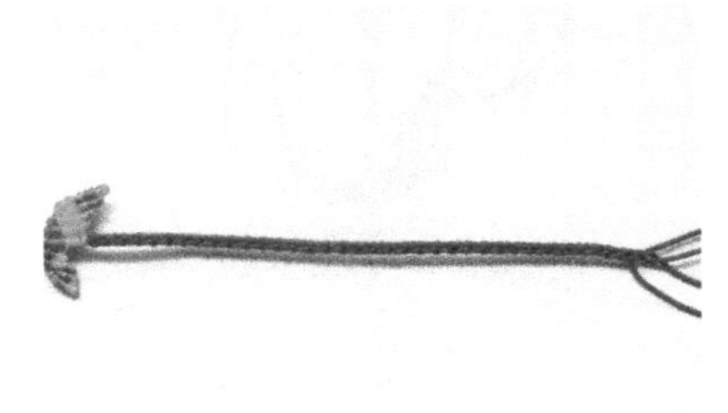

23
四股辫编织11cm长。

24
打一个蛇结固定结尾部分。

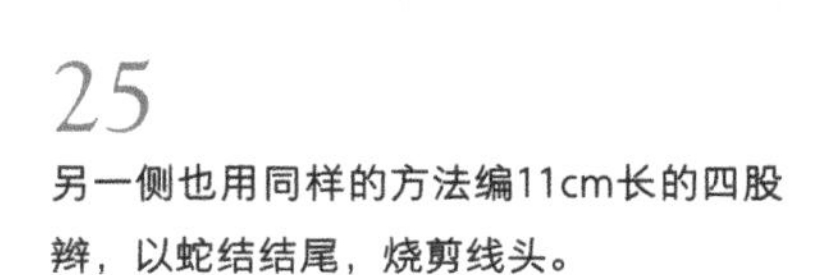

25
另一侧也用同样的方法编11cm长的四股辫，以蛇结结尾，烧剪线头。

26
套一个平结长2cm的平结线圈，剪去多余的线，烧下线头。

27
这款手绳就完成了。

故梦

所用材料与配件

12股线 黑色 120cm×4

3股线 金色 100cm×1

3股线 红色 100cm×1

平结线圈：

72号玉线 黑色 30cm×2

12股线 黑色3 0cm×2

桃花线圈：

72号玉线 黑色 30cm×3

72号玉线 红色 90cm×3

6股线 金色 60cm×3

重点结法技巧

八股辫——详见038页

绕线——详见032页

金蝶结——详见066页

蛇结——详见042页

桃花结——详见076页

制作桃花结手绳

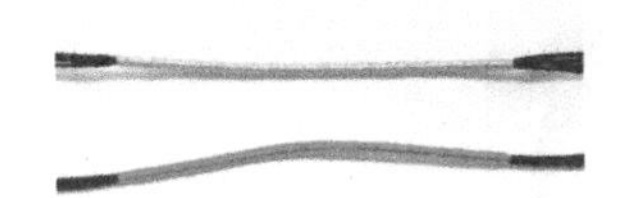

01

分别用金色线和红色线在4根黑色线上做绕线，绕线长度9cm。

02

打一个金蝶结。

03

在金蝶结两边各编一个蛇结固定。

04

做一个平结线圈套在金蝶结左侧。

05

用红色线和金色线编3个桃花结。

06

用黑色线打一个蛇结固定。

07

编10cm长的八股辫在结尾部分打蛇结固定。

08

两侧都编织10cm长的八股辫，同样打蛇结固定。

09

将两侧的八股辫对弯，在重叠处套两个平结线圈。

10

这款手绳就完成了。

归去来兮

客从远方来，遗我双鲤鱼。呼儿烹鲤鱼，中有尺素书。长跪读素书，书中竟何如？上言加餐食，下言长相忆。

所用材料与配件

72号玉线 蓝色 90cm×7

72号玉线 红色 90cm×7

珠子

重点结法技巧

斜卷结——详见030页

雀头结——详见040页

圆形十字结——详见074页

单向平结——详见050页

四股辫——详见036页

金刚结——详见043页

制作双鱼手绳

01

将3根90cm长的蓝色线对齐，再用一根90cm长的色线在3根蓝色线中间做雀头结挂线。

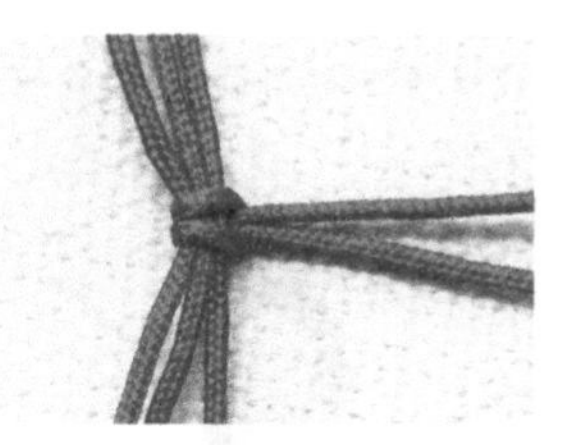

02

同样将3根90cm长的红色线对齐，再用90cm长的红色线在3根红色线中间做雀头结挂线。

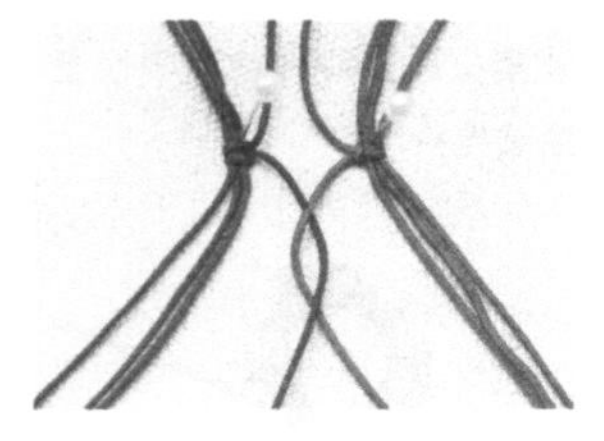

03

把两组线按照上图的方向摆好，用珠针固定住。将一根红色线和一根蓝色线上下环绕成图中的样子。

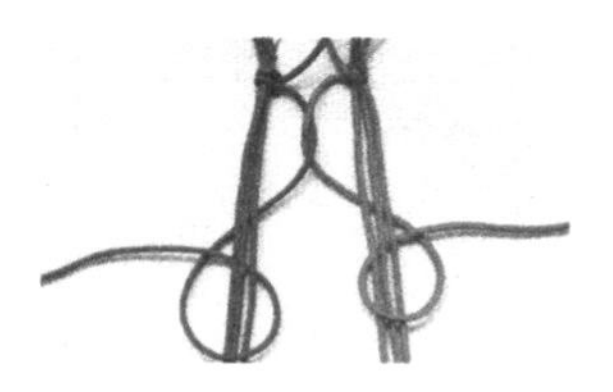

04

用蓝色线自下而上绕3根一组的蓝色线一圈。红色线与蓝色线一样，也绕一圈。

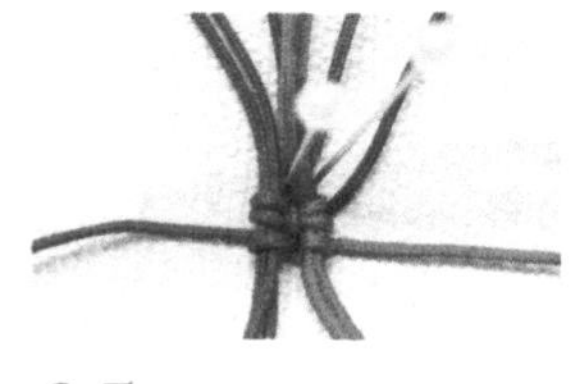

05

将两侧的线拉紧，收紧后重新用珠针固定。

06

用蓝色线打3个雀头结。

07

用红色线打3个雀头结。

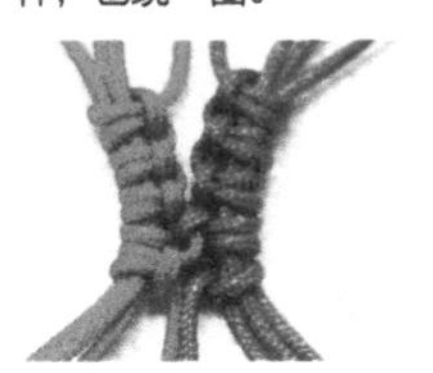

08

把刚才编好的线旋转180°，具体参照上图。

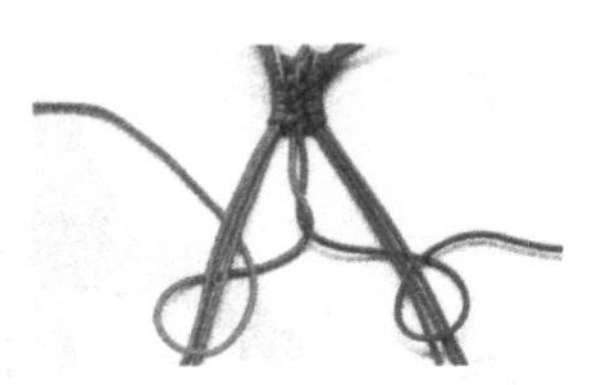

09

将两根线环绕后分别朝外侧绕圈，准备打雀头结。

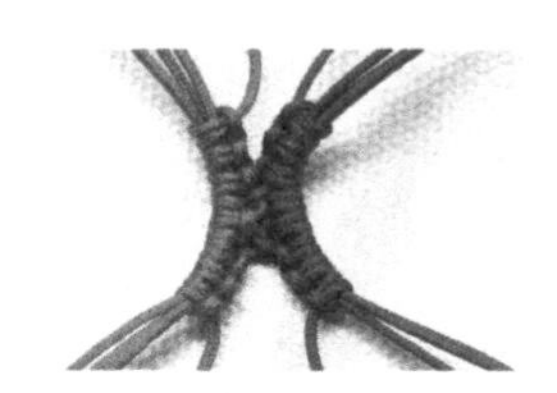

10

在两侧各打3个雀头结。

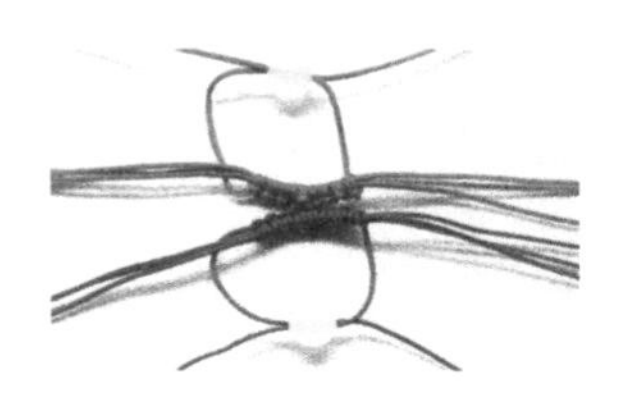

11

将两颗珠子分别交叉穿进红色线和蓝色线。

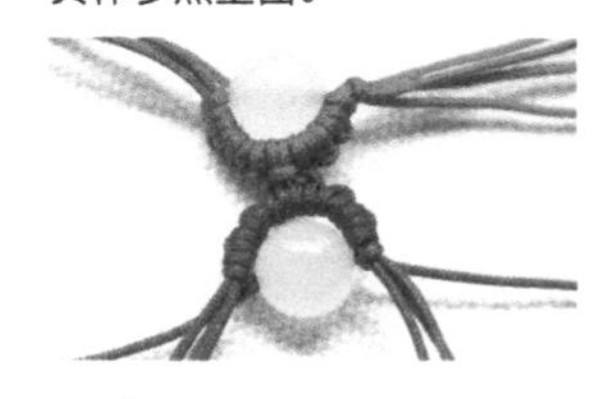

12

收紧交叉的线，把珠子拉至紧贴雀头结。

13

在珠子左右两侧各打5个雀头结。

14

把两组蓝色线一上一下交叉叠放。

15

把右侧之前用于打雀头结的蓝色线，绕右边这组蓝色线打一个斜卷结。

16

把左侧之前用于打雀头结的蓝色线，绕左边这组蓝色线打一个斜卷结。

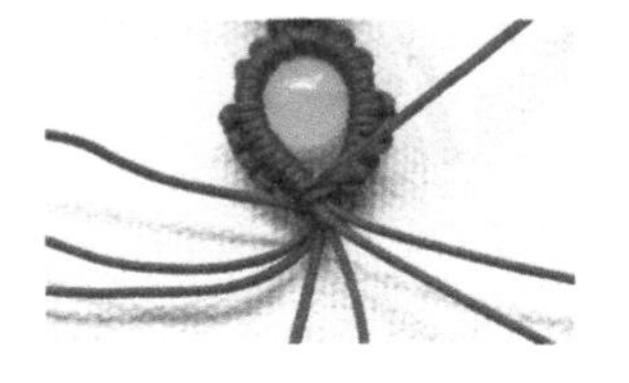

17

收紧后的样子如图。

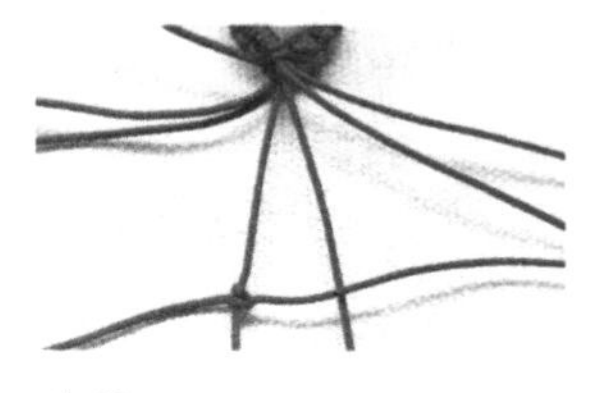

18

在一根蓝色线上打斜卷结挂一根蓝色线。

19

把这根蓝色线推上去，朝右侧依次打斜卷结。

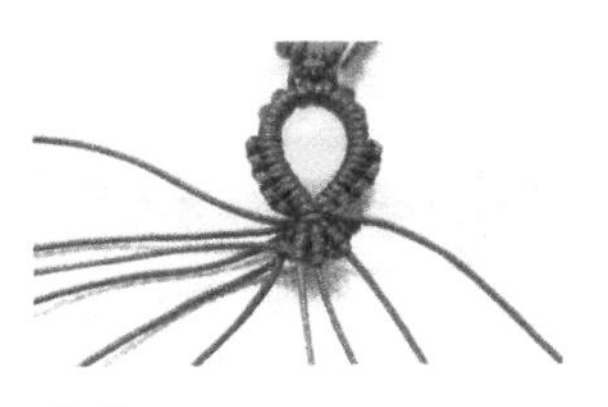

20

将蓝色线折回打4个斜卷结。

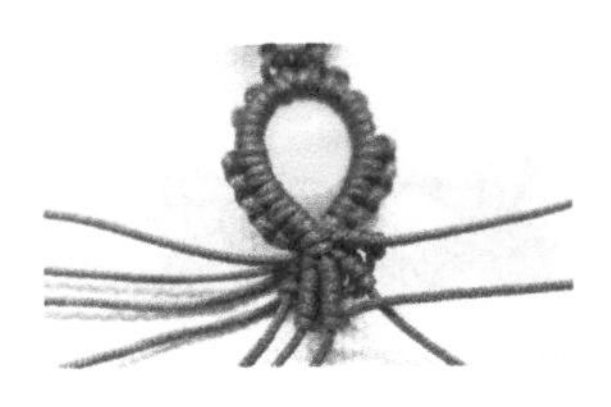

21

再将蓝色线折回打两个斜卷结。

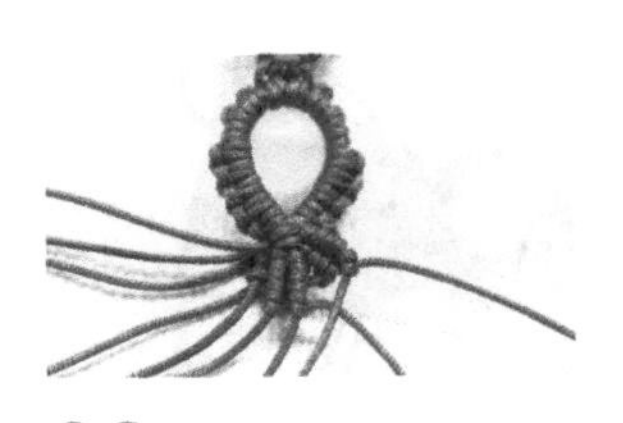

22

把最右侧的线拉下来做轴心，相邻的蓝色线打斜卷结。

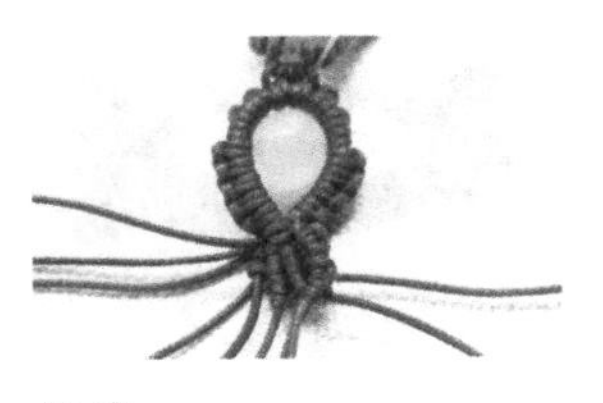

23

将这两根蓝色线并在一起做轴心，用左侧第3根蓝色线打斜卷结。

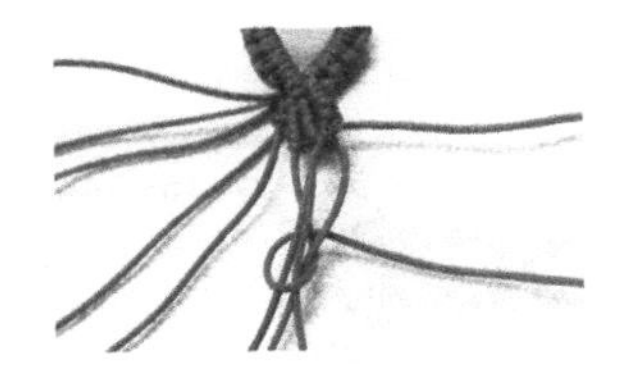

24

将右侧第2根、第3根和第4根三根蓝色线并在一起做轴心，右侧第5根蓝色线打斜卷结。

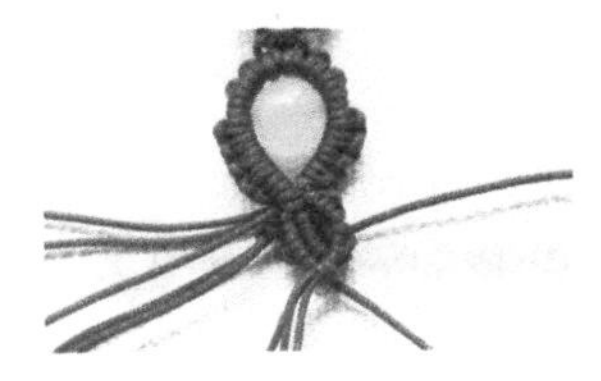

25

收紧后调整下，一半的鱼尾就做好了。

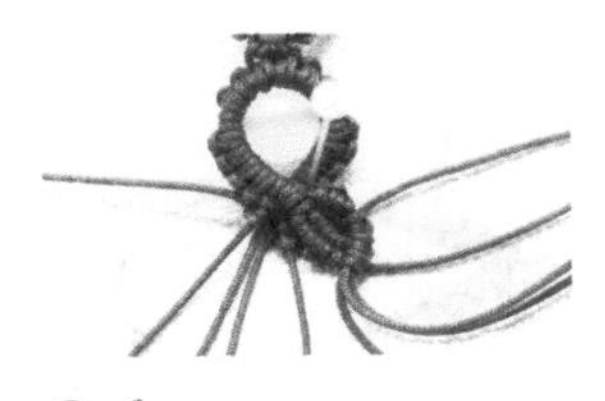

26

用左侧横轴的这根蓝色线朝左侧打斜卷结。

27

将蓝色线折回打斜卷结。

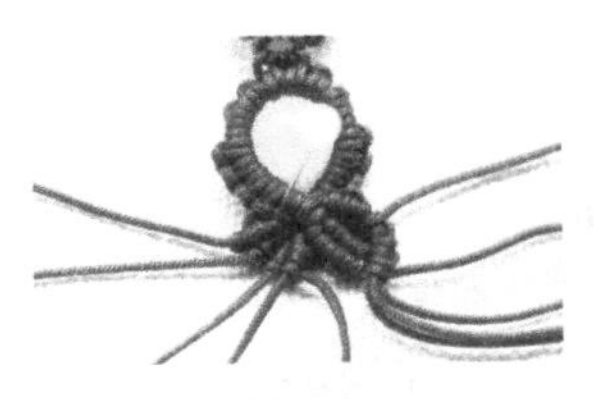

28

再依次打完剩下3根轴心线的斜卷结。

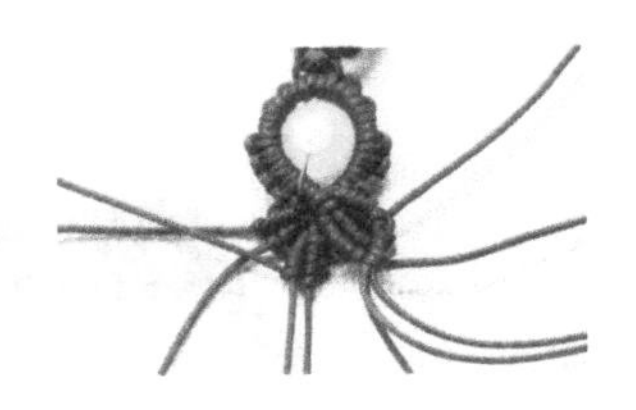

29

将蓝色线折回打斜卷结。

30

把左侧第一根蓝色线拉下来做轴心，用相邻蓝色线打斜卷结。

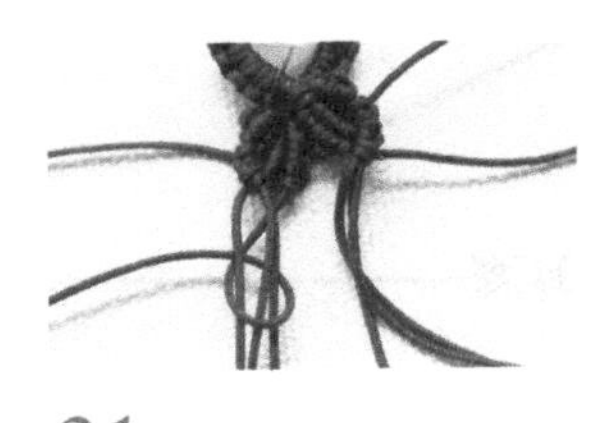

31

将右侧两根蓝色线并在一起做轴心，用第3根蓝色线打斜卷结。

32

将右侧3根蓝色线并在一起做轴心，用第5根蓝色线打斜卷结。

33

剪去多余的线，烧熔线头固定，在蓝色鱼尾处穿进一根90cm长的蓝色绳。

34

将线折弯后把线头穿进折弯处。

35

收紧后的样子，如图。

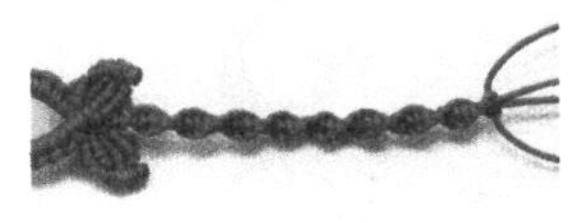

36

再用一根90cm长的蓝色线编单向平结，长度为5cm。

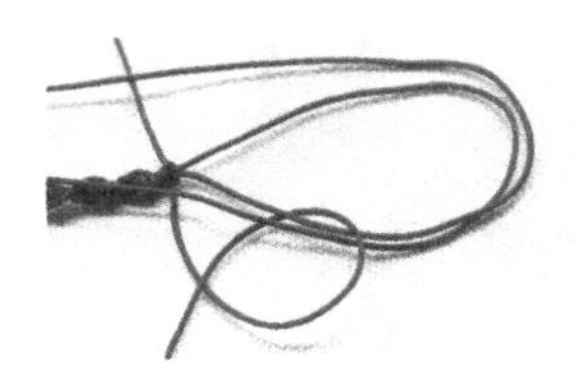

37

把中间两根线对弯成一个圈，如图。

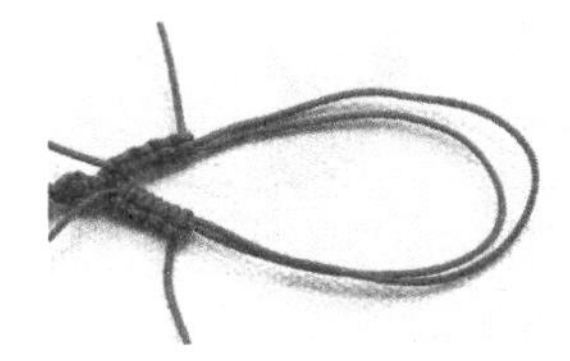

38

在两侧各打4个雀头结。

39

收紧，剪去多余的线，烧下线头固定。

40

在红色鱼尾处穿进一根90cm长的红色线，线头穿进折弯圈里收紧。

41

加一根90cm长的红色线开始编四股辫，长度为12.5cm。

42

在四股辫结尾部分编3个金刚结固定。

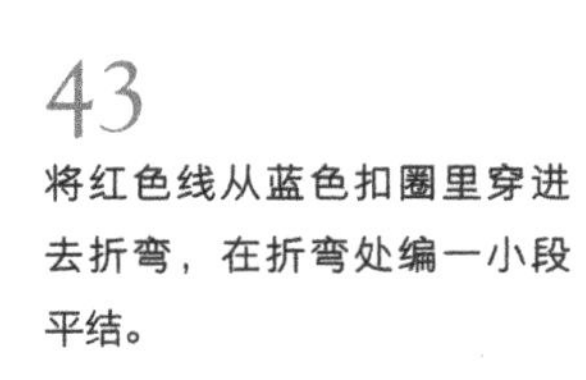

43

将红色线从蓝色扣圈里穿进去折弯，在折弯处编一小段平结。

完成
Complete

44

这款手绳就完成了。

一片禅心

做一个安静的人，守一份淡雅心境，才能在广阔的天地中，感受到万物苍生的芳香和醇美，心有净土，宁静怡然。

所用材料与配件

72号玉线 浅蓝色 120cm×2

3股线 灰色 100cm×2

6mm直径白玉珠子×1

莲花线圈：

72号玉线 藏蓝色 30cm×2

12股线 金色 30cm×1

桃花线圈：

72号玉线 浅蓝色 30cm×1

72号玉线 藏蓝色 90cm×1

6股线 金色 60cm×1

重点结法技巧

两股辫——详见035页

蛇结——详见042页

文昌结——详见049页

单结——详见029页

包芯金刚结——详见046页

四股辫——详见036页

绕线——详见032页

制作文昌结手绳

01

在两根120cm长的蓝色线中间位置编两股辫，打一个蛇结固定。

02
编4cm长的四股辫，此长度适合15cm的手围。

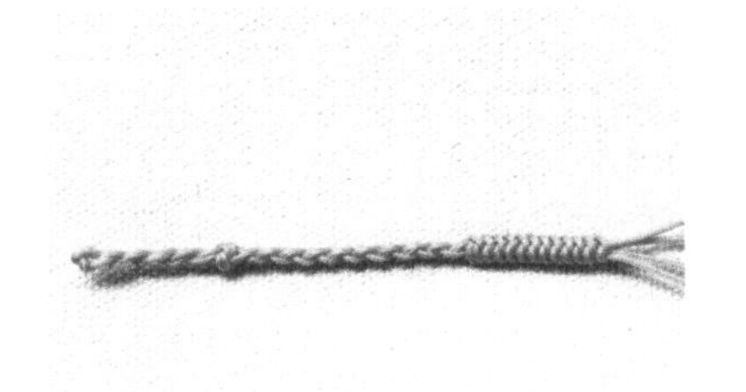

03
编2cm长的包芯金刚结。

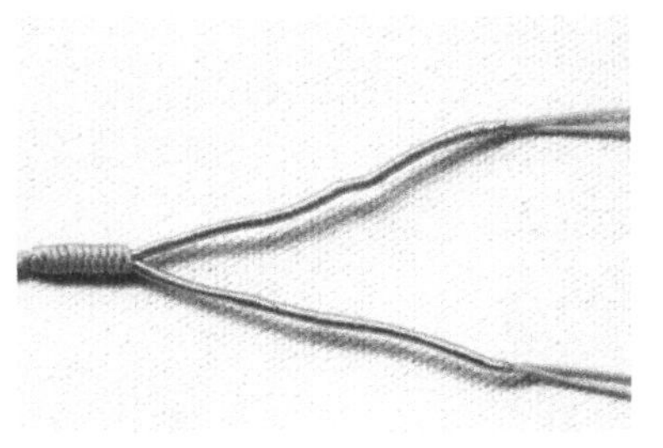

04
用灰色线分别做绕线，长度为5cm。

05
用绕线部分打一个文昌结。

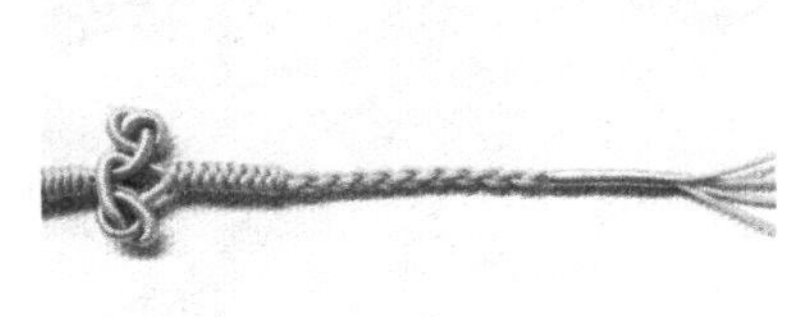

06
编2cm长的包芯金刚结，编4cm长的四股辫，做绕线1cm。

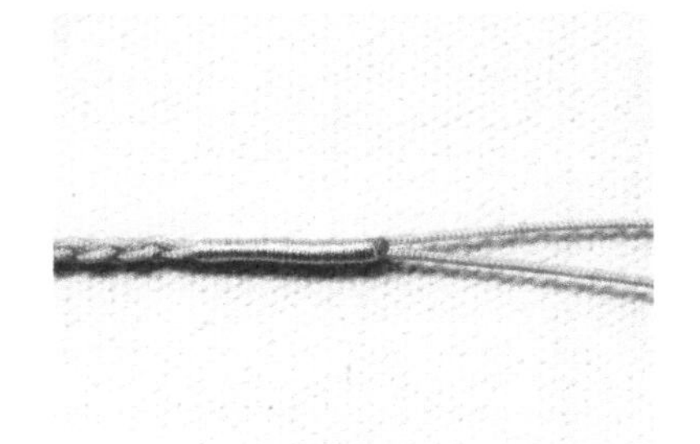

07
剪去两根线，烧下线头。

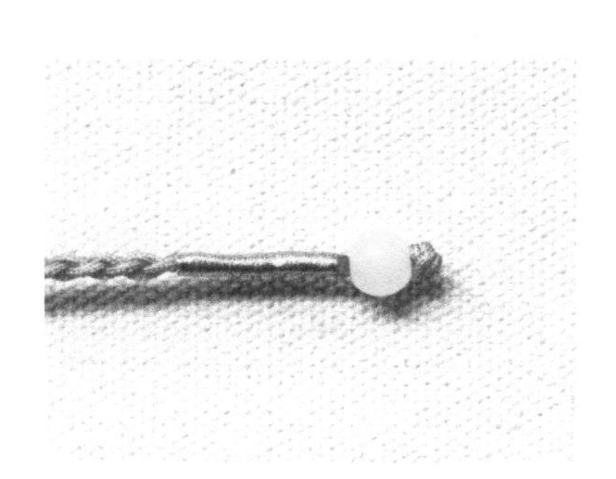

08
将珠子穿进线里后打一个单结，剪去多余线烧下线头。

09
在文昌结左侧套一个桃花线圈，在右侧套一个莲花线圈。

完成
Complete

10
这款手绳就完成了。

第9章

古风韵味
手工编绳古风饰品制作

本章主要介绍禅音茶语、一缕青丝、十里桃花等主题的古风饰品的制作方法，带大家一起编织古典优雅的手工编绳饰品。用手表达内心的想法吧！

禅音茶语

装饰绳让平平无奇的茶壶看上去更有艺术感，显得更加有趣。

所用材料与配件

6号玉线 绿色 120cm×1

3股线 红色 200cm×2

6mm直径朱砂珠子×2

莲花线圈：

72号玉线 红色 30cm×4

12股线 金色 30cm×2

重点结法技巧

金刚结——详见043页

绕线——详见032页

双向平结——详见052页

双钱结——详见055页

单结——详见029页

制作茶壶绳

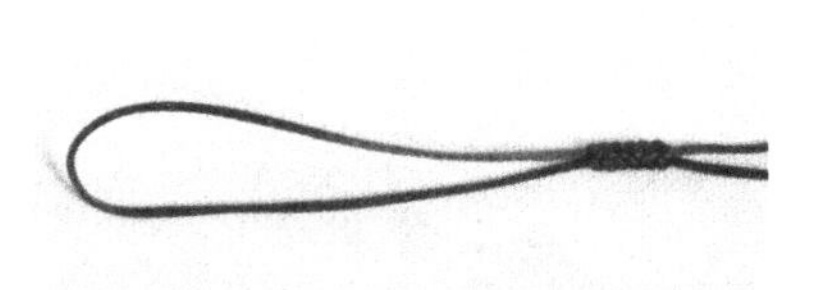

01

将一根绿色玉线对弯后，在9cm处打6个金刚结。

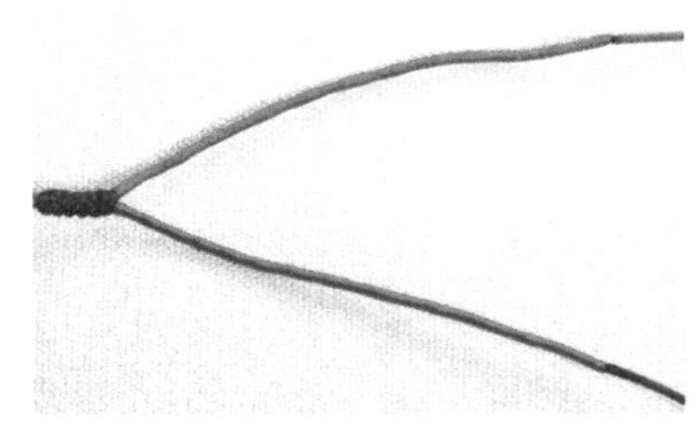

02

用红色线分别在绿色线上做绕线，长度为9cm。

03

用绕线部分打一个双钱结。

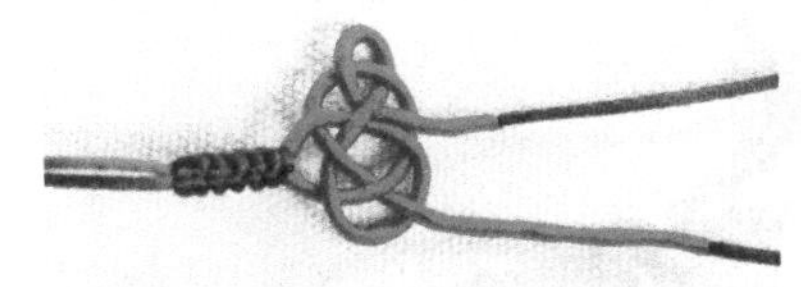

04

将上侧红色线折弯，自上而下穿进相邻横向红色线折弯圈中，再从上面穿出来。

05

将下侧红色线折弯，自下而上穿进相邻横向红色线折弯圈中，再从下面穿出来。

06

打5个金刚结。

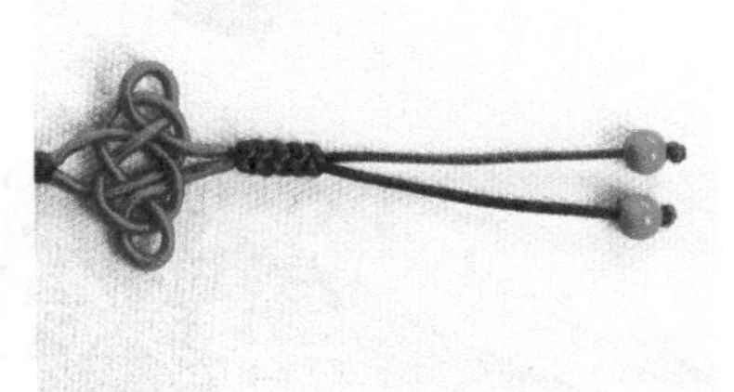

07

在两根绿色线7cm处穿珠子，然后分别打一个单结固定，剪去多余的线，烧下线头。

08

用红色线编一小段双向平结作为伸缩结。

09

在双钱结两侧各套一个莲花线圈。

10

这款茶壶绳就完成了。

一缕青丝

流苏又称中国结穗，是古风的代表性元素之一。流苏挂饰绳可以搭配古风服饰系在腰间，富有艺术气息，也可以用在中国结的尾端，让绳结饰品不会太单调。

所用材料与配件

72号玉线 红色 130cm×2

3股线 灰色 250cm×1

3股线 红色 250cm×1

6mm直径白玉珠子×1

平结线圈：

72号玉线 灰色 30cm×2

72号玉线 红色 30cm×2

流苏：

3股线 红色 600cm×1

3股线 灰色 60cm×1

重点结法技巧

两股辫——详见035页

四股辫——详见036页

纽扣结——详见056页

绕线——详见032页

蛇结——详见042页

流苏——详见026页

制作流苏挂饰绳

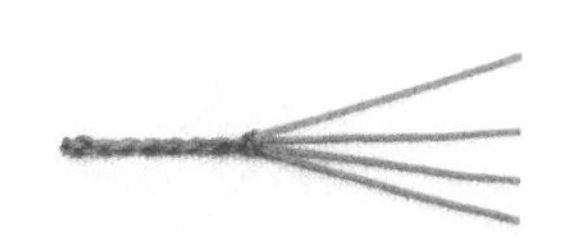

01
在两根红色线中间部分编两股辫，打一个蛇结固定。

02
编6cm长的四股辫，打一个蛇结固定。

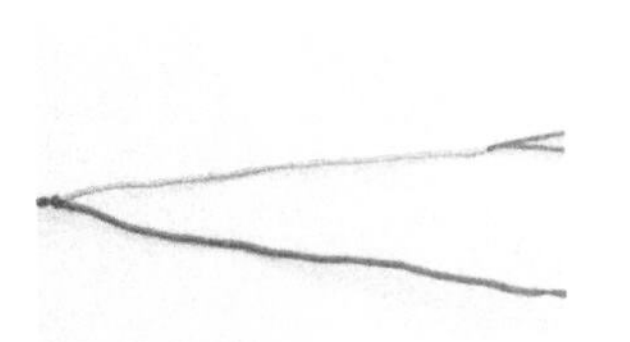

03

做绕线，红色部分长15.5cm，灰色部分长14cm。

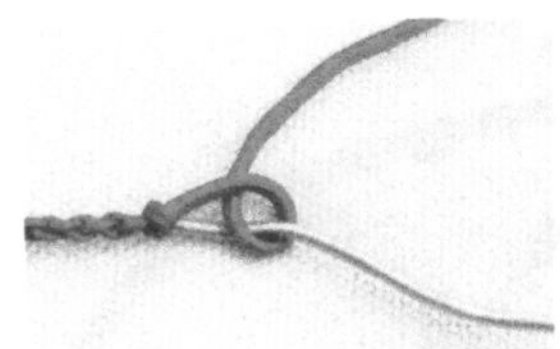

04

将红色线自下而上绕灰色线一圈。

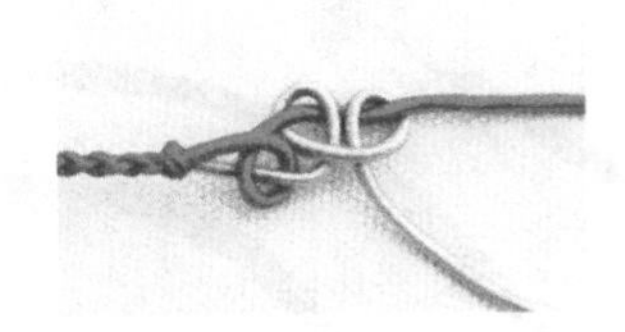

05

将灰色线绕红色线一圈，再从红色线下方绕到前面，从前面的线下穿过。

06

红色线自下而上绕灰色线一圈将红色线绕灰色线一圈穿出来。

07

将灰色线绕红色线一圈，再将灰色线从红色线下方绕一圈穿出来。

08

将红色线自下而上绕灰色线一圈穿出来。

09

打一个蛇结固定，编7cm长的四股辫后再打一个蛇结固定。

10

打一个纽扣结，剪去多余的的线，烧下线头。

11

套一个平结线圈。

12

在一根红色线上做2.5cm灰色绕线，并将其穿入图中线弯处。

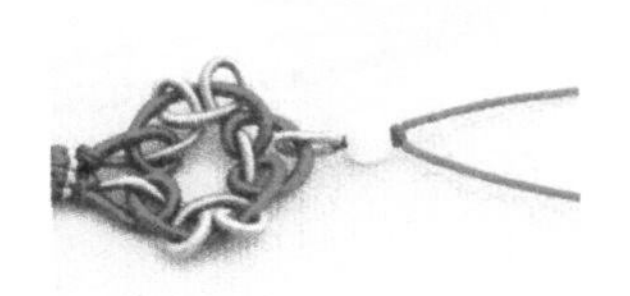

13

将一颗白玉珠子穿进红色线里，打一个蛇结固定。

14

在珠子下方用红色线系一个冰丝流苏。

15

这款挂饰就完成了。

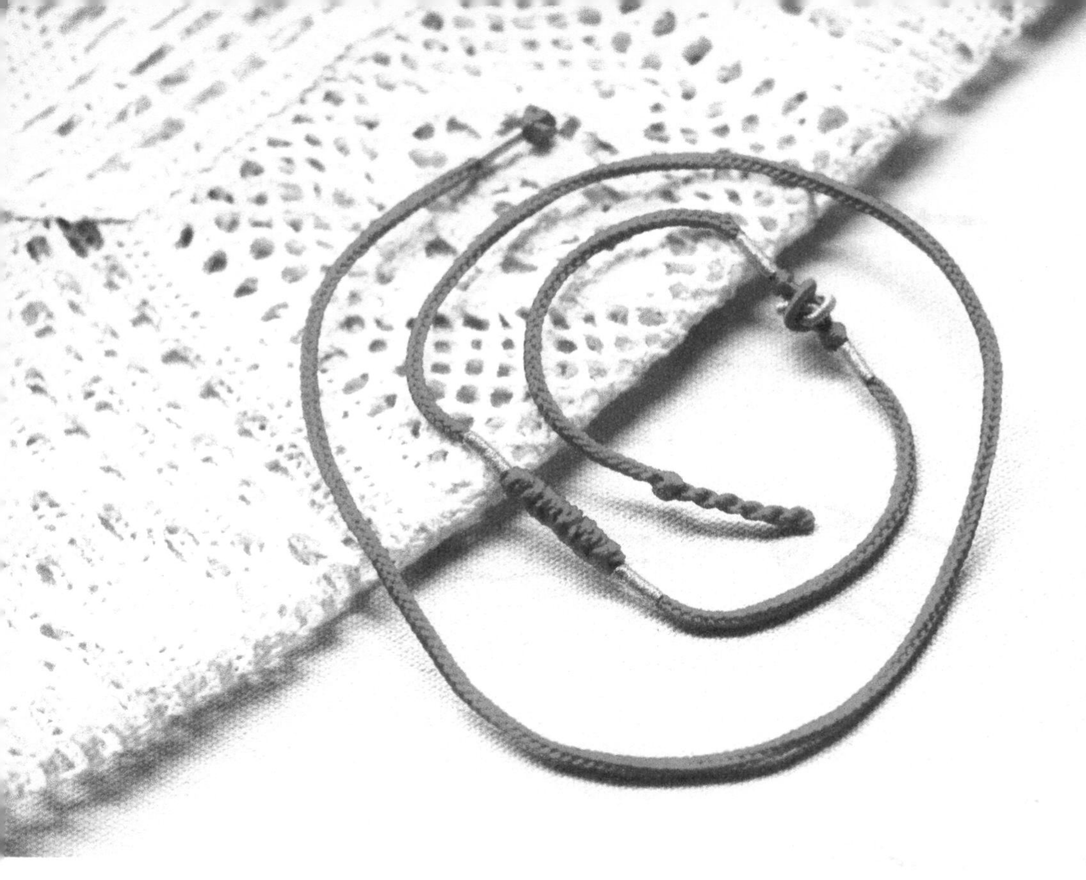

伊人红装

腰链绳，传统的红色寓意吉祥，系在腰间灵动妩媚。简约柔美的腰链绳可以彰显时尚，是大家本命年钟爱的饰品。

所用材料与配件

12股线 红色 240cm×4

3股线 金色 150cm×1

3股线 红色 100cm×1

重点结法技巧

两股辫——详见035页

八股辫——详见038页

蛇结——详见042页

绕线——详见032页

双联结——详见054页

纽扣结——详见056页

金刚结——详见043页

制作腰链绳

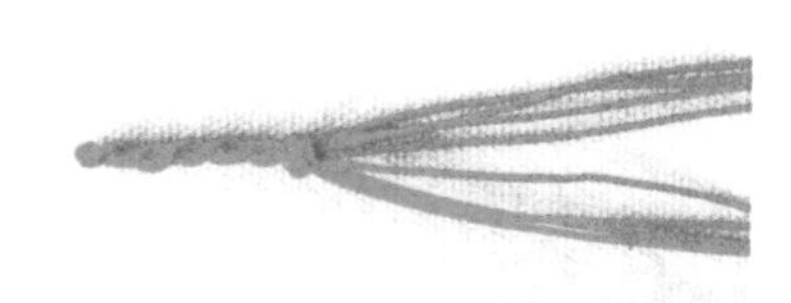

01

在4根红色线中间部分编两股辫，打一个蛇结固定。

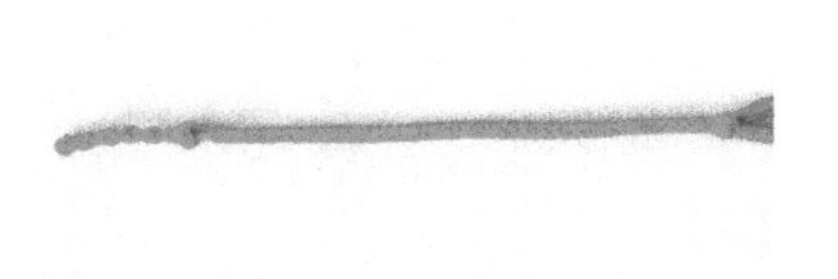

02

编10cm长的八股辫，打一个蛇结固定。

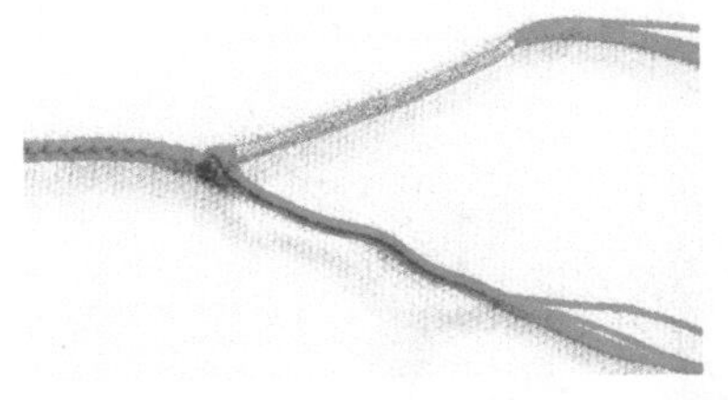

03

用金色线做绕线，绕线长度为4cm；用红色线做绕线，绕线长度为4cm。

04

用绕线部分编一个双联结，打一个蛇结固定。

05

编10cm长的八股辫，打9个金刚结。

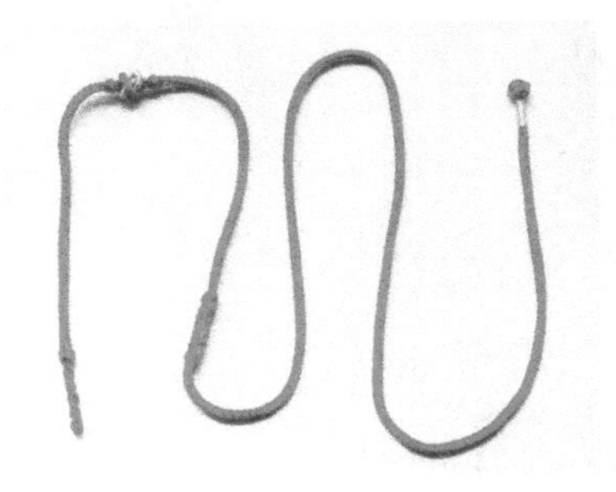

06

继续编八股辫，根据腰围编到所需要的长度。用金色线做绕线固定结尾部分，再打一个纽扣结，剪去多余的线，烧下线头。

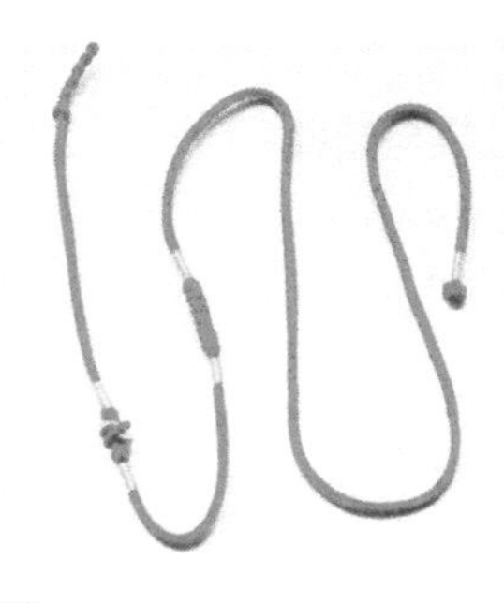

07

在金刚结和双联结两侧用金色线做绕线。

08

这款腰链绳就完成了。

平湖秋月

用桃花结编织出的戒指，戴在手指上很好看。亲手做的戒指能够传递温暖心意，既适用于自己，又能够作为礼物送人。由于戒指是用线编织出来的，编织过程中可以根据手指粗细灵活调整尺寸。

所用材料与配件

72号玉线 紫色 80cm×2

72号玉线 绿色 160cm×1

重点结法技巧

桃花结——详见076页

烧线头——详见012页

制作桃花结戒指

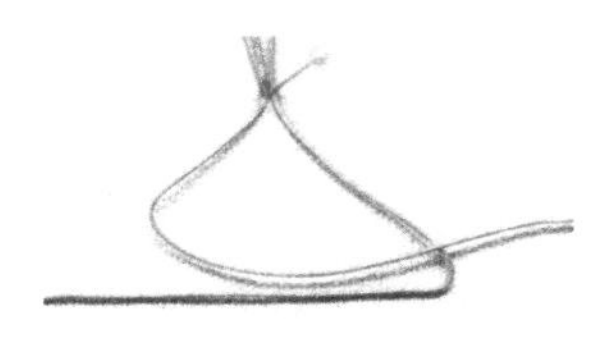

01

取两根紫色线，用珠针固定住开头15cm处，两根线折弯交叉摆放。

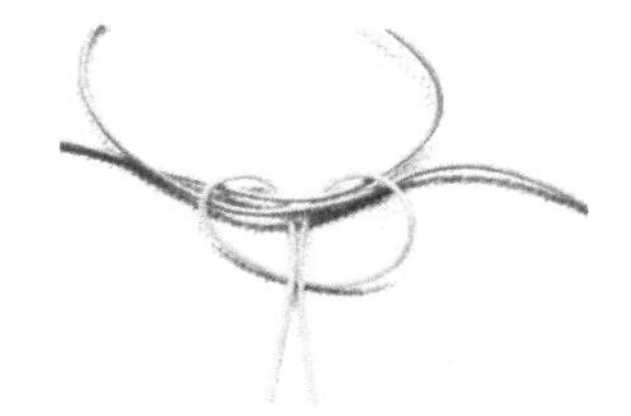

02

将一根绿色线折弯，将线尾从紫色线底部绕出，穿进绿色线折弯圈并拉紧绿色线。

03

编一个绿色桃花结，然后把绿色线对弯交叉。

04

用紫色线编桃花结。

05
紫色桃花结编好后，再用绿色线编桃花结。

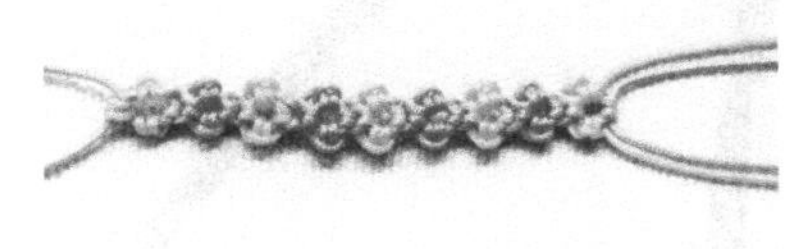

06
这样颜色交替地编织桃花结，编到接近指围的长度停止。

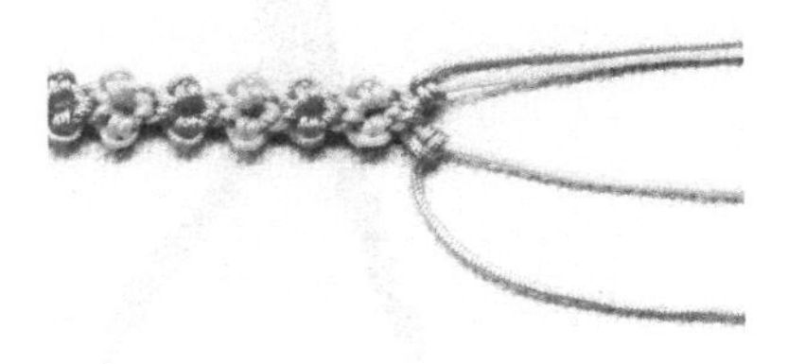

07
编织桃花结的前3片花瓣，最后一片花瓣先不编织。

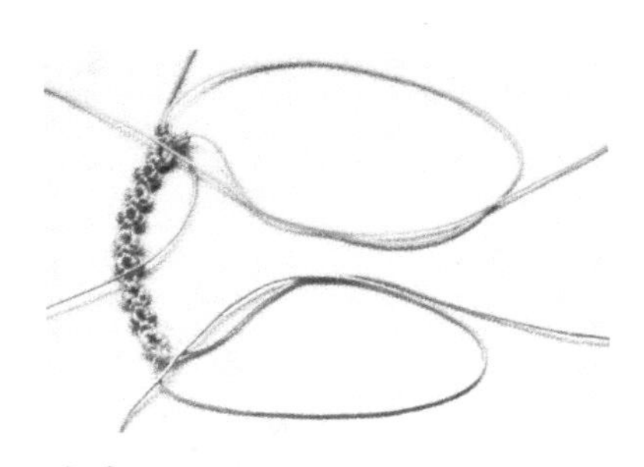

08
分别将绿色线和紫色线对弯交叉。

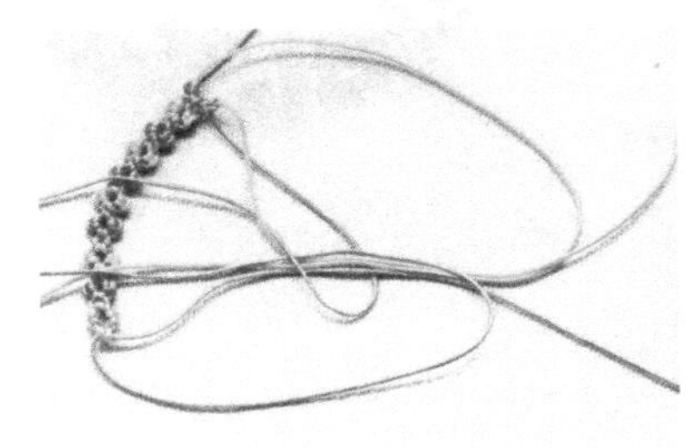

09
用编桃花结的紫色线绕所有线一圈。

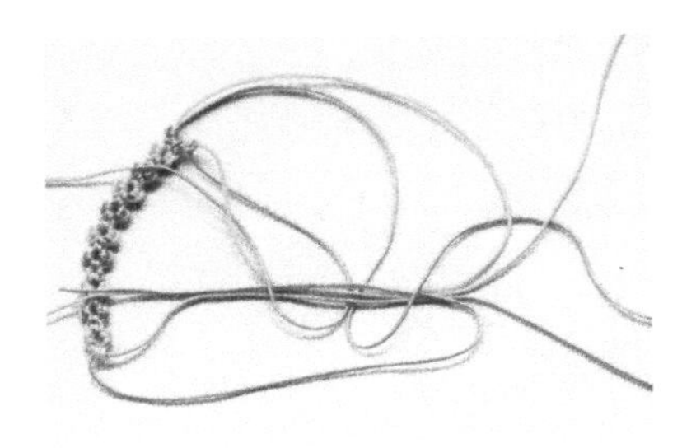

10
用另外一根紫色线也绕所有线一圈。

11
慢慢收紧，一个桃花结戒指成形。

12
剪去多余的线，烧线头固定。

13
这款戒指就完成了。

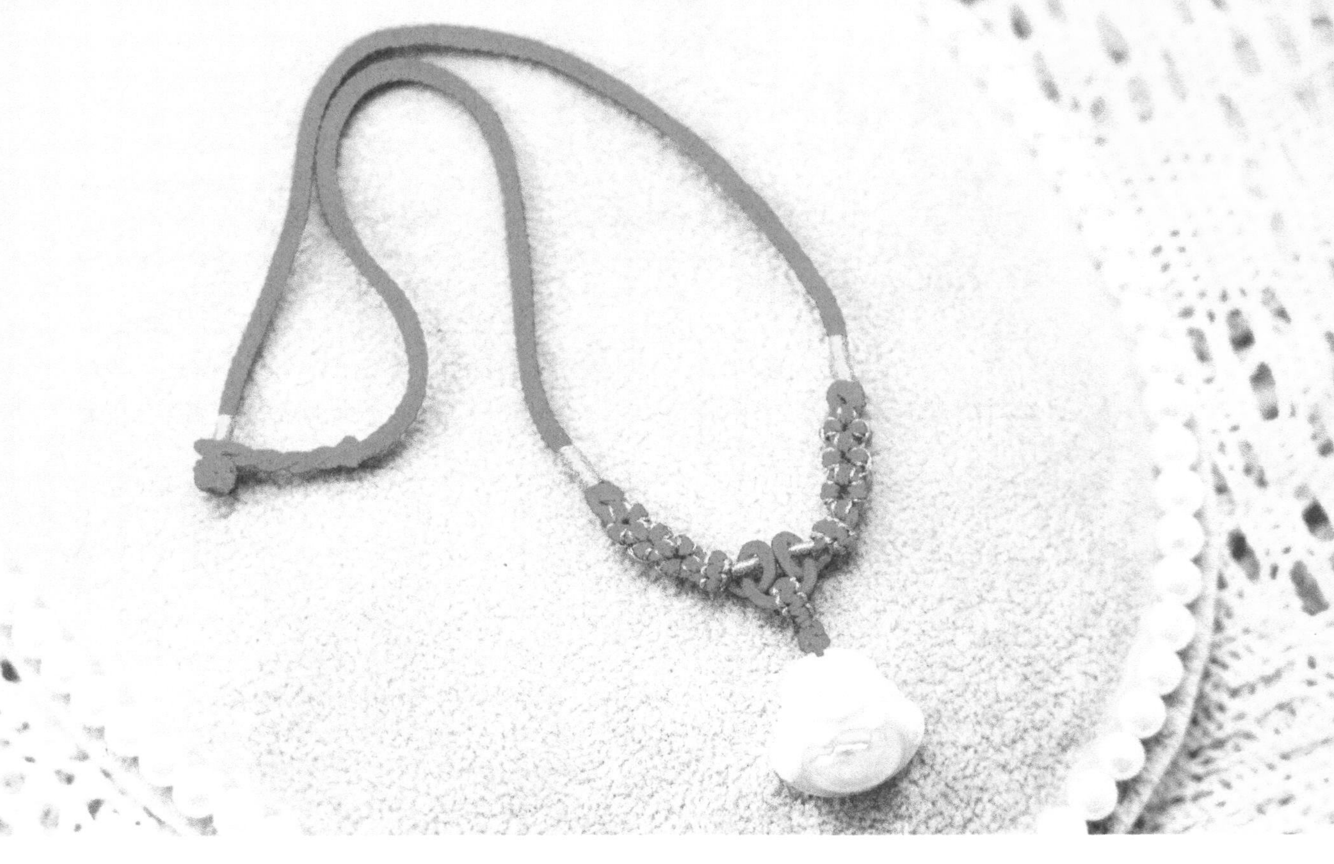

十里桃花

喜气洋洋的红色，浪漫可爱的桃花结，搭配玉质吊坠很有优雅的气质。桃花结项链绳可以直接接触皮肤，适合不同年龄段的人。

所用材料与配件

12股线 红色 200cm×4

72号玉线 红色 70cm×2

6股线 金色 70cm×2

3股线 金色 100cm×1

3股线 红色 100cm×1

3股线 红色 30cm×1

平结线圈：

- 72号玉线 红色 30cm×6
- 12股线 金色 30cm×3
- 玉佩×1

重点结法技巧

八股辫——详见038页

桃花结——详见076页

绕线——详见032页

蛇结——详见042页

两股辫——详见035页

纽扣结——详见056页

平结线圈——详见022页

吊坠打结——详见014页

制作桃花结项链绳

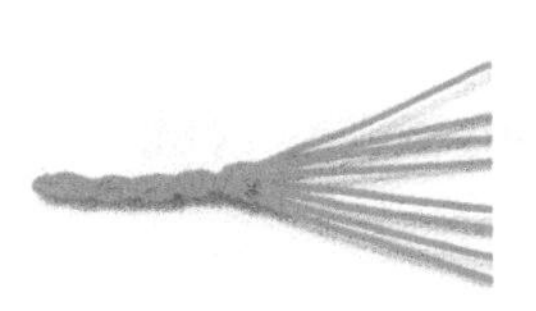

01
在4根200cm长的红色线中间部分编两股辫，打一个蛇结固定。

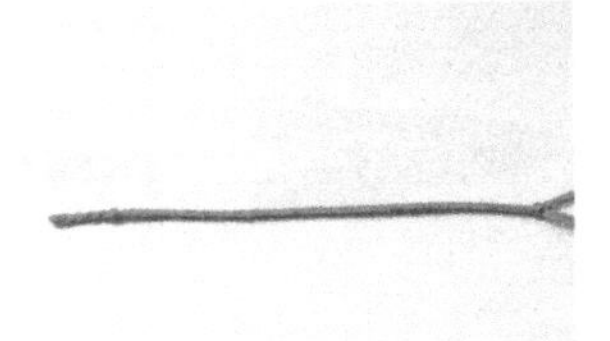

02
编17cm长的八股辫，打一个蛇结固定。

03
加一根70cm长的红色玉线和一根70cm长的金色线编3朵桃花结。

04
在桃花结背面交叉系一下，剪去多余的线，烧下线头固定。

05
套一个平结线圈。

06
用金色线做绕线1.2cm，用红色线做绕线6cm。

07
用红色线自上而下绕金色线一圈，从下面穿到前面。

08
用红色线自下而上绕金色线一圈，穿到前面。

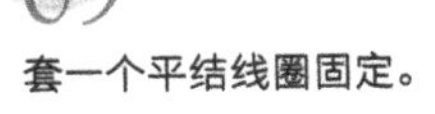

09
套一个平结线圈固定。

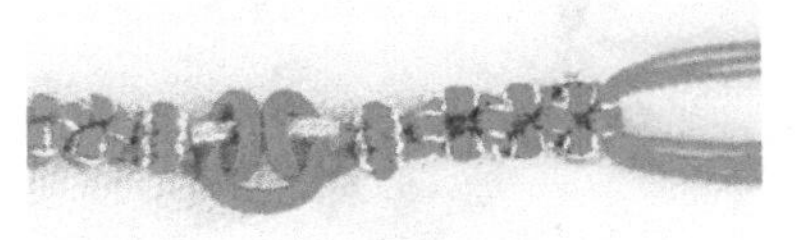

10
加一根70cm长的红色玉线和一根70cm长的金色线，编3朵桃花结。

11
打一个蛇结固定。

12

编18cm长的八股辫。

13

结尾部分用金色线做绕线固定。

14

打一个纽扣结，剪去多余的线，烧下线头。

15

在两侧蛇结旁的八股辫上，用金色线各做绕线一段。

16

将一根30cm长的红色线折弯，编2cm长的平结。

17

将步骤16中的红色线尾部穿进步骤08中的折弯圈中，再将尾部从图中折弯圈里穿出来。

18

收紧后形成一个平结线圈。

19

用吊坠打结法系上玉佩。

完成 Complete

20

这款项链绳就完成了。